集成电路科学与工程丛书

U0174154

超大规模集成电路物理设计：从图分割到时序收敛

（原书第 2 版）

[美]安德·B. 卡恩（Andrew B.Kahng）
[德]杨斯·利尼格（Jens Lienig）
[美]伊戈尔·L. 马尔可夫（Igor L. Markov） 著
[美]胡谨（Jin Hu）

于永斌　冯　箫　徐　宁　印科鹏　译

机械工业出版社

在整个现代芯片设计的过程中，由于其复杂性，从而使得专业软件的广泛应用成为了必然。为了获得最佳结果，使用软件的用户需要对底层数学模型和算法有较高的理解。此外，此类软件的开发人员必须对相关计算机科学方面有深入的了解，包括算法性能瓶颈以及各种算法如何操作和交互。本书介绍并比较了集成电路物理设计阶段使用的基本算法，其中从抽象电路设计为开始并拓展到几何芯片布局。更新后的第2版包含了物理设计的最新进展，并涵盖了基础技术。许多带有解决方案的示例和任务使得阐述更加形象生动，并有助于加深理解。

本书是电子设计自动化领域中为数不多的精品，适合集成电路设计、自动化、计算机专业的高年级本科生、研究生和工程界的相关人士阅读。

First published in English under the title：
VLSI Physical Design: From Graph Partitioning to Timing Closure, Second Edition
by Andrew B. Kahng, Jens Lienig, Igor L. Markov, Jin Hu, edition:2
Copyright © Andrew B. Kahng, Jens Lienig, Igor L. Markov and Jin Hu, 2022
This edition has been translated and published under licence from Springer Nature Switzerland AG.
此版本仅限在中国大陆地区（不包括香港、澳门特别行政区及台湾地区）销售。未经出版者书面许可，不得以任何方式抄袭、复制或转录本书中的任何部分。

北京市版权局著作权合同登记 图字：01-2022-5746 号。

图书在版编目（CIP）数据

超大规模集成电路物理设计：从图分割到时序收敛：原书第2版 /（美）安德·B. 卡恩（Andrew B. Kahng）等著；于永斌等译 . —北京：机械工业出版社，2024.3
（集成电路科学与工程丛书）
书名原文：VLSI Physical Design: From Graph Partitioning to Timing Closure, Second Edition

ISBN 978-7-111-75229-5

Ⅰ.①超… Ⅱ.①安…②于… Ⅲ.①超大规模集成电路–电路设计 Ⅳ.① TN470.2

中国国家版本馆 CIP 数据核字（2024）第 047983 号

机械工业出版社（北京市百万庄大街22号 邮政编码100037）
策划编辑：刘星宁 责任编辑：刘星宁 杨 琼
责任校对：韩佳欣 张 薇 封面设计：马精明
责任印制：李 昂
北京捷迅佳彩印刷有限公司印刷
2024年5月第1版第1次印刷
184mm×240mm·16.5 印张·397 千字
标准书号：ISBN 978-7-111-75229-5
定价：119.00 元

电话服务 网络服务
客服电话：010-88361066 机 工 官 网：www.cmpbook.com
010-88379833 机 工 官 博：weibo.com/cmp1952
010-68326294 金 书 网：www.golden-book.com
封底无防伪标均为盗版 机工教育服务网：www.cmpedu.com

序

集成电路的物理设计仍然是电子设计自动化领域中最有趣和最具挑战性的领域之一。在硅芯片上集成越来越多的器件的能力需要通过算法来不断提高。如今，我们可以在一个 5nm 技术的芯片上集成 120 亿个晶体管。这个数字将在未来的几代技术中继续扩大，也就意味着需要更多的晶体管自动放置在芯片上并进行连接。此外，越来越多的延迟是由连接芯片上的设备的线路造成的。也就是说，在物理设计过程中考虑如何组合放置对芯片的设计有着深远的影响。在 20 世纪 90 年代，我们可以肯定地认为，一旦这些器件被很好地置入芯片，该设计的时间目标就可以达到。今天，在最终的布线完成之前，人们还不知道是否可以满足时间约束。

早在 15 年或 20 年前，人们就认为大多数物理设计问题已经解决。但是芯片上晶体管数量的持续增加以及物理、时序和逻辑域之间耦合的增加，使人们对芯片实现的基本算法基础有了新的审视，这正是本书所提供的内容。它涵盖了所有物理设计步骤背后的基本算法，并展示了如何将它们应用于设计问题的当前实例。例如，第 7 章提供了关于特定设计情况的特殊类型布线的大量信息。

相比于其他书籍，这本书将更进一步提供对核心物理设计算法和基础数学的深入描述。作者强烈意识到了单目标的单点算法的时代已经结束。在本书中，作者强调了现代设计问题的多目标本质，并将一个物理设计流程的所有部分总结在了第 8 章。一个完整的流程图，从设计划分和布图规划一直到电气规则检查，描述了现代芯片实现流程的所有阶段。每个步骤都在整个流程的上下文中进行了描述，详情请参考前面的章节。半导体技术的新进展，如纳米片晶体管和背面配电，将要求我们重新审视核心优化策略和算法。最新进展表明，基于机器学习的算法通常在实践的设计流程中有更大的优化空间。

这本书将会受到学生和专业人士的赞赏。它从基础知识开始，并提供了足够的背景材料，让读者及时了解真正的问题。每一章都提供了丰富且有深度的介绍，因此非常有价值。这在当今时代尤为重要，因为其中一个领域的专家必须了解他们的算法对设计流程的其余部分的影响。布线专家将从阅读关于规划和布局的章节中获得巨大的好处。可制造性设计（DFM）专家寻求更好地理解布线算法，以及这些算法如何受到设置 DFM 需求的选择的影响，将从全局布线和详细布线的章节中获益。任何参与设计技术协同优化（DTCO）的技术专家都应该很好地理解本书中的关键算法，以突破物理上可能的和有益于设计工具与设计师的上限。

这本书的每一章都配有一套附有详细答案的练习。这些练习可以促使学生真正理解基本的物理设计算法，并将它们应用于简单但见解深刻的问题实例。

这本书为第 2 版，将继续服务于 EDA 和设计社区。这是下一代专业人员的基础文本和参考资料，请阅读和使用这本书以继续发展芯片设计工具并提出最先进的微电子技术。

Leon Stok 博士

IBM 系统集团电子设计自动化副总裁

美国纽约州波基普西市

第 2 版前言

自 10 多年前本书第 1 版出版以来,其在教学和实践中都从广大的读者中获得了积极的回应,这使得本书的第 2 版顺理成章地获得出版。我们利用这个机会,在不对上一版书中架构和已撰写并论证的内容做大的改动的前提下,对上一版进行了修正和改进,并添加了一个关于机器学习的新章节。许多读者已经开始欣赏这种清晰的、图形描述的结构,这使他们能够理解复杂的算法关系。这一成功的秘诀也使得本书被翻译成繁体中文,而且这个版本在其特定的市场上也很受欢迎。

即使大多数提出的算法都是"经典"的,而且已经有几十年的历史了,但对于当今高度复杂的设计系统,理解它们的基本特性仍然是必不可少的。这种算法知识不仅对电子设计自动化(EDA)有用,而且对其他应用领域也有用。例如,任何曾经为 Dijkstra 算法编程过智能、有效的寻径功能的人都会理解并认可这些算法可用于优化更多的信息,包括交通和基础设施项目。此外,当使用商用 EDA 工具时,拥有 EDA 算法相关的知识会帮助读者大大提高能力。正如很难想象一个车手在不知道引擎盖下发生了什么的情况下驾驶赛车一样,了解基本的算法原理可以更容易地了解、掌握和充分利用现代 EDA 系统。

我们要感谢所有参与编写第 2 版的人。首先要感谢 Andreas Krinke,他在设计自动化中使用了无数的练习来检测解释中是否存在哪怕很小的错误。我们也感谢 Robert Fischbach 和 Mike Alexander 所做的编辑工作。最后,我们要感谢 Springer,特别是 Charles Glaser,感谢他们在本书出版过程中给予的友好合作和支持。

最重要的是,我们要感谢许多学生,他们在每年举行的讲座后拿着本书向我们提出了探索性的问题。愿他们继续保持对知识的好奇心和渴望,愿本书成为他们今后职业生涯中的忠实伴侣。

Andrew B. Kahng

Jens Lienig

Igor L. Markov

Jin Hu

第 1 版前言

集成电路的超大规模集成物理设计在 20 世纪 80～90 年代之间经历了爆炸式的发展。研究者提出的很多基本技术虽然已经用于商业工具，但这些技术信息只发表在简短的会议论文集里，且仅面向该领域的专家。到了 21 世纪，学术界和工业界的研究者们将注意力集中到了基础算法的发展比较中，并将其延伸到了大规模的最优化问题，即汇集单点最优化为多目标设计流。本书用一根主线囊括了物理设计的各个方面，第 1 章从基本概念开始，然后逐步地延伸到高深的概念，比如物理综合。读者寻求额外的详细资料时，可以查找在每章中提到的大量文献，包括专业的论文著作和近期的会议刊物。

第 2 章介绍了网表和系统划分。首先讨论了典型的问题构想，然后是平衡图和超图划分的经典算法。最后一节是一个重要的应用，即在多个在线可编程门阵列里进行系统划分，运用在高速仿真功能验证的背景下。

第 3 章介绍了芯片规划，包括布图规划、电源 - 地线规划和输入输出的分配。本章涉及的主题和技术很广，从图论方面的块压缩、模拟退火优化到具有封装意识的输入输出规划。

第 4 章介绍了超大规模集成布局，涵盖了一些实际问题的陈述。布局分为全局布局和详细布局，并首先介绍了传统上用于全局布局的几个算法框架。详细布局的算法则单独在一节里讲述。在布局方面，回顾了当今最好的方法，并对那些想实现大规模布局软件工具的读者给出了建议。

第 5 章和第 6 章介绍了全局布线和详细布线，这在研究文献上受到了极大关注，因为布线影响可制造性与芯片产量优化。这两章的主题涵盖用图模型表示的版图及其在这些模型中的单网和多网布线。首先讨论了最新的全局布线器，接着在详细设计中进行优化，进一步解决特殊类型的制造缺陷。

第 7 章介绍了特殊布线，即几类不适合在第 5 章和第 6 章介绍的全局布线和详细布线范例。其中包括通常应用在印制电路板的非 Manhattan 区域布线、每个同步数字电路需要的时钟树布线。不仅在算法方面，还探讨了工艺可变性对时钟树布线的影响，以及降低这种影响的手段。

第 8 章介绍了时序收敛，其视角特别独特。它完全覆盖了布局、布线和网表重组中的时序分析和相关最优化。8.6 节汇集前几章所涉及的所有技术，成为一个扩展的设计流程，即用一张流程图来详细阐述，并通过几张图和大量的参考文献来逐步讨论。

本书没有将物理设计之前的内容或者电子设计自动化的其他领域列出。本书向读者介绍了电子设计自动化产业和基本的电子设计自动化概念，涉及重要的图概念和算法分析，并仔细地定义了术语，用伪代码表示出了基本算法。书中有很多插图，每章最后也有一系列习题且答案都在附录里。与其他物理设计的书不一样，我们尽力避免不切实际和不必要的复杂算法。在许多示例里，我们对几种主流算法技术进行了比较，并向读者推荐了包含其他实验结果的出版物。

本书中的一些章节内容参照了在 2006 年由 Springer 出版社出版的《电子版图综合电路——设计自动化的基本算法》。

　　感谢我们的同事和学生对本书的早期版本进行了校对，并提出了一些改进意见，他们是（按英文字母顺序排列）：Matthew Guthaus、Kwangok Jeong、Seokhyeong Kang、Johann Knechtel、Andreas Krinke、Jingwei Lu、Nancy MacDonald、Jarrod Roy、Kambiz Samadi、Yen-Kuan Wu 和 Hailong Yao。

　　第 8 章中的全局布局和时钟布线图是由 Myung-Chul Kim 和 Dong-Jin Lee 提供的。附录中的单元库是由 PMC-Sierra 公司的 Bob Bullock、Dan Clein 和 Bill Lye 提供的；附录中的版图和原理图是 Matthias Thiele 生成的。本书的工作得到了美国国家自然科学基金会杰出青年教授奖（CAREER award 0448189）、德州仪器和 SUN 公司的部分支持。

　　希望读者能够从本书的阅读中找到兴趣，为专业提升提供帮助。

Andrew B. Kahng

Jens Lienig

Igor L. Markov

Jin Hu

目　　录

第 1 章

绪　论

集成电路（IC）的设计与优化是生产新的半导体芯片必不可少的环节。现代芯片设计变得非常复杂，随着半导体技术的改进，大部分都需要使用专业软件来完成，且这类软件要不断迭代以满足日益增加的复杂性的设计需求。为了获得更好的结果，需要使用这类软件的用户深入地理解软件实现所采用的算法。此外，软件开发者必须具有很强的计算机科学背景，包括对不同算法的思想、如何交互以及算法的性能瓶颈等有深刻的理解。

本书介绍和对比了集成电路物理设计阶段如何从一个抽象的电路设计生成一个几何的芯片版图所用到的基础算法。与其说是列出了每个相关技术，不如说是介绍了物理设计阶段中所涉及的必要且基础的算法：

1）电路划分（见第 2 章）和芯片规划（见第 3 章）是物理设计的早期阶段。

2）电路元件的几何布局（见第 4 章）和布线（见第 5 章和第 6 章）。

3）同步电路的特殊布线和时钟树综合（见第 7 章）。

4）满足特定的技术和性能需求，例如时序收敛，保证最终的可制造性版图满足系统设计目标（见第 8 章）。

其他的设计阶段，如电路设计、逻辑综合、晶体管级版图和验证，就不具体讨论了，但可在参考文献 [1] 中找到这些内容。

本书重点介绍了超大规模集成电路（VLSI）的数字电路设计；数字电路的自动化水平显著高于模拟电路。特别地，本书聚焦的是数字集成电路中的算法，例如现场可编程门阵列（FPGA）的系统划分，或者专用集成电路（ASIC）的时钟网综合。类似的设计技术也可以应用到其他的实际场景中，如多芯片模块（MCM）和印制电路板（PCB）。

设计者和学生们更感兴趣的问题，会在接下来的章节里加以讨论：

1）怎样从一个网表中生成功能正确的版图？

2）VLSI 物理设计软件是如何生成版图的？

3）我们怎么开发或改进 VLSI 物理设计软件？

关于本书的更多信息可参考 https：//www.ifte.de/books/eda/index.html。

1.1　电子设计自动化（EDA）

EDA 软件可以帮助工程师创造新的集成电路设计。由于现在集成电路设计的复杂性高，因此 EDA 几乎涉及集成电路设计流程中的各个方面，从高级系统设计到制造。EDA 将设计者的需求分为电子系统层次结构中的多个级别，包括集成电路、多芯片模块和印制电路板。

基于摩尔定律 [8]，半导体工艺的发展推动集成电路集成上亿个晶体管，可将多个芯片和数以千计的引脚进行封装，并装配到有数十个布线层的高密度互连（HDI）电路板上。这个设计过程非常复杂且极度依赖自动化工具。也就是说，EDA 软件用在自动化程度非常高的阶段，如逻辑设计、仿真、物理设计和验证。

EDA 最早出现在 20 世纪 60 年代，采用简单的程序，将版图信息转换成可流片的光绘机 Gerber 文件形式，且能把少量模块自动布局在电路板上。几年后，集成电路的出现需要软件来实现复杂电路的设计，且有不断加剧的趋势。对于设计包含数十亿个晶体管的复杂电路，驱动 EDA 软件的发展以便能处理这些大规模电路的设计，从速度、空间和电源有效性等方面优化物理版图结果，从而保证设计的正确性和可制造性。在现代的 VLSI 设计流程中，基本上所有环节都采用软件去实现自动优化。

在 20 世纪 70 年代，半导体公司开发了自用的 EDA 软件，用专门方案解决公司特有的设计。在 20 世纪 80～90 年代，独立软件供应商创建了能更广泛使用的新工具。这样出现了一个独立的 EDA 行业，该行业拥有稳定的收入增长，并在全球雇佣了数万人。许多 EDA 公司的总部设立在加利福尼亚州的圣克拉拉市，该地区被称为硅谷。

在数次年度会议上，展示了 EDA 在工业界和学术界的发展。其中最引人关注的会议是设计自动化会议（DAC），它保持了每年举办一次学术论坛和工业贸易展览。计算机辅助设计国际会议（ICCAD）着重于学术研究，其论文涉及专门的算法的研究进展。PCB 开发者参加 9 月的西部 PCB 设计会议。在国外，欧洲和亚洲分别举办欧洲设计自动化和测试会议（DATE）以及亚洲、南太平洋设计自动化会议（ASP-DAC）。全球范围的工程学会——美国电气电子工程师学会（IEEE）出版了 IEEE 集成电路与系统的计算机辅助技术（TCAD）月刊，而美国计算机学会（ACM）出版了 ACM 电子系统设计自动化汇刊（TODAES）。

1. EDA 的影响

根据摩尔定律（见图 1.1），一个芯片上集成的晶体管数量每两年翻一番。这相当于每个芯片的晶体管数量每年增长 41.4%。

然而，由主流半导体公司生产的芯片出现了不同的趋势。由晶体管数量来衡量的年度生产力，对于设计者而言，设计团队（固定规模）每年只有约 21% 的复合增长率，这导致了设计生产率之间的缺口 [4]。因此，这一缺口也表明了技术能力（每片上晶体管的

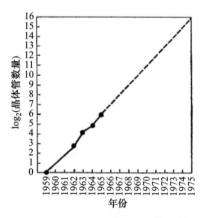

图 1.1　摩尔定律和戈登·摩尔文章 [8] 上所预测的晶体管数量增长的原始图。在 1965 年，戈登·摩尔认为集成电路上的晶体管数量每年会翻一番。10 年后，他修正了他的观点，断言每 2 年，晶体管数量会翻一番。从那以后，这个"规则"成为著名的摩尔定律

数量）与设计能力（每人年设计晶体管的数量）之间的差异。晶体管数量高度依赖于应用场景，即模拟与数字或存储与逻辑。根据20世纪90年代中期的半导体制造技术联盟的统计，参考设计生产率与所谓的标准晶体管对比得到上述结论。

数字逻辑设计中的设计缺口已经被广泛地讨论过。在图1.2中，由上方阴影区域和棕色垂直箭头可见，这是微电子学中最棘手和最紧迫的问题之一。模拟设计的差距以及模拟和数字设计生产率之间的差距（红色垂直箭头）如图1.2[5]所示。正如本书后面的章节中详细阐述的那样，在不断发展的自动化设计过程中，EDA工具对于缩小设计差距发挥着至关重要的作用。

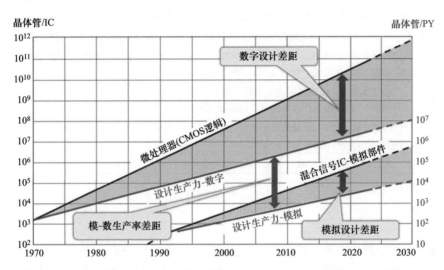

图1.2 对于数字芯片（上）和混合信号IC的模拟部分（下），每个IC的标准化晶体管的近似增长率（黑色，左侧刻度）和标准化晶体管每人年设计生产率（红色，右侧刻度）[5]。还显示了数字设计差距、模拟设计差距以及模拟和数字设计生产率之间的差距（红色垂直箭头）[5]

2. EDA 的历史

在EDA之前，集成电路和印制电路板都是手工设计的。20世纪60年代中期，自动化开始于几何软件，通过复制手动绘制组件的数字记录，为版图光绘机生成流片文件。第一个集成电路计算机辅助设计（CAD）系统应用于20世纪70年代，以解决物理设计阶段的问题。越来越多的程序被用于电路版图的生成，如布局和布线及可视化。在那个时代，大多数CAD工具都是专有的，像IBM和AT&T贝尔实验室这样的大公司都依赖于仅供内部使用的软件工具。然而，从20世纪80年代开始，独立软件开发人员开始编写能够满足多家半导体产品公司需求的工具。20世纪90年代，EDA市场快速增长，许多设计团队采用了商业工具，而不是开发自己的内部版本。

EDA工具总是面向整个设计过程的自动化，并将设计步骤链接成一个完整的设计流程。然而，这样的集成是具有挑战性的，因为一些设计步骤需要额外的自由度，且可扩展性要求等需要单独处理一些设计步骤。此外，晶体管和互连线尺寸的持续减少，模糊了相互独立的连续设计步骤的边界和抽象层次及其需要在设计周期的早期进行精确计算的物理效应，如信号时延和耦合电容。因此，设计流程从不可再分的步骤（独立的）趋向于更深层次的整合。表 1.1 总结了电路和物理设计关键发展的时间线。

表 1.1   EDA 发展中关于电路和物理设计的时间线

时间周期	电路和物理设计过程的发展
1950～1965 年	只有手工设计
1965～1975 年	第一个通过复制手动绘制组件的数字记录来生成版图光绘机流片文件的软件。开发出 PCB 版图编辑器，如布局和布线工具
1975～1985 年	更先进的 IC 和 PCB 工具，更复杂的算法。退火算法首次得到应用
1985～1990 年	第一个性能驱动工具和用于版图的并行最优化算法，更全面的基础理论（图论、解的复杂度等）
1990～2000 年	第一个单元上布线，第一个 3D 和多层版图与布线技术。自动电路综合和面向可布线性的设计成为主流。并行化出现，物理综合，二次算法，版图热点检测
2000～2010 年	在制造方面，出现可制造性设计（DFM）、可测试性设计（DFT）、光学邻近校正（OPC）以及其他技术。模块可重用性的提高，包括 IP 模块。电压岛和时钟门控等低功耗方法
2010～2020 年	内置自检（BIST），版图后处理和迁移缓冲设计方法、单芯片 3D 设计和后摩尔集成的出现，程序自动化（产生）更新方法，超级优化
2020 年至今	大量的机器学习（ML）算法，正交化和抽象化的消失，融合，协同优化

1.2   VLSI 设计流程

超大规模集成电路（VLSI）的设计过程非常复杂。它可以分为不同的阶段（见图 1.3）。越早的阶段抽象层次越高，侧重于系统整体功能和逻辑设计，越后期的设计阶段抽象层次越低，主要针对物理组件（器件和互连线）的电气特性以及这些特性如何影响信号时延和芯片的其他特性（如功耗和可靠性）。在流程的最后，在制造之前，工具和算法是对每个电路元件的几何形状和电气性能的详细信息进行操作的。

图 1.3 中 VLSI 设计流程的阶段将在本书的各个章节中详细讨论。有关物理设计算法的特别主题，见参考文献 [1，5，9]。

1. 系统规范

芯片架构师、电路设计者、版图和库设计者、产品销售者以及运营经理共同定义系统的总体目标和高端需求。这些目标和需求包括功能、性能、物理尺寸和生产工艺。

2. 架构设计

一个基本的架构必须满足系统规范。举例说明：

1）模拟、数字和混合信号模块的集成。

2）存储管理（串行或并行）和寻址方案。

3）计算核的数量和类型，如处理器和数字信号处理（DSP）单元，以及特定的 DSP 算法。

4）芯片内外的通信、对标准协议的支持等。

5）使用硬知识产权（IP）模块（提供版图）和软 IP 模块（提供可综合的硬件描述语言）。

6）引脚输出、封装、裸片封装接口。

7）电源需求。

8）工艺和层堆叠的选择。

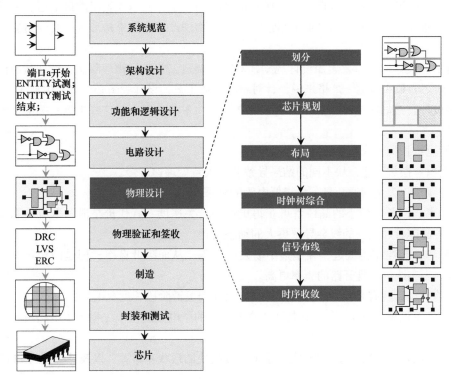

图 1.3　VLSI 设计流程中的主要阶段，重点是物理设计阶段：划分（见第 2 章），芯片规划（见第 3 章），布局（见第 4 章），时钟树综合和布线（见第 5 ~ 7 章），最后是时序收敛（见第 8 章）

3. 功能和逻辑设计

一旦架构确定，每个模块（例如一个处理器核）的功能和连接关系就必须加以定义。在功能设计中，只需要给出高级行为描述，即每个模块有一组输入、输出和时序行为描述。

逻辑设计可用寄存器传输级来描述，即用硬件描述语言（HDL）定义芯片的功能和时序行为。两种常见的 HDL 是 Verilog 和 VHDL。HDL 模块必须经过仿真和验证。

逻辑综合工具等自动地把 HDL 转变为低级别的电路单元，即给定 Verilog 或者 VHDL 的描述和工艺库，逻辑综合工具就可以将描述的功能映射为特定的电路单元，如标准单元、信号网列表或者网表。

4. 电路设计

针对芯片上大容量的数字逻辑，逻辑综合工具自动转换布尔表达式为指定的门级网表、粗粒度的标准单元或更高层次。然而，一些关键的低层次单元必须在晶体管级来进行设计，这就是所谓的电路设计。在电路级设计的实例单元包括静态 RAM 模块、I/O 元胞、模拟电路、高速功能单元（乘法器）以及静电放电（ESD）保护电路。电路级设计的正确性主要用电路仿真工具（如 SPICE）来验证。

5. 物理设计

在物理设计阶段，所有的设计组件都实例化为几何表示。换句话说，所有的宏模块、元胞、门、晶体管等，在每个制造层上有固定的形状和大小，在芯片表层的最上层金属层上分配空间位置（布局），并完成器件间的互连（布线）。物理设计的结果是形成一套通过验证的制造规范。

进行物理设计时，需要遵照设计规则，对特定制造工艺满足物理限制。例如所有的线必须满足最小间距和最小线宽。严格来说，针对新的制造工艺，设计版图必须重新生成（迁移）。

物理设计直接影响电路性能、面积、可靠性、功率和良率。与这些影响有关的例子将在下面进行讨论：

1）性能：长的布线有更长的信号时延。

2）面积：摆放互连模块不同的结果导致芯片大且处理速度慢。

3）可靠性：大量的通孔显著地降低电路的可靠性。

4）功率：门长度较小的晶体管可获得更快的开关速度，其代价是泄漏电流和制造变异性高；更大的晶体管和更长的线会导致更大的动态功耗。

5）良率：布线靠得太近，在制造中易发生短路，从而降低良率；但是门相距太远也会降低良率，因为布线更长且开路的概率更高。

由于物理设计具有高复杂度，所以将其分为几个关键阶段（见图 1.3）：

1）划分（见第 2 章）：将一个电路划分成更小的子电路或模块，每个子电路或模块可以单独设计或分析。

2）布图规划（见第 3 章）：确定了子电路或模块的形状和布置，以及外部端口和 IP 或宏块的位置。

3）电源和地线网布线（见第 3 章）：经常在布图规划中，分布电源（VDD）和地（GND）线网在芯片各处。

4）布局（见第 4 章）：确定在每个模块中的所有元胞的空间位置。

5）时钟网络综合（见第 7 章）：确定时钟信号的缓冲、门控（例如电源管理）和布线，以满足规定的偏差和时延要求。

6）全局布线（见第 5 章）：分配布线资源用于模块间互连，资源包括在全局单元中的布线轨道。

7）详细布线（见第 6 章）：分配布线到指定的金属层，以及在全局布线资源中指定布线轨道。

8）时序收敛（见第 8 章）：通过专门的布局和布线技术来优化电路性能。

经过详细布线后，准确的版图优化被限制在较小的范围内。从完成的版图中提取寄生电阻（R）、电容（C）和电感（L），然后用时序分析工具去检查芯片的功能。如果分析显示出错误行为或者针对可能的制造和环境变化的设计裕量（保护带）不足，那么就进行增量式设计优化。

模拟电路的物理设计不同于上面的方法，本书主要面向数字电路。对于模拟电路物理设计，电路元件的几何表示是使用版图生成器（单元生成器）或使用图形软件工具手动绘制。对于具有已知电气参数的电路元件，例如电阻器的电阻，会相应生成合适的几何表示，例如对电阻版图具有指定长度和宽度（有关使用产生器的模拟设计自动化的相关资料，见参考文献 [5] 中的第 6 章）。

6. 物理验证

当物理设计完成后，版图必须被全面验证来确保正确的电气和逻辑功能。在物理验证中发现的问题，如果对于芯片良率的影响可以忽略，那么这些问题可以被容许。否则，这个版图必须更改，但是这些更改必须尽可能小，不会产生新的问题。因此，在这个阶段，版图的更改常常是由有经验的工程师手工完成的：

1）设计规则检查（DRC）：验证版图是否满足所有技术约束。DRC 还验证均匀化学机械抛光（CMP）的层密度。

2）版图与原理图一致性检验（LVS）：验证设计功能。为了做到这一点，版图被用来导出（即反向工程）一个网表，它与由逻辑综合或电路设计产生的原始网表进行对比。

3）寄生参数提取：从几何表示的版图元素中获得电气参数；准确的网表结果可以验证电路的电气特性。

4）天线规则检查：旨在防止天线效应，它会通过在没有连接到 PN 结的金属线上积累多余电荷，在等离子刻蚀阶段破坏晶体管栅极。

5）电气规则检查（ERC）：验证电源和地连接的正确性，以及信号转换时间（偏差）、容性负载和扇出在合适的边界上。

综合和分析技术是 VLSI 设计中不可或缺的部分。在设计流程中，综合技术通常先于分析（见图 1.3）。分析通常需要对电路参数和信号转换进行建模，并用建立的数值方法来求解不同的方程组。这些任务的算法选择，与综合和优化中的大量可能性相比是相对简单的。因此，本书侧重于 IC 物理设计中使用的优化算法（重点是综合），而不包括物理验证和签核阶段的计算技术（重点是分析）。

7. 制造

经过 DRC、LVS、ERC 处理后的最终版图，通常以 GDSII 或 OASIS 流格式表示，交给专门的硅代工厂（晶圆厂）进行流片制造。该设计进入制造过程称为流片，从设计团队到硅晶圆厂的数据传递不再依靠磁带 [5]。用于制造所生成数据采用流格式，这就是 GDSII 或 OASIS 流格式的使用。

在晶圆厂，用光刻工艺将设计影印到不同层。光掩膜是在某些特定晶圆上，对指定的版图，用激光源进行曝光。生产集成电路需要多次掩膜；当设计做了修改时，要求改变部分或者所有的掩膜。

集成电路是在直径为 200 ~ 300mm（8 ~ 12in）的圆形硅晶圆上制造的。根据晶圆和集成电路的大小，单个晶圆可能包含数百甚至数千个集成电路。在制造过程的最后阶段，晶圆上的每个集成电路都要测试并标记为满足功能或存在缺陷，有时根据功能或参数（速度、功率）测试的结果进行分类。在制造过程的最后，通过将晶圆分割成更小的块，来实现集成电路的分离或颗粒化。

8. 封装和测试

在切割后，功能芯片通常需要封装。封装在设计过程的早期便已经成型，对成本和应用产生影响。封装类型包括双列直插式封装（DIP）、薄型小外形封装（TSOP）和球栅阵列

（BGA）。当把裸片定位在封装框后，将其引脚连上封装的引脚，如采用引线键合或者金属焊接凸块（倒装芯片键合）。最后对封装进行铅封。

制造、组装和测试可以以不同的方式进行。例如在日益主流的晶圆级芯片级封装（WLC-SP）方法中，在晶圆片切割前，采用高密度的金属焊接"凸块"贴装工艺，将电源、地和信号线从封装到裸片之间连接。对于多芯片集成，芯片往往不单独封装，而是把多颗裸片集成为MCM，即随后进行单独封装。封装后，产品会通过测试来确保满足设计需求，例如功能（I/O关系）、时序或功耗。

1.3　VLSI 设计模式

选择合适的电路设计模式是非常重要的，因为这种选择影响到上市时间和设计成本。VLSI设计模式分为两类——全定制和半定制。全定制设计主要出现在微处理器或 FPGA 等超大容量芯片上，对于这种芯片，设计的高成本被摊销到大批量生产上。半定制设计被广泛应用，因为它降低了设计过程的复杂度，同时上市时间和总成本也降低了。下面我们将讨论 VLSI 的设计模式。

1. 全定制设计

在所有可用的设计模式中，全定制设计模式在版图生成中有最少的约束，如模块可以摆放在芯片的任何位置而没有限制。这种方法通常产生非常紧凑的且具有高优化电气性能的芯片。然而，这样的设计费力、耗时且缺乏自动化支持而易导致失败。

全定制设计主要用于微处理器和 FPGA 等大容量的芯片上，设计的高成本分摊到大批量生产中。第二种情形是模拟电路，必须格外小心地获得匹配的版图，遵守严格的电气性能规格。

全定制设计必不可少的工具是一种高效的版图编辑器，它不仅能绘制多边形，还可以做更多的事情（见图 1.4）。许多改进的版图编辑器集成了 DRC 检验器，这样可以连续验证当前的版图。所有的违反设计规则固定出现时，通过修正的最终版图是无 DRC 错误的版图。

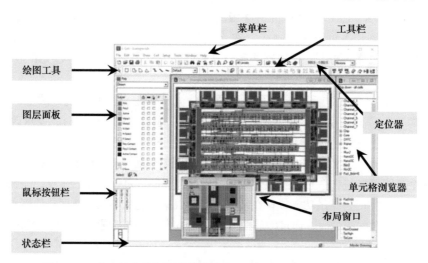

图 1.4　一个高性能的版图编辑器（来自西门子 EDA 公司的 L-Edit）

2. 半定制设计

以下半定制标准设计模式是最常用的:

1）基于元胞:通常使用标准单元和宏模块,有许多预先设计好的元件,如从库中复制的逻辑门。

2）基于阵列:要么是门阵列,要么是 FPGA,该设计有部分已经布线完成的元件。

3. 标准单元设计

数字标准单元是具有固定大小和功能的预定义模块。单个标准单元实现的功能通常相当有限;举个例子,一个带两个输入口的 AND 单元由一个两输入 NAND 门连接一个反相器构成（见图 1.5）。标准单元分布存于单元库中,这常由晶圆代工厂免费提供,并进行了制造质量预审。

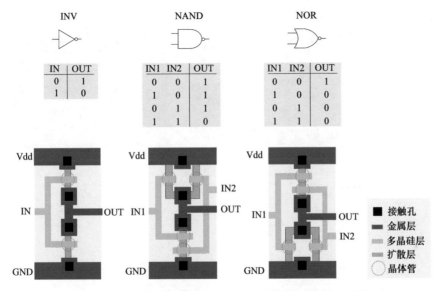

图 1.5 具有输入输出行为和版图表示的通用数字单元 [5]

标准单元被设计为具有不同的固定单元高度,具有固定的电源（VDD）和地（GND）端口位置。单元宽度变化依赖于所实现的晶体管网络。由于这种约束的版图模式,所有单元都可以成行布局,这样供电网络和地网络（水平地）相邻分布（见图 1.6）。单元的信号端口可能在单元边界的“上方”或者“下方”或者分布在整个单元区域[9]。

由于标准单元布局的自由度较小（单元必须一个挨着另一个布局,即成行布局）,因此这种设计方法的复杂性大大降低。与全定制设计相比,以牺牲功率效率、版图密度、运行频率等为代价,缩短上市时间。因此,基于标准单元的设计,如 ASIC 和全定制设计（微处理器、FPGA 和存储器产品）有着不同的细分市场。前期需要做大量的工作进行单元库的开发,并保证具备可制造的质量要求。

标准单元行之间使用单元行内的穿过式布线（空的）或者行间可用的轨道布线（见图1.7）。当标准单元行之间的区域可用时,该区域称为通道。沿着单元上面的空间,也可以用来布线。采用多金属层在单元上（OTC）布线方法越来越流行,以目前的工艺技术,在现代设计中可以达到8～12层。这种布线方式相对于传统的通道布线具有更好的灵活性。如果采用了OTC布线，那么相邻的标准单元行不会被布线通道分离，还可以共享电源轨或接地轨。OTC 布线在如今的工业界非常流行。

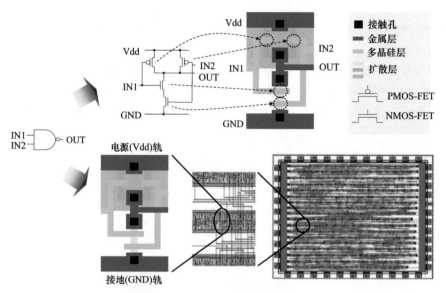

图 1.6　运用 CMOS 技术（上图）实现 NAND 门，作为一个标准单元（左下图），可以被嵌入 VLSI 版图（右下图）中

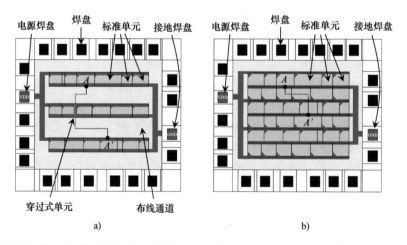

图 1.7　a）标准单元版图中应用穿过式单元和通道来对线网 A-A' 进行布线，每行有各自的电源和接地轨；b）标准单元版图中采用 OTC 布线技术对线网 A-A' 进行布线，单元行上共享电源和接地轨，需要交替转换单元方位。金属层超过三层的设计采用 OTC 布线技术

4. 宏单元

宏单元是一种典型的大逻辑模块，具有可重用功能。宏单元的范围从简单（一对标准单元）到较复杂（整个子电路，达到嵌入式处理器或者存储模块级别）电路，因此它们的形状和大小变化很大。大多数情况下，在满足布线距离或者电气性能优化目标时，宏单元可以布局在版图区域的任何位置。

由于优化模块可重用技术日益流行，如加法器和乘法器等宏单元，也变得流行起来。在某些情况下，几乎整个功能的设计都可用预先设计好的宏单元来进行组装；这被称为顶层集成，通过这种方法，不同的子电路，如模拟模块、标准单元模块和"胶水"逻辑电路等组合不同的单元，可使用缓冲器来构成一个高级别的复杂电路（见图 1.8）。

5. 门阵列

门阵列是包含预制晶体管的硅芯片，但没有实现互连。预制晶体管通常按行（或"阵列"）排列，由布线通道隔开。互连（布线）层是在芯片功能需求确定之后完成的。由于门阵列不是定制的，因此可以批量生产，从而降低了成本。然而基于门阵列设计的上市时间主要受到互连制造的限制，因此使得基于门阵列的设计比基于标准单元或基于宏单元的设计更便宜，生产速度更快，特别是对于低产量的设计产品。

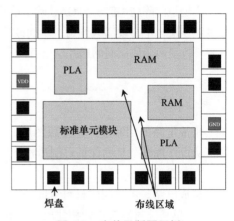

图 1.8 宏单元版图示例

由于门列阵版图限制很多，因此只能应用于简单的建模和设计。由于自由度的限制，布线算法非常简单。只需要做下面两个工作：

1）单元内部布线：创建一个单元（逻辑块），如通过连接某些晶体管来实现一个 NAND 门。通常公共门的连接存在于单元库中。

2）单元间布线：从网表中获得逻辑块之间的线网连接关系。

在门阵列的物理设计中，在芯片上选择可用的单元，由于布线资源的需求取决于布局配置，不好的布局可能导致布线阶段的失败。在 20 世纪 80 年代的全盛时期之后，传统的门阵列在 20 世纪 90 年代逐渐被几种变体所取代，如 FPGA 和结构化 ASIC。

6. 现场可编程门阵列（FPGA）

在 FPGA 中，逻辑单元和互连都是预先制造好的，用户可以通过开关来配置（见图 1.9）。逻辑元件（LE）用查找表（LUT）来实现，每个查找表都可以表示任意 k 输入的布尔函数，如 $k=4$ 或 $k=5$。互连是通过开关盒（SB）配置，在相邻布线通道上实现互连。查找表和开关盒的配置从外部存储器读取并存储在本地的存储单元中，从而对芯片进行配置（即编程）。FPGA 的主要优势是无需制造设备即可实现定制。这极大地降低了设计成本、前期投资和上市时间。然而，FPGA 通常比 ASIC[7] 运行更慢，耗电更多。超过一定的产量，例如数百万个芯片，FPGA 变得比 ASIC 更昂贵，因为 ASIC 的非重复性设计和制造成本被摊销 [2]。

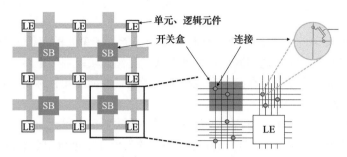

图 1.9　FPGA 版图。逻辑元件（LE）通过开关盒（SB）连接，形成可编程布线网络

7. 结构化 ASIC（无通道门阵列）

无通道门阵列类似于 FPGA，除了单元通常是不可配置的。与传统的门阵列不同，门海设计有许多互连层，不需要布线通道，从而改善了密度。在晶圆厂是通过掩膜可编程实现互连（有时候只需要改变两金属层间的通孔层），而不是现场可编程。无通道门阵列的替代品是结构化 ASIC。

1.4　版图层和设计规则

集成电路的门和互连是在版图层上用标准材料进行淀积和图形加工而成的，其版图模式本身遵从设计规则，从而保证可制造性、电气性能和可靠性。

1. 版图层

集成电路是由不同的材料组成的，其主要材料如下：

1）单晶硅衬底被掺杂构建成 n 和 p 沟道晶体管。

2）二氧化硅，用作绝缘体。

3）多晶硅，形成晶体管门，也可以作为互连材料。

4）铝或铜，用作金属互连。

硅作为扩散层。多晶硅层、铝和铜层一起构成互连层；多晶硅称为 poly 层，其余层称为 Metal1 层、Metal2 层等（见图 1.10）。通孔和接触孔实现不同层之间的连接——通孔连接金属层，接触孔连接硅（如 poly 层）与金属层（如 Metal1 层）。

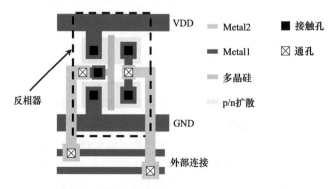

图 1.10　一个简单反相器的不同层，展示了内部连接和下面通道的外部连接

导线电阻通常以欧姆每平方（$\Omega/\square$）的薄板电阻表示。也就是说，对于给定的导线厚度，每平方面积的电阻保持相同，且独立于平方大小（长度越长则电阻越大，通过正方形增加的宽度来补偿）$^{\ominus}$。因此，任何矩形互连形状的电阻都可以很容易地计算出来，即单位平方面积的数量乘以对应层的片电阻。

单个晶体管是由多晶硅层和扩散层堆叠而成的。单元如标准单元是由晶体管组成的，但是一般只包括一层金属层。

单元之间的布线（见第 5 ~ 7 章）完全在金属层内实现。这不是一项简单的任务，不仅 poly 层和 Metal1 层主要保留给单元，而且不同的层具有不同的片电阻，这对时序特性影响很大。对于典型的 0.35μm CMOS 工艺，多晶硅片电阻为 10$\Omega/\square$，扩散层的片电阻约为 3$\Omega/\square$，铝的片电阻为 0.06$\Omega/\square$。因此，由于其相对较高的电阻，应少量使用多晶硅，大多数布线应在金属层中完成。

多金属层布线需要使用通孔，这是金属层之间的最小垂直连接。对于相同的 0.35μm 工艺，两金属层间典型的通孔电阻为 6Ω，而连接电阻明显高于 20Ω。随着技术的发展，由于截面更小，晶粒效应导致电子散射，使用阻挡材料来防止活性铜原子渗入电路的其余部分，现代铜互连变得电阻性更高。在典型的 65nm CMOS 工艺中，poly 层的片电阻为 12$\Omega/\square$，扩散层的片电阻为 17$\Omega/\square$，铜 Metal1 层的片电阻为 0.16$\Omega/\square$。通孔和接触孔电阻分别为 1.5Ω 和 22Ω。

2. 设计规则

制造集成电路的关键技术是光刻技术。作为光刻工艺的一部分，激光通过掩膜照射，其中每个掩膜定义为芯片表面的特定层图案。为了使掩膜有效，其版图模式必须满足特定工艺的约束。这些约束或设计规则确保了设计在特定工艺下可制造，以及设计是电可靠和可行的。设计规则存在于所有单独层和多层的交互中。特别地，晶体管需要多晶硅层和扩散层的结构重叠。

虽然设计规则很复杂，但大致可以分为以下三类：

1）尺寸规则，如最小宽度：任何组件（形状）的尺寸，如边界的长度或形状的面积，不能小于给定的最小值（见图 1.11 中的 a）。这些值在不同的金属层中有所不同。

2）间距规则，如最小间距：两个形状在同一层（见图 1.11 中的 b）或者相邻层（见图 1.11 中的 c），必须相距最短的距离（直线或者欧几里得对角线）（见图 1.11 中的 d）。

3）重叠规则，如最小重叠：由于制作在晶圆上的图案的掩膜对齐不准，因此两个连接形状在相邻层必定有一个重叠量（见图 1.11 中的 e）。

为了使工艺具有扩展性，制造工程师使用标准单位 λ 来表示任何设计特征 [5] 的最小尺寸。因此，设计规则以 λ 的倍数指定，这有利于基于网格的版图使用。在这样的框架下非常方便，因为工艺变化只影响 λ 的值。但是，随着晶体管尺寸的降低，λ 的作用逐渐变小，越来越多的物理和电气性能不再遵从理想的尺度变化。

$\ominus$　因为 [长 / 宽] 无量纲，所以片电阻的测量单位与电阻（Ω）相同。然而，为了与电阻区别，用特殊的欧姆每平方来表示（$\Omega/\square$）。

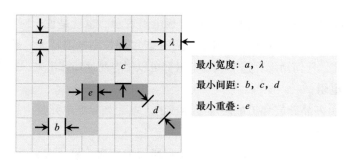

图 1.11   几类设计规则。网格粒度是 λ，这是与工艺相关的最小长度单位

1.5   物理设计优化

物理设计是一个复杂的多目标优化问题，如最小的芯片面积、最小线长，以及通孔数最少。其共同目标是提高电路性能、可靠性等。目标优化程度决定了版图的质量。

不同的优化目标可能难以用算法获得，也可能相互冲突。因此，用一个目标函数来在多个目标之间折中表示。例如用下式对布线进行优化：

$$w_1 A + w_2 L$$

式中，A 为芯片面积；L 为总线长；w_1 和 w_2 为 A 和 L 的权重，即权重决定每个目标对整体代价函数的影响。实际上，$0 \leqslant w_1 \leqslant 1$，$0 \leqslant w_2 \leqslant 1$，$w_1 + w_2 = 1$。

在版图优化过程中，必须满足三种类型的约束：

1）工艺约束：使制造在一个特定的工艺节点上，并且受到工艺的限制。如最小版图宽度和不同形状版图间的间距。

2）电气约束：保证设计达到预期的电气行为。如满足最大时延的时序约束，小于最大耦合电容。

3）几何（设计方法）约束：它的引入是为了减小设计过程的整体复杂度。如在布线中确定优先布线方向及标准单元布局所在行。

随着工艺的进一步发展，电子效应的影响越来越大。因此，最近许多电气约束被考虑以确保现代设计的正确行为[10]。这些约束对耦合电容进行限制以确保信号完整性，防止互连中的电子迁移效应[11]，并防止与温度相关的不利现象。

工艺的进步带来的挑战是电子效应不容易转化为版图设计中的几何规则。例如在不同线网布线间降低信号时延，是减少总的线长还是减小耦合电容呢？在实际的金属层上布线更复杂，开关动作也影响信号时延。虽然几何规则的定义可以降低要求，但电气特性可以从版图中精确提取，并且物理仿真可精确估计时序、噪声和功率。一旦产生版图，设计者就可以对版图优化进行评估。

总之，版图优化会面临如下困难：

1）优化目标之间的冲突。如过度强调最小化线长会导致部分区域布线拥塞度高，并增加通孔的数量。

2）约束会导致目标函数不连续，会对连续的目标函数产生影响。如布图规划设计可能只允许 64 位总线用短线进行布线，其余的线网必须绕线。

3）在新的工艺节点下增加新的约束，对互连需求要求更多，约束更加严格。

上述困难激发出以下的经验规则：

1）每种设计模式有其定制流程，即没有能支持所有设计模式的通用 EDA 工具。

2）当设计一个芯片时，在牺牲版图优化为代价下，增加几何约束可能使问题简化。如一个基于行的标准单元设计比一个全定制版图更容易实现，但是后者可以收获更好的电气性能。

3）为了进一步降低复杂度，设计过程划分为多个串行阶段。如布局和布线分别完成，用不同的优化目标和约束并独立进行评估。

4）当进行优化时，通常要在对电路性能的抽象模型进行简单计算以及难以计算的真实模型之间进行选择。当没有有效的算法或解析式来获得全局最优解时，采用启发式方法则是一个合理而有效的选择（见 1.6 节）。

1.6 算法复杂度

评价算法的一个关键指标是算法的时间复杂度，即对算法执行一个表示成问题规模的函数所花时间的度量。如在模块布局中，问题规模大小就是待布局模块数量的函数，即布局 n 个模块的时间 $t(n)$ 可以表示为

$$t(n) = f(n) + c$$

式中，$f(0)=0$；c 是一个固定的与输入大小无关的量，如初始化时间。

算法复杂度的另外一个度量指标，如内存（"空间"）也是必须考虑的。但运行时间是度量 IC 物理设计算法复杂度最重要的指标。复杂度以渐近的公式表示。根据输入大小 n，复杂度在渐进意义上表示成大写的 Oh 符号或者 $O(\cdots)$[6]。形式上，运行时间 $t(n)$ 与 $f(n)$ 同阶，写成 $t(n)=O(f(n))$，当

$$\lim_{n \to \infty} \left| \frac{t(n)}{f(n)} \right| = k$$

式中，k 是一个实数。如 $t(n)=7n!+n^2+100$，则 $t(n)=O(n!)$，因为 $n!$ 在 n 趋于无穷时是增长最快的项。当 $f(n)=n!$ 时，实数 k 是

$$k = \lim_{n \to \infty} \left| \frac{7n!+n^2+100}{n!} \right| = \lim_{n \to \infty} \left| \frac{7n!}{n!} + \frac{n^2}{n!} + \frac{100}{n!} \right| = 7+0+0=7$$

布局问题及其相关的计算复杂度包括以下内容：

1）在一行中布局 n 个单元并返回布线的长度：$O(n)$。

2）给定 n 个单元在一行的布局，判断交换一对单元是否可以改善线长：$O(n^2)$。

3）给定 n 个单元在一行的布局，判断置换一组三个单元是否可以改善线长：$O(n^3)$。

4）在一行中布局 n 个单元使线长最小：$O(n! \cdot n)$。

> **例：枚举所有布局可能性。**
> **已知**：n 个单元。
> **任务**：通过枚举，找出使总线长最小的 n 个单元的线性（单行）布局。
> **解决方案**：解空间共有 $n!$ 个布局结果。设 $n=20$，如果产生每个布局结果并计算其线长需要 $1\mu s$，那么找出最优解需要 77147 年！

前三个布局任务考虑了算法的可用性，因为它们的复杂度可以写成 $O(n^p)$ 或者 $O(n^p \log n)$，其中 p 是较小的整数，通常 $p \in \{1,2,3\}$。$p>3$ 的算法复杂度被认为没有使用价值。而且，最后一个问题更困难，即使存在好的算法对中等规模的问题也不实用 [6]。大量经典问题具有以 n 指数增长的算法复杂度，如 $O(n!)$、$O(n^n)$ 和 $O(e^n)$。这些问题中很多都是 NP 困难问题[⊖]，而且目前没有算法能在多项式时间内解决这些问题。因此，对于这些问题，在有效时间内，没有算法可以得到一个全局最优解。

接下来的第 2 ~ 8 章都是 NP 困难的物理设计问题。对于这些问题，在有效运行时间内，采用启发式算法寻找次优解。与传统算法相比，传统算法在已知时间内可以得到最优（有效）解，而启发式算法则得到次优解。开发 EDA 算法的主要目标是根据大型且复杂的商业设计的特点，研究快速得到次优解的启发式方法。这种启发式方法与常规算法配合使用，可以找到子任务的较好解。

1. 算法类型

许多物理设计问题，如布局和布线都是 NP 困难问题。在多项式时间内找到它们的最优解是不可能的。针对这些问题已经开发了许多启发式方法，基于运行时间和解的质量，通过次优性（与最优解的差异）来评估算法质量。

启发式算法可以分为以下几类：

1）确定性的：算法做出的所有决策都是可重复的，即不是随机的。确定性启发式算法的一个例子是 Dijkstra 最短路径算法（见第 5 章的 5.6.3 节）。

2）随机的：算法做出的决策是随机的，如使用伪随机数生成器。因此，算法两次独立的运行将产生两个不同的高概率解。模拟退火就是一种随机算法（见第 3 章的 3.5.3 节）。

从结构上分，启发式算法可以分为：

1）构造性的：启发式从一个初始的、局部的（部分）解开始，通过不断优化最终获得一个较优的解。

2）迭代式的：启发式从一个全局的解开始，不断优化当前解，直到达到预设的终止条件。

物理设计算法通常采用构造性的和迭代式的启发式。如可以使用构造性的启发式方法生成初始解，然后通过迭代式算法对其进行优化（见图 1.12）。

当解空间表示成由节点和边组成的图结构时（见 1.7 节），搜索和优化算法可以按如下所述方式分类。图结构是显式的，如在布线中；也可以是隐式的，用边表示可能解之间的差异，如标准单元布局时交换一对相邻单元。

⊖ NP 表示非确定性多项式时间，并指在多项式时间内使非确定性猜测的任何解有效的能力。NP 困难问题至少和最困难 NP 问题一样难。更多信息见参考文献 [3，6]。

1）宽度优先搜索（BFS）：从起始点 S_0 开始搜索目标点 T 时，检查所有相邻点 S_1。如果在 S_1 中没有找到目标 T，算法将搜索 S_1 的所有相邻点 S_2。持续这个过程，类似于"波阵面"的扩展，直到找到 T 或搜索了所有节点为止。

2）深度优先搜索（DFS）：算法从起始节点 S_0 开始，按照深度增加的顺序检查节点，即遍历尽可能远且尽可能快。与 BFS 相比，下一个被搜索的节点 S_{i+1} 是 S_i 的邻居，除非 S_i 的所有邻居都已经被搜索过，在这种情况下，搜索将被删除并回溯到未搜索邻居的最高索引位置。因此，DFS 可以尽可能快地遍历。

3）最优搜索：搜索的方向是基于代价函数，而不仅是邻接性。所采取的每一步都要考虑当前代价以及对目标代价的估计。算法总是从当前解最好的节点出发进行扩展或寻优。Dijkstra 算法就是一个例子（见第 5 章的 5.6.3 节）。

4）最后，物理设计中还使用一些贪婪算法。当新解严格优于前一个解时，初始解才会被新解替代。这种算法可以找到局部最优解（有关算法和复杂性理论见参考文献 [3]）。

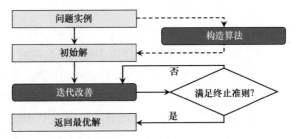

图 1.12 具有构造性和迭代阶段的启发式示例。构造阶段创建一个初始解，对该解通过迭代进行优化

2. 解的质量

大多数物理设计算法本质上是启发式算法，因此很难评估解的质量。如果最优解已知，则可以通过其相对于最优解的次优性 ε 来判断：

$$\varepsilon = \frac{\left| \mathrm{cost}\left(S_H\right) - \mathrm{cost}\left(S_{opt}\right) \right|}{\mathrm{cost}\left(S_{opt}\right)}$$

式中，$\mathrm{cost}(S_H)$ 是启发式解 S_H 的代价；$\mathrm{cost}(S_{opt})$ 是最优解 S_{opt} 的代价。这个概念只适用于设计问题的一小部分，因为已知最优解只适用于小的（或人为创建的）实例。另一方面，对特定的启发式算法，次优解的边界有时可以被证明得到，因此具有指导意义。

在现代典型设计中，要找到最优解是不切实际的，往往采用一套基准测试例子对启发式解进行测试。这些（非普遍的）问题实例集代表不同的场景和常见案例，被产业界或学术界做研究使用。能够根据先前获得的启发式解评估给定启发式方法的可伸缩性和解的质量。

1.7 图论术语

图论提供了一个数学和算法框架，可以有效地表达物理设计问题，并确定如何求解。特别是，图在物理设计算法中大量使用，用来描述和表示版图的拓扑结构。因此，对图论术语的基本理解，有助于理解优化算法是如何工作的。下面是一些基本术语，后续章节将介绍专业术语。

图 $G(V, E)$ 由两个集合组成——节点或顶点（元素）的集合，记为 V，边的集合（元素之间的关系），记为 E（见图 1.13a）。一个节点的度是与它连接的边的数量。

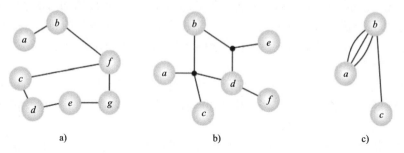

图 1.13　a）有 7 条边的图；b）有 3 条超边的超图，它们的基数分别为 4、3 和 2；
c）有 4 条边的多重图，其中 *a-b* 的权值为 3

超图由节点和**超边**组成，每个超边是两个或多个节点的子集。注意：每个图都是一个超图，其中每个超边的基数为 2。超边通常用于表示电路超图中的多端线网或多点连接（见图 1.13b）。

多重图（见图 1.13c）是在两个给定节点之间可以有多条边的图。多重图可以用来表示不同的网络权重；另一种选择是使用边加权图表示，它更紧凑且支持非整数权重。

两个节点之间的**路径**是从起始节点到结束节点的有序边序列（见图 1.13a 中的 *a-b-f-g-e*）。

回路（环）是一个开始节点和结束节点相同的闭合通路（见图 1.13a 中的 *c-f-g-e-d-c*）。

无向图是表示无序节点关系且没有任何有向边的图。**有向图**是指边的方向表示两个节点之间特定的有序关系的图。如一个信号可能在一个门的输出引脚产生，然后传输到另一个门的输入引脚，反之不行。有向边用从一个节点开始指向另一个节点的箭头表示。

带有至少一个有向环的有向图是环（见图 1.14a 中的 *c-f-g-d-c* 或者图 1.14b 中的 *a-b-a*），否则就不是环。几个重要的 EDA 算法是用有向无环图（DAG）表示它的设计数据（见图 1.14c）。

完全图是由 n 个节点组成的图，且有

$$\binom{n}{2} = \frac{n!}{2!(n-2)!} = \frac{n(n-1)}{2}$$

条边，每对节点之间都有一条边相连，即每个节点由一条边连接到每一个其他节点。

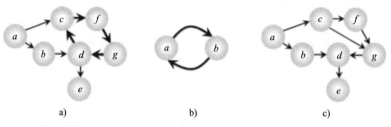

图 1.14　a）循环为 *c-f-g-d-c* 的有向图；b）循环为 *a-b-a* 的有向图；c）有向无环图（DAG）

连通图是每对节点之间至少有一条路径的图。

树是由 $n-1$ 条边连接的 n 个节点的图。有两种类型的树：无向树和有向树（有根的树）。这两种类型如图 1.15 所示。在一个无向树里面，任何只具有一条关联边的节点被称为叶子节点。在一个有向树里面，根节点没有入边，叶子节点则没有出边。在有向树中，存在一条唯一的从根节点到其他节点的路径。

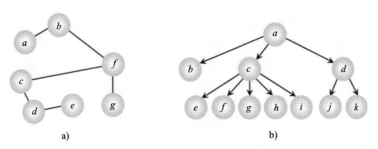

图 1.15 a）一个有叶子节点 a、e、g 的无向树，最大节点度为 3；b）一个根节点为 a、叶子为节点 b 和 e-k 的有向树

图 $G(V, E)$ 的**生成树**是互连的，无回路的子图 G' 包含在 G 中，即 G 包括（生成）G' 中每个节点 $v \in V$。

最小生成树（MST）是具有边代价（如边的长度）和最小的生成树。

直线最小生成树（RMST）是一个所有边长都符合曼哈顿（矩形）距离度量的 MST（见图 1.16a）。

斯坦纳树以瑞士数学家雅各布·斯坦纳（Jakob Steiner，1796—1863 年）的名字命名，是生成树的推广。除了原始节点外，斯坦纳树还有斯坦纳点（见图 1.16b 中的 s）。边可以连接到这些点，也可以连接到原始节点。加入斯坦纳点可以将树的总边代价降低到 RMST 以下（见图 1.16）。斯坦纳最小树（SMT）是所有斯坦纳树中总边代价最小的。如果在曼哈顿平面上只使用水平和垂直段构造，则 SMT 是直线最小斯坦纳树（RSMT）。

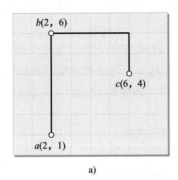
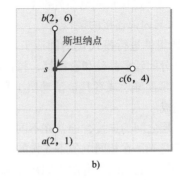

图 1.16 a）直线最小生成树（RMST）连接点 a-c，树代价为 11；
b）直线最小斯坦纳树（RSMT）连接点 a-c，树代价为 9

1.8 常用 EDA 术语

以下是 EDA 中使用的重要和常用术语的简表。当描述整个过程时，其中许多术语在 1.2 ~ 1.4 节中介绍过。这些术语将在后续章节中更详细地讨论。

逻辑设计是将 HDL（典型地，寄存器传输级）描述映射到电路门和网表级互连的过程。结果是单元或其他基本电路元件和连接的网表。

物理设计是决定单元（或者其他电路元件）和它们的连接在集成电路版图中几何布置的过程。单元的电气和物理性能从库文件和技术信息里面获取。连接拓扑是从网表中得到的。物理设计的结果是以标准文件格式（如 GDSII 或 OASIS）的几何上和功能上正确的表示。

物理验证用于检查版图设计的正确性。对版图进行如下验证：

1）遵守所有的技术需求——设计规则检验（DRC）。

2）是否和原始网表一致——版图和原理图一致性检验（LVS）。

3）没有天线效应——天线规则检验。

4）遵守所有的电气需求——电气规则检验（ERC）。

元件是一种具有基本功能的电路。如晶体管、电阻和电容。

组件是一个电路划分或者一部分元件的集合。

模块是具有形状的组件，具有固定尺寸的电路划分。

单元是用不同元件建立的逻辑或者功能单位。在数字电路中，单元通常是指门电路，如 INV、AND-OR-INVERTER（AOI）、NAND、NOR。一般来说，这个术语常用来指标准单元或者宏单元。

标准单元是一种预先确定功能的单元。它的高度是特定库中固定尺寸的倍数。在标准单元设计方法中，逻辑设计是将标准单元按行排列实现的。

宏单元是没有预定义尺寸的单元。它可以指较大的物理版图，包含数百万个晶体管，如 SRAM 或 CPU 核，可能具有离散的尺寸，可以集成到 IC 物理设计中。

引脚是用于将给定元件的端口连接到其外部（IC 内）电气端口。在块与块互连层次（IC 内部），I/O 引脚在较底层的金属层上，如 Metal1、Metal2 和 Metal3。

焊盘是一个用于连接集成电路外部的电子终端。通常，键合焊盘在最上层的金属层和外部（如到其他芯片）与内部连接的接口上。

层是对设计组件进行模式化的制造工艺级别。在物理设计中，电路元件被分配到不同的层；如晶体管被分配到多晶硅和有源层，根据网表信息，互连线被分配到多晶硅和金属层。

互连是硅（多晶硅层或者其他活动层）和金属层（典型的 Metal1）之间的直接连接。互连通常在单元内完成。

通孔是金属层之间的连接，通常在不同层实现布线连接。

线网或信号是必须在相同电位下连接的引脚或者端口的集合。

供电网络是给单元供电的电源（VDD）和地（GND）网络。

网表可以用两种方式进行描述：一种是设计中所包含的信号网络和部分引脚之间的互连，另一种是设计中所有网络和与其互连的元件的集合，即网表包括针对引脚——每个元件都有一组线网（见图 1.17 的中图），或者针对线网——每个线网都与其相连的元件（见图 1.17 的右

图)。注意，一般情况下，针对引脚的网表可以转换为针对线网的网表，反之亦然，而不会丢失信息。网表是在逻辑综合过程中创建的，是物理设计的关键输入。

图 1.17　电路（左图）的针对引脚（中图）和针对线网（右图）的网表示例

线网权重 $w(\text{net})$ 是一个数（典型的整数）值，用来表示线网的重要性或关键性。在布局中，线网权重主要用于，例如，最小化用高权重边连接的单元间的距离；在布线中，线网权重主要用于，例如，设置线网的优先级。

在非加权网络中，**连接度**或**互连代价**的 $c(i, j)$ 是单元 i 和 j 之间互连线的数量。在加权网络中，$c(i, j)$ 是单元 i 和 j 之间单个互连线的加权和。

单元 i 的互连代价 $c(i)$ 定义为

$$c(i) = \sum_{j=1}^{|V|} c(i, j)$$

式中，$|V|$为网表中的单元数量；$c(i, j)$ 为单元 i 和 j 之间的连接度。如图 1.18 中的单元 y，如果每个网格的权重为 1，则单元 y 的 $c(y) = 5$。

连接图是网表的一种图表示。单元、模块和焊盘对应于节点，它们之间的连接对应于边（见图 1.18）。一个 p–pin 网用 $\binom{p}{2}$ 表示节点之间的所有连接。例如，图 1.17 中的 N1 是一个三引脚网络，在图 1.17 的右图第一行中很容易看到一个由引脚 a、x.IN1 和 y.IN1 组成的网络。这些引脚对应于图 1.18 中的节点 a、x 和 y。可以观察到图 1.18 中连接节点 a、x 和 y 的三引脚网络是用这些节点之间较粗的连接来表示的，在这个三引脚网络中，其连接的数量为 $\binom{3}{2}$ 或 3。最后，如图 1.18 中的节点 x 和 y 所示，两个节点之间的多条边意味着更强的（加权）连接。

连接矩阵 C 是一个 $n \times n$ 矩阵，表示电路中 n 个单元之间的全连接。元素 $C[i][j]$ 代表了单元 i 和 j（见图 1.19）之间的连接代价 $c(i, j)$。因为 C 是对称的，所以对于 $1 \le i, j \le n$，$C[i][j]=C[j][i]$。

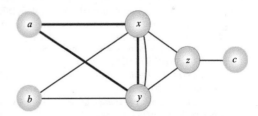

图 1.18　图 1.17 电路的连接图

	a	b	x	y	z	c
a	0	0	1	1	0	0
b	0	0	1	1	0	0
x	1	1	0	2	1	0
y	1	1	2	0	1	0
z	0	0	1	1	0	1
c	0	0	0	0	1	0

图 1.19　图 1.17 电路的连接矩阵。因为 N1 和 N2 每个只有一个输入，所以 $C[x][y]=C[y][x]=2$

定义在 $1 \leqslant i \leqslant n$，$C[i][i]=0$，因为单元 i 与自己连接是没有意义的。

两点 $P_1(x_1, y_1)$ 和 $P_2(x_2, y_2)$ 之间的**欧几里得距离**等于 P_1 和 P_2 之间的线段长度（见图 1.20）。在坐标平面上，欧几里得距离为

$$d_E(P_1, P_2) = \sqrt{(x_2 - x_1)^2 + (y_2 - y_1)^2}$$

两点 $P_1(x_1, y_1)$ 和 $P_2(x_2, y_2)$ 之间的**曼哈顿距离**是 P_1 和 P_2 之间水平和垂直位移的和（见图 1.20）。在坐标平面上，曼哈顿距离是

$$d_M(P_1, P_2) = |x_2 - x_1| + |y_2 - y_1|$$

在图 1.20 中，P_1 和 P_2 之间的欧几里得距离为 $d_E(P_1, P_2)=5$，P_1 和 P_2 之间的曼哈顿距离为 $d_M(P_1, P_2)=7$。

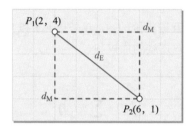

图 1.20　P_1 和 P_2 两点的距离分别以欧几里得（d_E）和曼哈顿（d_M）距离度量

参 考 文 献

1. C. J. Alpert, D. P. Mehta and S. S. Sapatnekar, eds., *Handbook of Algorithms for Physical Design Automation*, Auerbach Publ., 2008, 2019. ISBN 978-0367403478.

2. D. Chen, J. Cong and P. Pan, "FPGA Design Automation: A Survey", *Foundations and Trends in EDA* 1(3) (2006), pp. 195-330. https://doi.org/10.1561/1000000003

3. T. Cormen, C. Leiserson, R. Rivest and C. Stein, *Introduction to Algorithms, 3rd Edition*, MIT Press, 2009. ISBN 978-0262033848.

4. *Int. Roadmap for Devices and Systems (IRDS)*, 2021 Edition. https://irds.ieee.org/editions. Accessed 1 Jan. 2022.

5. J. Lienig, J. Scheible, *Fundamentals of Layout Design for Electronic Circuits*. Springer, 2020. ISBN 978-3-030-39283-3. https://doi.org/10.1007/978-3-030-39284-0

6. B. Korte and J. Vygen, *Combinatorial Optimization: Theory and Algorithms*, Springer, 2018. ISBN 978-3-662-56038-9. https://doi.org/10.1007/978-3-662-56039-6

7. I. Kuon and J. Rose, "Measuring the Gap Between FPGAs and ASICs", *IEEE Trans. on CAD* 26(2) (2007), pp. 203-215. https://doi.org/10.1109/TCAD.2006.884574

8. G.E. Moore, "Cramming more components onto integrated circuits," *Electronics*. vol. 38, no. 8, 1965, pp. 114–117. https://doi.org/10.1109/N-SSC.2006.4785860

9. L. Lavagno, I. L. Markov, G. Martin, L. K. Scheffer, eds., *Electronic Design Automation for IC Implementation, Circuit Design, and Process Technology,* CRC Press, 2006. ISBN 978-148225460

10. G. Jerke, J. Lienig "Constraint-driven Design — The Next Step Towards Analog Design Automation," *Proc. Intern. Symp. on Physical Design*, 2009, pp. 75-82. https://doi.org/10.1145/1514932.1514952

11. J. Lienig, M. Thiele, *Fundamentals of Electromigration-Aware Integrated Circuit Design*, Springer, 2018, ISBN 978-3-319-73557-3. https://doi.org/10.1007/978-3-319-73558-0

第 2 章

网表和系统划分

现代集成电路的复杂性和集成度已达到前所未有的水平，并迎来了一个越来越强大的芯片时代，推动了移动电话、机器学习和日益逼真的计算机图形等市场的扩大。不幸的是，现代集成电路的设计复杂性也达到了前所未有的规模，这使得全芯片布局、基于 FPGA 的仿真等物理设计技术和其他重要任务越来越困难。

为了解决这个问题，一个常见的策略是将设计划分成较小的部分，每个部分都可以以一定程度的独立性和并行性进行处理。采用分而治之的策略进行芯片设计，先将每个模块进行独立的版图设计，然后将各个结果进行装配成为几何表示。过去，该策略通常用于人工划分，但对于大规模网表是行不通的。然而，在层次化信息可用的情况下，可以将系统级模块作为单一实体进行人工划分。与此相反，自动网表划分（见 2.1~2.4 节）可以处理大规模网表，并可以重新定义电子系统的物理层次，从板级到芯片级和从芯片级到模块级。传统的网表划分可以扩展到多级划分（见 2.5 节），它可以用来处理大规模电路与系统。

2.1 引言

降低现代集成电路设计复杂度的一个常用方法是将其划分为更小的模块。这些模块可以是从电子元器件的小规模集合到全功能复杂子电路。划分器将电路分成若干个子电路（部分或子模块），同时在满足最大划分部分尺寸和最大路径时延等设计约束条件下，使各个划分部分之间的连接数最少。

如果每个模块都是独立实现的，即不考虑其他划分，那么这些划分之间的连接可能会对整个设计性能产生负面影响，如增加电路时延或降低可靠性。此外，划分之间的大量连接导致它们之间的耦合度提高，从而妨碍设计良率[⊖]。因此，划分的主要目标是划分后的子电路之间的连接数最小化（见图 2.1）。每个划分必须满足所有的设计约束。例如，一个划分的逻辑数量可能会受到被划分的 FPGA 芯片规模的限制。一个划分的外部连接的数量也可能受到芯片封装中的 I/O 引脚数量的限制。

⊖ 被称为 Rent 规则的经验观察表明，对于"精心设计"的系统的任何子电路，单元数量 n_G 和外部连接数量 $n_p = t \cdot n_G^r$ 之间存在幂律关系。这里，t 是每个单元的引脚数，r（称为 Rent 指数或 Rent 参数）是一个小于 1 的常数。特别是，Rent 的规则量化了 IC 中短路的普遍性，这与分级组织一致。

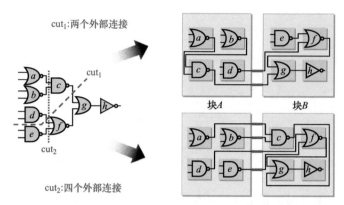

图 2.1 由割线 cut$_1$ 和 cut$_2$ 得到的两个不同划分，分别有两个和四个外部连接

2.2 术语

以下是与网表划分有关的常用术语。关于与特定算法有关的术语，如 Kernighan-Lin 算法（见 2.4.1 节），将在相关章节中介绍和定义。

单元是构成组件的任何逻辑或功能单位。划分或模块是由单元和组件构成的集合。

k 元划分问题是将电路划分为 k 个部分。图 2.2 说明了划分问题可以抽象表征为图，节点表示单元，边表示单元间的连接。

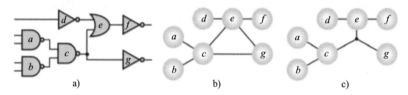

图 2.2 a）简单电路；b）可能的图表示；c）可能的超图表示

给定一个图 $G(V, E)$，对每个节点 $v \in V$, area(v) 表示相应单元或模块的面积。对于每个边 $e \in E$, $w(e)$ 表示边的优先级或权重，如相应边的关键时序。

虽然本章是在图的范畴讨论划分问题和划分算法，但是将逻辑电路用**超图**表示更加准确，每个**超边**$^{\ominus}$ 连接两个或更多的单元。许多基于图的算法可以直接扩展到超图中使用。

如果每个节点 $v \in V$ 被分派到唯一一个划分中，那么所有划分的集合 $\{A, B, C, \cdots\}$ 是不相交的。

如果 i 和 j 属于不同的划分 A 和 B，如 $i \in A$, $j \in B$，$(i, j) \in E$，则这两个节点 i 和 j 之间的边为**割边**（见图 2.3）。

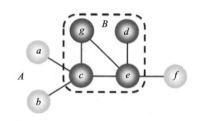

图 2.3 图 2.2 中的一个电路的二元划分，A 包括节点 a、b 和 f，B 包括节点 c、d、e 和 g。（a, c）、（b, c）和（e, f）是被割的边。（c, e）、（c, g）、（d, e）和（e, g）则不是被割的边

───
$\ominus$ 为了方便起见，超边可以称为边。然而，图的边被正式定义为节点对。

割集 Ψ 是所有割边的集合。

2.3　优化目标

最常见的划分目标是在满足划分大小平衡时，使割边数或加权割边数最小化。如果 Ψ 表示割集，那么最小化目标是

$$\sum_{e \in \Psi} w(e)$$

通常，划分面积受到布局以及其他如系统的层次、芯片尺寸或布图规划等隐含约束条件的限制。对于子节点集 $V_i \subseteq V$，area(V_i) 为子节点集 V_i 所有单元的总面积。限定面积大小的划分设置了一个上界 UB_i，要求所有子节点集 V_i 的面积必须在此条件下，即 area(V_i) $\leq UB_i$，$V_i \subseteq V$，$i =1, \cdots, k$，其中 k 为划分的数量。通常，电路必须被均匀地划分

$$\text{area}(V_i) = \sum_{v \in V_i} \text{area}(v) \leq \frac{1}{k} \sum_{v \in V} \text{area}(v) = \frac{1}{k} \text{area}(V)$$

对于所有节点都有相同面积的特殊情况，平衡准则是

$$|V_i| \leq \left\lceil \frac{|V|}{k} \right\rceil$$

2.4　划分算法

与本书中讨论的许多其他组合优化问题一样，电路划分也是 NP-hard 问题。也就是说，随着问题规模线性增长，寻找最优解需要比任何多项式函数所需要时间的增长快得多。迄今为止，还没有在已知的多项式时间下，求解平衡约束划分的全局最优算法（见 1.6 节）。然而，在 20 世纪 70 年代和 20 世纪 80 年代出现了一些有效的启发式算法。这些算法可以找到高质量的电路划分解决方案，并在实践中实现了在低阶多项式时间内运行——Kernighan–Lin (KL) 算法（见 2.4.1 节）、其扩展算法（见 2.4.2 节）和 Fiduccia–Mattheyses (FM) 算法（见 2.4.3 节）。此外，通过模拟退火进行求解特别困难的划分问题。通常随机爬山算法需要的时间超过多项式时间才能找到高质量的解，但可以通过牺牲解的质量来加速。在实践应用中，模拟退火很少有竞争力。

2.4.1　Kernighan–Lin（KL）算法

Kernighan–Lin（KL）算法通过迭代改进优化划分。它是由 Kernighan 和 Lin 提出的[7]，用于求解所有节点都有相同面积的二分图（$k = 2$）。该算法可以扩展到多元（k 元）划分（$k > 2$）上，且各个单元具有任意大小的面积（见 2.4.2 节）。

1. 简介

KL 算法用于电路所表征的图上，其中节点（边）代表单元（单元间的连接）。形式上，让图 $G(V, E)$ 有 $|V| = 2n$ 个节点，所有节点 $v \in V$ 有相同的面积，所有边 $e \in E$ 有一条非负权重。

KL 算法将 V 划分成两个不相交的子集 A 和 B，使割数最小，且 $|A| = |B| = n$。

KL 算法基于互换一对节点的位置，每个节点来自于不同划分部分。如果两个节点在交换时产生了最大的割数减少，为了防止直接反转和撤销操作带来的无限循环，KL 算法在节点交换后将其锁定。直到被锁定的节点变成自由节点前，这些被锁定的节点是不能被交换的。

KL 算法经过多轮操作。首次操作或迭代可以从任意初始划分开始。在给定的轮次的操作下，所有节点都被锁定，算法选取交换中所得到的最大增益（也就是最少的花费）的一对节点进行交换。所有节点依照同样的操作处理。本轮结束后，将所有的锁定节点再次变成自由节点。在随后轮次的操作中，算法从上一轮所得到的两个划分开始。所有可能的对交换被重新计算。如果在给定的轮次中，划分结果的质量没有改进，则算法终止。

2. 术语

以下是有关 KL 算法的术语。

一个无权图或有统一边权重的图的割边大小或者割边代价是所有节点在多个划分中的边的数量。对于有权重的边，割边代价等于所有割边的权重之和。

从划分 A 移动一个节点 $v \in V$ 到划分 B 的代价 $D(v)$ 为

$$D(v) = |E_B(v)| - |E_A(v)|$$

式中，$E_B(v)$ 是 v 的被割线所切割的关联边的集合；$E_A(v)$ 则是 v 的没有被割线所切割的关联边的集合。代价高（$D>0$）的表明节点需移动，而代价低（$D<0$）的表明节点仍保留在原来的划分中。

交换一对节点 a 和 b 的增益 $\Delta g(a, b)$ 是该对节点交换前后所引起的割边代价的变化。正增益（$\Delta g > 0$）表示割边代价减少了，而负增益（$\Delta g < 0$）表示割边代价增加了。交换 a 和 b 节点的增益为

$$\Delta g(a,b) = D(a) + D(b) - 2c(a,b)$$

式中，$D(a)$ 和 $D(b)$ 分别是节点 a 和 b 的代价；$c(a, b)$ 是 a 和 b 之间的连接权重。如果边存在于 a 和 b 之间，则 $c(a,b)$ 等于 a 和 b 的边权重，否则，$c(a, b) = 0$。

注意，在计算 Δg 时简单地添加 $D(a)$ 和 $D(b)$，假设边在交换之前割边（未割边），并且在交换之后将未割边（割边）。但是，如果节点通过边 e 连接，则不适用，因为它将在交换之前和之后被割边。因此，引入项 $2c(a, b)$ 来修正交换所带来的高估增益。

最大正增益 G_m 对应于给定通路的交换序列内的 m 个交换的最佳前缀。m 个交换使分区具有在通路过程中遇到的最小削减成本。G_m 被计算为通路的前 m 次交换上的 Δg 值之和，其中被选择的 m 使得 G_m 最大化：

$$G_m = \sum_{i=1}^{m} \Delta g_i$$

在 KL 算法的一个通路过程中，移动仅用于找到移动序列 $< 1, \cdots, m >$ 和 G_m。然后在找到这些移动之后再应用它们。

3. 算法

下面是 KL 算法的流程。

KL 算法

输入：$|V|=2n$ 的图 $G(V, E)$

输出：划分后的图 $G(V, E)$

```
1   (A, B) = INITIAL_PARTITION(G)        // 任意的初始划分
2   Gm = ∞
3   while (Gm > 0)
4     i = 1
5     order = ∅
6     foreach (node v ∈ V)
7       status[v] = FREE                  // 将所有节点设置为自由
8       D[v] = COST(v)                    // 计算所有节点的 D(v)
9     while (!IS_FIXED(V))                // 当不是所有单元被锁定时，选择
                                          //   自由的单元
10      (Δgi, (ai, bi)) = MAX_GAIN(A, B)  // A 的节点 ai 和
                                          // 使 Δgi = D(ai) + D(bi) − 2c(ai, bi)
                                          // 最大的 B 中的自由节点 bi

11      ADD(order, (Δgi, (ai, bi)))       // 记录变换的单元
12      TRY_SWAP(ai, bi, A, B)            // 移动 ai 到 B，移动 bi 到 A
13      status[ai] = FIXED                // 锁定 ai
14      status[bi] = FIXED                // 锁定 bi
15      foreach (free node vf connected to ai or bi)
16        D[vf] = COST(vf)                // 计算和更新 D(vf)
17      i = i + 1
18    (Gm, m) = BEST_MOVES(order)         // 交换序列 <1…m>
                                          // 使 Gm 最大化
19    if (Gm > 0)
20      CONFIRM_MOVES(m)                  // 执行移动序列
```

　　首先，将图 G 划分为任意的两个部分 A 和 B（行 1），设置最大正增益 G_m 为 ∞（行 2）。在每轮中（行 3～20），计算每个节点 $v \in V$ 的代价 $D(v)$，并将节点 v 设置为自由的（行 6～8）。当不是所有节点都被锁定时（行 9），进行选择和交换，然后将 A 中的自由节点 a_i 和 B 中的自由节点 b_i 锁定，此时 Δg_i 为最大（行 10～14）。更新所有与 a_i 和 b_i 连接的自由节点的 $D(v)$ 值（行 15～16）。

　　当所有的节点都被锁定后，找到使 G_m（行 18）最大的移动序列 <1…m>。如果 G_m 是正的，执行移动序列（行 19～20），然后进行其他轮次（行 3～20）。否则，算法终止。

例：KL 算法。

给定：节点 $a \sim h$（右图）的初始划分。

任务：KL 算法的第一轮的执行过程。

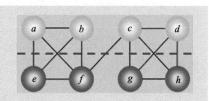

解： 初始割边代价 =9。

计算所有自由节点 $a \sim h$ 的代价 $D(v)$。

$D(a) = 1$，$D(b) = 1$，$D(c) = 2$，$D(d) = 1$，$D(e) = 1$，$D(f) = 2$，$D(g) = 1$，$D(h) = 1$

$\Delta g_1 = D(c) + D(e) - 2c(c, e) = 2 + 1 - 0 = 3$

交换并锁定节点 c 和 e。

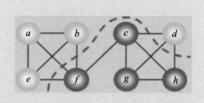

更新所有连接到最新交换节点 c 和 e 的自由节点（a, b, d, f, g, h）的代价 $D(v)$。

$D(a) = -1$，$D(b) = -1$，$D(d) = 3$，$D(f) = 2$，$D(g) = -1$，$D(h) = -1$

$\Delta g_2 = D(d) + D(f) - 2c(d, f) = 3 + 2 - 0 = 5$

交换并锁定节点 d 和 f。

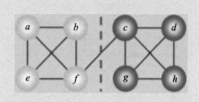

更新所有连接到最新交换节点 d 和 f 的自由节点（a, b, g, h）的代价 $D(v)$。

$D(a) = -3$，$D(b) = -3$，$D(g) = -3$，$D(h) = -3$

$\Delta g_3 = D(a) + D(g) - 2c(a, g) = -3 + (-3) - 0 = -6$

交换并锁定节点 a 和 g。

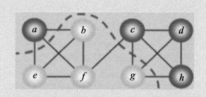

更新所有连接到最新交换节点 a 和 g 的自由节点（b 和 h）的代价 $D(v)$。

$D(b) = -1, D(h) = -1$

$\Delta g_4 = D(b) + D(h) - 2c(b, h) = -1 + (-1) - 0 = -2$

交换并锁定节点 b 和 h。

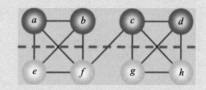

计算最大正增益 G_m：

$G_1 = \Delta g_1 = 3$

$G_2 = \Delta g_1 + \Delta g_2 = 3 + 5 = 8$

$G_3 = \Delta g_1 + \Delta g_2 + \Delta g_3 = 3 + 5 + (-6) = 2$

$G_4 = \Delta g_1 + \Delta g_2 + \Delta g_3 + \Delta g_4 = 3 + 5 + (-6) + (-2) = 0$

当 $m = 2$ 时，$G_m = 8$。由于 $G_m > 0$，执行第一个 $m = 2$ 的交换：（c, e）和（d, f）。进行其他轮次，直到 $G_m \leqslant 0$。

KL 算法并不总能找到最优解，但在有数百个节点的图上进行实际应用时表现得非常好。一般来说，迭代轮次数随着图规模的增加而增加，但实际上通常在四轮之后就结束了。

注意 Δg 不可能总是为正：当两个划分之间的所有节点都被交换后，割边代价将与初始割边代价完全相同，因此在迭代轮次的某些最佳增益值可能为负。但是，由于其他移动（收益）可能会对此进行补偿，因此在整个轮次中是完整的。计算所有移动直到所有单元被锁定为止。

KL 算法的运行时间是由两个因素决定的——增益更新和交换对的选择。KL 算法选择 n 对节点进行交换，n 是每个划分中的节点总数。对于每个节点 v，更新和比较增益的时间复杂度是 $O(n)$。也就是说，在移动 i 中交换节点 a_i 和 b_i，最多（$2n-2i$）个自由节点的增益被更新。因此在每轮中，n 个移动的增益更新所花费的时间最多为

$$\sum_{i=1}^{n} 2n - 2i = O(n^2)$$

在给定的移动 i 中的一对节点进行比较时，最多 $(n-i+1)^2 = O(n^2)$ 对被选择。执行 n 对比较所需的时间复杂度为

$$\sum_{i=1}^{n} (n-i+1)^2 = O(n^3)$$

因此，KL 算法的时间复杂度为 $O(n^2) + O(n^3) = O(n^3)$。

一种优化的 KL 算法的复杂度为 $O(n^2 \log n)$。先将节点对进行排序，可以加速节点对之间的比较。因为目标是使 $\Delta g(a, b) = D(a) + D(b) - 2c(a, b)$ 最大化，所以每个节点移动的增益可以按递减的顺序排序。即对每个节点 $a \in A$，其增益 $D(a)$ 的排序为

$$D(a_1) \geqslant D(a_2) \geqslant \cdots \geqslant D(a_{n-i+1})$$

类似地，对每个节点 $b \in B$，其增益 $D(b)$ 的排序为

$$D(b_1) \geqslant D(b_2) \geqslant \cdots \geqslant D(b_{n-i+1})$$

然后，从两个列表中的第一个元素开始，评估每对节点的增益。一个巧妙的评估顺序是采用高效的数据结构和限定节点的度 [3]，一旦得到 $D(a_j)$ 和 $D(b_k)$ 的增益，且 $D(a_j) + D(b_k)$ 的和比之前找到的最好增益少（没有更好的对可以交换），则计算过程停止。在实际中，经过 $O((n-i) \log(n-i))$ 时间，将自由节点增益进行排序后，在第 i 次移动中通过 $O(n-i)$ 时间就可以找到最好的对交换 [2]。节点对的比较所需要的时间从 $O(n^2)$ 减少到 $O(n \log n)$。

2.4.2 扩展的 KL 算法

为了适应划分大小 $|A| \neq |B|$ 的不等情形，把节点划分到任意大小 A 和 B 中，其中一个划分包含 $\min(|A|, |B|)$ 个节点，另外则包含 $\max(|A|, |B|)$ 个节点。应用 KL 算法时，只有 $\min(|A|, |B|)$ 对节点进行交换。

为了适应不相等的单元大小或节点面积，用最小单元的面积表示一个单位面积，即所有单

元面积的最大公约数。所有不相等的节点大小被转换为单位面积的整数倍。每个节点部分（被拆分的原始节点的所有部分）用权值为无穷的连接到它的每个对应部分，即高优先级边。然后应用 KL 算法。

为了进行 k 元划分，任意分配所有 $k \cdot n$ 个节点到 k 个划分中，这样每个划分都有 n 个节点。在所有可能的子集对中（1 和 2、2 和 3 等）应用 KL 二元划分算法，直到没有任何 KL 应用能获得割边大小的连续改善为止。

2.4.3 Fiduccia- Mattheyses（FM）算法

给定具有节点和加权边的图 $G(V, E)$，划分的目标是将所有节点分配到不相交的部分，在满足划分大小约束的条件下，使所有切割网络的总代价（权重）最小。Fiduccia-Mattheyses (FM) 算法是一种启发式划分算法，在 1982 年，由 Fiduccia 和 Mattheyses 共同发表[4]，随后在 KL 算法的基础上进行了改进。

1）单个单元的移动替代了一对单元的交换。因此，这个算法天生适用于单元大小不等或初始单元固定的划分中。

2）割边代价扩展到超图（见 1.8 节）中。因此，可以考虑包括两个及两个以上引脚的所有线网。而 KL 算法是基于边的最小化割边代价，FM 算法则是基于线网的最小化割边代价。

3）考虑每个单元的面积。

4）选择单元移动更快。FM 算法每轮的时间复杂度为 $O(|Pins|)$，其中 $|Pins|$ 是所有引脚的总数，对于所有边 $e \in E$，$|e|$ 被定义为所有边的度的总和。

1. 简介

FM 算法主要应用在大规模电路网表上。在本节中，所有的节点和子图分别被称为元胞和模块。

FM 算法的移动选择过程和 KL 算法很类似，目标都是割边代价最小化。但是 FM 算法要计算每个独立元胞移动的增益，而不是对交换所产生的增益。和 KL 算法一样，FM 算法在每个轮次中选择最好的一次移动。

在 FM 算法的每轮中，一旦一个元胞被移动，在本轮中它就被锁定且不能再次被移动。序列 $< c_1 \cdots c_m >$ 表示在 FM 算法中移动过的元胞顺序，然而在 KL 算法中则表示所进行的前 m 次对交换。

2. 术语

以下定义与 FM 算法有关。

在一个线网中，如果其元胞在多于一个划分中，则该线网是被切割的。否则，这个线网不是切割的。一个划分 A 的割集是包括所有被切割的线网的集合。

元胞 c 的增益 $\Delta g(c)$ 是 c 移动后割集所产生的变化。增益 $\Delta g(c)$ 越高，移动元胞 c 到其他划分的优先级就越高。形式上，元胞增益被定义为

$$\Delta g(c) = FS(c) - TE(c)$$

式中，FS(c) 是连接 c 但不连接 c 所在划分中的其他元胞的线网数，即割网只和 c 连接；TE(c) 是所有与 c 连接的非切割线网的数量。打个不严谨的比喻，FS(c) 像个移动力，FS(c) 的值越高，将 c 移动到其他划分的拉力就越强；TE(c) 则像个阻力，TE(c) 的值越高，期望留在当前划分的力就越强。

每轮中的最大正增益 G_m，是指 m 次移动所产生的最小割边代价的元胞累积增益。G_m 是由每轮中，m 次移动所产生的最大元胞增益 Δg 的总和所决定的。

$$G_m = \sum_{i=1}^{m} \Delta g_i$$

如在 KL 算法中，每轮中所有的移动决定了 G_m 和移动序列 $< c_1 \cdots c_m >$。在每轮结束后，即 G_m 和相应的 m 次移动被确定后，再更新（移动）元胞位置。

在考虑元胞面积时，引入了一个比例因子来对两个划分进行平衡。比例因子是用来防止所有的元胞被划分到某一个部分中去。比例因子 r 被定义为

$$r = \frac{\text{area}(A)}{\text{area}(A) + \text{area}(B)}$$

式中，area(A) 和 area(B) 分别是划分 A 和 B 的面积，且

$$\text{area}(A) + \text{area}(B) = \text{area}(V)$$

式中，area(V) 是 $c \in V$ 的所有元胞的面积和，被定义为

$$\text{area}(V) = \sum_{c \in V} \text{area}(c)$$

平衡准则加强了比例因子。为了确保可行性，必须考虑最大元胞面积 $\text{area}_{max}(V)$。

$$\text{area}_{max}(V) = \max_{c \in V} \text{area}(c)$$

V 划分为两部分 A 和 B，如果满足下列条件，则被称为是平衡的：

$$r \cdot \text{area}(V) - \text{area}_{max}(V) \leqslant \text{area}(A) \leqslant r \cdot \text{area}(V) + \text{area}_{max}(V)$$

基本元胞是指所有自由元胞中具有最大元胞增益 $\Delta g(c)$ 的单元，且它的移动不违背平衡准则。

线网 net 的引脚分布用（A(net), B(net)）对表示，其中 A(net) 是划分在 A 中的引脚数量，B(net) 是划分在 B 中的引脚数量。

如果线网 net 包含了一个元胞 c，它的移动会改变线网 net 的割的状态，那么该线网 net 被称为关键线网。关键线网可以是完全被包含在一个划分中，也可以是包含在一个划分的一个元胞中，且其他元胞属于别的划分。如果一个线网是关键的，那么必须满足 A(net) = 0, A(net) = 1, B(net) = 0 或 B(net) = 1 的情况（见图 2.4）。

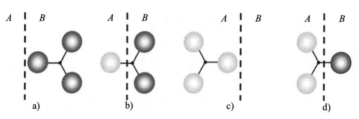

图 2.4　线网 net 为关键线网举例：a）A(net) = 0；b）A(net) = 1；c）B(net) = 0；d）B(net) = 1

关键线网简化了元胞增益的计算。在进行增益计算时，只考虑属于关键线网的节点，即只针对那些移动一个单元胞就改变割状态的线网。Krishnamurthy[8] 对线网关键性的定义进行了概括并改进了 FM 算法，即不是关键线网需要移动多少元胞，这样就产生了一个所有元胞的增益矢量，而不是单独的增益值——对自由元胞 c_f 中的增益矢量的第 i 个元素记录当移动 c_f 时，有多少线网会在 i 次元胞移动后变成非割网。

源块 F 和目的块 T 定义为一个元胞移动的方向，即元胞从 F 移动到 T。

3. 算法

Fiduccia-Mattheyses 算法流程如下。

Fiduccia- Mattheyses 算法

输入：图 $G(V, E)$，比例因子 r

输出：划分后的图 $G(V, E)$

```
1   (lb,ub) = BALANCE_CRITERION(G,r)    //计算平衡准则
2   (A,B) = PARTITION(G,lb,ub)          //划分初始化
3   Gm = ∞
4   while (Gm > 0)
5     i = 1
6     order = ∅
7     foreach (cell c ∈ V)              // 对于所有的元胞，计算
8       Δg[i][c] = FS(c) - TE(c)        // 当前迭代的增益

9       status[c] = FREE                // 并将所有节点设置为自由
10    while (!IS_FIXED(V))              // 当有自由元胞时，找出

11      cell = MAX_GAIN(Δg[i],lb,ub)    // 具有最大增益的元胞
12      ADD(order,(cell,Δg[i]))         // 记录无胞移动的轨迹
13      critical_nets = CRITICAL_NETS(cell)   //连接关键线网的元胞

14      if (cell ∈ A)                   // 如果元胞属于划分A
15        TRY_MOVE(cell,A,B)            // 将元胞从A移动到B
16      else                            //否则，元胞属于B
17        TRY_MOVE(cell,B,A)            // 将元胞从B移动到A
18      status[cell] = FIXED            // 锁定元胞
19      foreach (net net ∈ critical_nets)   //更新关键元胞的增益
```

```
20          foreach (cell c ∈ net, c ≠ cell)
21            if (status[c] == FREE)
22              Δg[i+1][c] = UPDATE_GAIN(net, c, Δg[i][c])
23        i = i + 1
24      (G_m, C_m) = BEST_MOVES(order)      // 最大化 G_m 时的移动序列 C_m = <c_1 … c_m>

25  if (G_m > 0)
26    CONFIRM_MOVES(C_m)                   // 操作移动序列
```

首先，计算平衡准则（行 1）且将图进行初始划分（行 2）。在每个轮次中（行 4 ~ 26），根据与割网 $FS(c)$ 和非割网 $TE(c)$ 相连接的元胞数量确定每个自由元胞 c 的增益（行 7 ~ 8）。当所有的元胞增益被确定后，在满足平衡准则（行 11）的情况下，选择具有最大化增益的基本元胞。如果有多个元胞满足这两条准则，通过将划分的大小尽可能接近平衡准则来消除这种情况。

当基本元胞被选择后，将其从当前的划分中移动到另一个划分中，并将其锁定（行 14 ~ 18）。在剩下的自由元胞中，只有那些通过关键线网与基本元胞连接的元胞需要更新其增益（行 19 ~ 22）。没有移动过的元胞的增益只在它们连接到一个移动过的元胞（基本元胞）的情况下改变。因此，增益值的改变只会发生在与一个线网相关的两个划分中只相关一个划分（正增益）的时候，反之亦然（负增益）。在对必要的元胞增益更新后，选择下一个具有最大增益值且满足平衡准则的基本元胞。继续这个过程直到没有自由元胞为止（行 10 ~ 23）。一旦所有的元胞都被锁定，则找出最好的具有最大正增益移动序列 $<c_1 \cdots c_m>$（行 24）。

$$G_m = \sum_{i=1}^{m} \Delta g_i$$

只要 $G_m > 0$，操作此移动序列，将所有的元胞设置为自由状态，重新开始另一个轮次。否则，终止算法（行 25 ~ 26）。

例：FM 算法。
给定： ①权重单元 $a \sim e$，②比例因子 $r = 0.375$，③线网 $N_1 \sim N_5$，④初始划分（右图）。

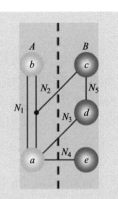

$area(a) = 2$，$area(b) = 4$，$area(c) = 1$，$area(d) = 4$，$area(e) = 5$，
$N_1 = (a, b)$，$N_2 = (a, b, c)$，$N_3 = (a, d)$，$N_4 = (a, e)$，$N_5 = (c, d)$
任务： 运行 FM 算法的第一次通过。

解：
计算平衡准则。
$r \cdot area(V) - area_{max} \leq area(A) \leq r \cdot area(V) + area_{max}(V)$
$r \cdot area(V) - area_{max}(V) = 0.375 \times 16 - 5 = 1$，$r \cdot area(V) + area_{max}(V) = 0.375 \times 16 + 5 = 11$。

A 的范围：$1 \leqslant \text{area}(A) \leqslant 11$。

A 的最佳面积：$\text{area}_{\text{opt}}(A) = 0.375 \times 16 = 6$

计算所有元胞 $a \sim e$ 的增益。

线网 N_3 和 N_4 是割网：$\text{FS}(a) = 2$。线网 N_1 连接到 a 但不是割网：$\text{TE}(a) = 1$。

$\Delta g_1(a) = 2 - 1 = 1$。如果 a 从 A 移动到 B，割网的大小会减少。同样地，剩下的单元增益可以被计算。

$$b : \text{FS}(b) = 0 \qquad \text{TE}(b) = 1 \qquad \Delta g_1(b) = -1$$
$$c : \text{FS}(c) = 1 \qquad \text{TE}(c) = 1 \qquad \Delta g_1(c) = 0$$
$$d : \text{FS}(d) = 1 \qquad \text{TE}(d) = 1 \qquad \Delta g_1(d) = 0$$
$$e : \text{FS}(e) = 1 \qquad \text{TE}(e) = 0 \qquad \Delta g_1(e) = 1$$

选择基本元胞。首先考虑具有正增益的基本元胞是 a 和 e。

移动 a 后的平衡准则：$\text{area}(A) = \text{area}(b) = 4$。

移动 e 后的平衡准则：$\text{area}(A) = \text{area}(a) + \text{area}(b) + \text{area}(e) = 11$。

上面两个移动都必须遵循平衡准则，但是当 a 被选择、移动、锁定后，会打破平衡准则。

更新所有与关键线网 a 连接的自由元胞的增益。在移动前后，计算每个划分中连接到该线网的元胞数量，然后确定该线网是否是关键网。

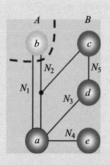

对于给定的线网 net，在移动之前，设源块和目的块中的元胞数量分别为 $F(\text{net})$ 和 $T(\text{net})$。在移动之后，设源块和目的块中的元胞数量分别为 $F'(\text{net})$ 和 $T'(\text{net})$。如果这些值中任何一个是 0 或者 1，那么该线网是关键线网。对于线网 N_1、N_2、N_3、N_4，$T(N_1) = 0$，$T(N_2) = T(N_3) = T(N_4) = 1$，因此元胞 b、c、d、e 需要更新。增益值可以从 $T(\text{net})$ 得到，因此并不需要单独地计算。

如果 $T(\text{net}) = 0$，所有连接到 net 的自由元胞的增益值加 1。由于 $T(N_1) = 0$，元胞 b 的增益值更新为 $\Delta g_2(b) = \Delta g_1(b) + 1$，即线网 N_1（与元胞 b 连接）增加了划分的割集数。$\Delta g(b)$ 的增加反映了元胞 b 的移动，由于线网 N_1 当前是割网，因此移动元胞 b 是合理的。

如果 $T(\text{net}) = 1$，所有连接到 net 的自由元胞的增益值减 1。由于 $T(N_2) = T(N_3) = T(N_4) = 1$，因此 c、d、e 的增益值更新为 $\Delta g_2(c, d, e) = \Delta g_1(c, d, e) - 1$。也就是说，线网 N_2、N_3、N_4（分别连接 c、d、e）减少了划分的割集数。$\Delta g_2(c, d, e)$ 的减少反映了没有移动元胞 c、d、e。

类似地，当 $F'(\text{net}) = 0$，所有连接到 net 的元胞增益都减 1，当 $F'(\text{net}) = 1$ 时，所有连接到 net 的元胞增益都加 1。

更新的 Δg_2 值为

$$
\begin{array}{llll}
b : & FS(b) = 2 & TE(b) = 0 & \Delta g_2(b) = 2 \\
c : & FS(c) = 0 & TE(c) = 1 & \Delta g_2(c) = -1 \\
d : & FS(d) = 0 & TE(d) = 2 & \Delta g_2(d) = -2 \\
e : & FS(e) = 0 & TE(e) = 1 & \Delta g_2(e) = -1
\end{array}
$$

迭代 $i = 1$
划分：$A_1 = \{b\}$，$B_1 = \{a, c, d, e\}$，锁定元胞 $\{a\}$。

迭代 $i = 2$
元胞 b 有最大增益 $\Delta g_2 = 2$，area$(A) = 0$，平衡准则被违背了。
元胞 c 有下一个最大增益 $\Delta g_2 = -1$，area$(A) = 5$，符合平衡准则。
元胞 e 有下一个最大增益 $\Delta g_2 = -1$，area$(A) = 9$，符合平衡准则。
移动元胞 c，更新划分：$A_2 = \{b, c\}$，$B_2 = \{a, d, e\}$，锁定元胞为 $\{a, c\}$。

迭代 $i = 3$
增益值：$\Delta g_3(b) = 1$，$\Delta g_3(d) = 0$，$\Delta g_3(e) = -1$。
元胞 b 有最大增益 $\Delta g_3 = 1$，area$(A) = 1$，符合平衡准则。
移动元胞 b，更新划分：$A_3 = \{c\}$，$B_3 = \{a, b, d, e\}$，锁定元胞 $\{a, b, c\}$。

迭代 $i = 4$
增益值：$\Delta g_4(d) = 0$，$\Delta g_4(e) = -1$。
元胞 d 有最大增益值 $\Delta g_4 = 0$，area$(A) = 5$，符合平衡准则。
移动元胞 d，更新划分：$A_4 = \{c, d\}$，$B_4 = \{a, b, e\}$，锁定元胞 $\{a, b, c, d\}$。

迭代 $i = 5$
增益值：$\Delta g_5(e) = -1$。
元胞 e 有最大增益 $\Delta g_5 = -1$，area$(A) = 10$，符合平衡准则。
元胞单元 e，更新划分：$A_5 = \{c, d, e\}$，$B_5 = \{a, b\}$，所有元胞都被锁定。

找出最好的移动顺序 $<c_1\cdots c_m>$

$$G_1 = \Delta g_1 = 1$$
$$G_2 = \Delta g_1 + \Delta g_2 = 0$$
$$G_3 = \Delta g_1 + \Delta g_2 + \Delta g_3 = 1$$
$$G_4 = \Delta g_1 + \Delta g_2 + \Delta g_3 + \Delta g_4 = 1$$
$$G_5 = \Delta g_1 + \Delta g_2 + \Delta g_3 + \Delta g_4 + \Delta g_5 = 0$$

分别是在迭代 $i = 1$、3、4 时，找到最大正累计增益 $G_m = \sum_{i=1}^{m} \Delta g_i = 1$。

$m = 4$ 时有更好的平衡因子（area(A) =5），因此该移动被选择，然后移动元胞 a、b、c、d 四个元胞。

第一轮的结果如下：当前划分，$A = \{c, d\}$，$B = \{a, b, e\}$，割边代价从 3 减少到 2。

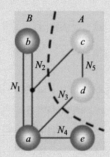

第二轮的操作作为练习（练习 3）。在此轮中，割边代价从 2 减少到 1。在第 3 轮中，割边代价没有进一步的改善。因此，FM 算法在第二轮就得到最终解，其割边代价为 1。

2.5　多级划分框架

到目前讨论的划分技术为止，Fiduccia-Mattheyses (FM) 启发式算法在求解质量和运行时间之间进行了好的权衡。特别是它比其他技术快得多，并且在实践中，在给定相同的时间下能找到更好的划分。不幸的是，如果超图划分包含超过数百个节点时，FM 算法可能在高的割边代价或多轮后终止，每次结果改善很小。

为了提高网表划分的可扩展性，FM 算法通常嵌入几个不同步骤组成的多级框架中进行使用。首先，在粗粒度阶段，原始的"展平的"网表被分层次结群。其次，将 FM 算法应用到该结群网表中。第三，部分网表在非粗粒度阶段解开结群。第四，在细粒度阶段，FM 算法采用增量式方式应用于部分未结群的网表中。继续第三步和第四步，直到所有网表被解开结群为止。换句话说，将 FM 应用于部分未结群的网表中，不再存在未结群的解。重复此过程，直到解为完全"展平的"网表。

对于具有成百上千个门的电路，由于应用 FM 算法在小规模网表上的多次调用，且每次增量式调用 FM 算法都能得到相对高质量的初始解，因此采用多级框架能显著改善运行时间。此外，像 FM 算法应用到结群的网表上，可以使算法将所有的结群重新分配到其他合适的不同划分中一样，解的质量也得到提升。

2.5.1　结群

将连接紧密的节点结群，从而构造一个粗粒度网表，这些节点之间的连接如图 2.5 所示。结群之间的连接则保持原来网表的结构。在特别的应用中，结群的大小通常受到限制，从而防止结群的退化，即一个独立的大结群控制了其他的结群。

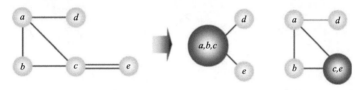

图 2.5　一个初始图（左图）以及可能的结群图（右图）

当合并节点时，结群的权重是它所包含的成员节点的面积总和。结群的目标函数的解析式很难用公式表示，结群是通过使用特殊应用算法进行的。此外，结群必须快速实现以确保多级划分的扩展性。

2.5.2　多级划分

多级划分技术从粗粒度阶段开始，在该阶段输入图 G，结群后成为一个小规模图 G'，依次下去，由图 G' 结群成图 G'' 等。设级数为 l，也就是 G 从粗粒度结群到达最终结群的时间。在粗粒度阶段，每个在 l_i 级的节点表示为级数为 l_{i+1} 的结群节点（见图 2.6）。在大规模应用中，结群因子 r，即每个结群中节点的平均数，常常是 1.3（超图划分和结群，见参考文献 [5] 的第 61 章）。对于有 $|V|$ 个节点的图，级数常常用下式进行估算：

$$\left\lceil \log_r\!\left(|V| / v_0 \right) \right\rceil$$

式中，v_0 是最终结群图（级别 0）中的节点数；对数的底是结群因子 r。重复此比率的结群，直到图小到足以被 FM 划分算法有效处理为止。

在实际应用中，v_0 通常为 75 ~ 200，这个大小可用 FM 算法求解到近似最优解。对于有 200 个节点以上的网表，多级划分技术在运行时间和解的质量上都得到了提升。学术上的多级划分包括 hMetis[6]，提供了二进制文件，而另外的 MLPart[1] 则有开源软件。

用 FM 算法可以对大多数结群网表进行划分。而且结群到划分可以应用到更大规模上，特别是在未结群的网表一级及以下。通过把子结群分配到划分上，从而完成它的父结群的分配。

利用这个划分作为初始解，用 FM 算法将子结群中的未结群图进行移动操作，将其从一个划分移动到另外一个划分，在满足平衡准则（逐步求精）的条件下改善代价。该过程一直持续到最底层网表被细粒度化（见图 2.6d）。

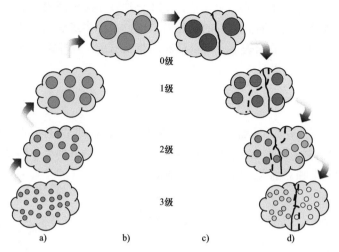

图 2.6   多级划分图：a）初始图被粗粒度化为几个等级；b）粗粒度化后的图；c）粗粒度化后，在最粗粒度图中找到一种启发式划分；d）找到的划分会分到下一级粗粒度图上并细化（实线）。转换和逐步求精会持续到原始图的划分解被找到为止

第 2 章练习

练习 1：KL 算法

下图（节点 $a \sim f$）可以通过 Kernighan-Lin 算法实现最优划分。执行算法的第一轮。虚线代表初始划分。假设所有节点都有同样的权重，所有的边都有同样的优先级。

注解：清楚地表述算法的每个步骤。同时将划分（一轮后）的结果用图表示。

练习 2：FM 算法中的关键线网和增益

（a）对元胞 $a \sim i$，确定这些元胞间的关键线网及划分后剩余的关键线网。在 FM 算法首次迭代后，确定移动后哪些元胞需要更新它们的增益。提示：可以准备一个表来记录每次移动后的行的变化情况，①移动的元胞，②移动前的关键线网，③移动后的关键线网，④哪些元胞需要更新增益。

（b）确定每个元胞 $c \in V$ 的 $\Delta g(c)$。

练习 3：FM 算法

以 2.3.4 节中的例子为基础，执行 FM 算法的第二轮。仔细描述每个步骤，以数字和图表的形式展示每次迭代的结果。

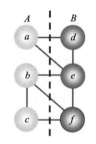

练习 4：多级 FM 划分

与 FM 算法相比，列出并解释多级框架的优点。

练习 5：结群

考虑一个划分的网表。本章所提到的结群算法并没有在划分中被考虑。解释怎样修改算法，使每个新结群与初始划分相一致。

参 考 文 献

1. A. E. Caldwell, A. B. Kahng and I. L. Markov, "Design and Implementation of Move-Based Heuristics for VLSI Hypergraph Partitioning", *J. Experimental Algorithmics* 5 (2000), pp. 1-21. https://doi.org/10.1145/351827.384247

2. T. Cormen, C. Leiserson, R. Rivest and C. Stein, *Introduction to Algorithms, 3rd Edition*, MIT Press, 2009. ISBN 978-0262033848

3. S. Dutt, "New Faster Kernighan-Lin-Type Graph-Partitioning Algorithms", *Proc. Int. Conf. on CAD*, 1993, pp. 370-377. https://doi.org/10.1109/ICCAD.1993.580083

4. C. M. Fiduccia and R. M. Mattheyses, "A Linear-Time Heuristic for Improving Network Partitions", *Proc. Design Autom. Conf.*, 1982, pp. 175-181. https://doi.org/10.1109/DAC.1982.1585498

5. T. F. Gonzalez, ed., *Handbook of Approximation Algorithms and Metaheuristics, 2nd Edition*, Chapman and Hall/CRC Press, 2018. ISBN 978-1498770118

6. G. Karypis, R. Aggarwal, V. Kumar and S. Shekhar, "Multilevel Hypergraph Partitioning: Application in VLSI Domain", *Proc. Design Autom. Conf.*, 1997, pp. 526-529. https://doi.org/10.1109/DAC.1997.597203

7. B. W. Kernighan and S. Lin, "An Efficient Heuristic Procedure for Partitioning Graphs", *Bell Sys. Tech. J.* 49(2) (1970), pp. 291-307. https://doi.org/10.1002/j.1538-7305.1970.tb01770.x

8. B. Krishnamurthy, "An Improved Min-Cut Algorithm for Partitioning VLSI Networks", *IEEE Trans. on Computers* 33(5) (1984), pp. 438-446. https://doi.org/10.1109/TC.1984.1676460

第 3 章

芯片规划

芯片规划是一个多阶段过程，确定如高速缓存、嵌入式内存及 IP 核等的位置。这些大的模块可能面积已知、形状固定或可变及位置确定。当模块信息不清楚时，在大规模设计中，芯片规划依靠网表划分（见第 2 章）来确定这些模块。在芯片规划期间确定电路模块的形状和位置，从而提前估算互连线长度、电路时延和芯片性能。这些前期分析能够确定那些需要改进的模块。

芯片规划包括了三个主要阶段：①布图规划（见 3.1 ~ 3.5 节）；②引脚分配（见 3.6 节）；③电源规划（见 3.7 节）。

回顾第 2 章，一个门级或 RTL 网表可以自动划分成模块。或者，这些模块可以从一个层次化设计中提取出来。大的芯片模块用块或矩形来摆放在芯片表面（见图 3.1），一般步骤如下：

1）布图规划根据模块的面积和长宽比来优化芯片的大小、降低互连线长度和改善时延，从而确定了这些模块的位置和大小。

2）引脚分配输出信号线连接到块引脚。引脚分配直接影响布图规划的好坏，特别是连线长度。因此布图规划和引脚分配经常放在一个阶段进行处理。与此相关的一个任务是 I/O 布局，为芯片的输入和输出引脚确定焊盘的位置，它通常在芯片的边缘。最理想的情况下是这一步在布图规划前进行，但是在布图规划期间或结束后，它的位置可能被更新。

3）最后是电源规划。建立供电网络，即电源和地线网。确保给每个模块提供合适的电压。

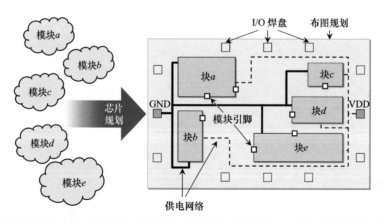

图 3.1　芯片规划和相关的术语。模块是一组已知面积逻辑门的结群。一旦确定了形状和尺寸，就成为一个块。块之间的连接通过内部引脚来实现，图中没有显示这些引脚

划分和芯片规划的结果会对随后的设计步骤产生很大的影响，从而影响版图的整体质量。也就是说，后续的设计步骤（如全局和详细的布局和布线）必须在芯片规划后的块级约束下进行。如果芯片规划不能提供良好的初始解，则布局和布线的解的质量将受到影响。简而言之，良好的芯片规划可以实现更好的位置和路由解决方案。

3.1　布图规划介绍

在布图规划阶段之前，设计被划分为独立的电路模块（见第 2 章划分）。当确定了模块的尺寸和形状后，就成为一个矩形块（模块可以是直线型的[4]）。这些块可以是硬的或软的。尺寸和面积是固定的模块为硬模块。而对于软模块，面积是固定的，但是其长宽比是变化的，可以是连续的，也可以是离散的。所有模块的安排，包括它们的位置，被称为一种布图。在大规模的设计中，每个独立的模块采用自顶向下的递归方式进行布图，但是更常见的是同时在某一层进行布图规划。此时，布图规划的最高层被称为顶层布图规划。

在布图规划阶段，与引脚分配相结合（见 3.6 节），确保每个芯片模块被分配一个形状或位置，这样便于进行门布局；每个有外部连接的引脚被分配了一个位置，从而使内部和外部的线网可以完成布线。

布图规划阶段确定了每个模块的外部特征（固定的尺寸和外部引脚位置）。这些特征对于随后的布局（见第 4 章）和布线（见第 5 ~ 7 章）阶段是必要的，这些阶段会确定块的内部特征。

布图规划优化包括布局的一些特征（寻找位置）和布线连接（线长估计）等多个方面的自由度；模块形状优化是布图规划阶段所特有的。具有硬模块的布图规划是与以前使用的模块密切相关的，包括集成电路 IP 核。在数学上，它被看作是具有可变参数的布图规划约束问题，但在实际应用中，它可能需要专门的计算技术。

一个布图规划实例通常包括以下参数：①每个模块的面积；②每个模块可能的长宽比；③与模块相关的网表（外部）。

例：布图规划面积最小化。

给定： 三个模块 $a \sim c$，具有以下的可能的宽度和高度。

a：$w_a = 1$，$h_a = 4$ 或 $w_a = 4$，$h_a = 1$，或 $w_a = 2$，$h_a = 2$

b：$w_b = 1$，$h_b = 2$ 或 $w_b = 2$，$h_b = 1$

c：$w_c = 1$，$h_c = 3$ 或 $w_c = 3$，$h_c = 1$

任务： 找出一个在其全局边界框（定义在 3.2 节）内，具有最小总面积的布图规划。

解：

a：$w_a = 2$，$h_a = 2$；b：$w_b = 2$，$h_b = 1$；c：$w_c = 1$，$h_c = 3$

这个布图规划有一个全局边界框，其具有最小的可能面积（9 平方单位）。

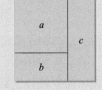

这些模块的一种可能布局如右图所示。

3.2　布图规划的优化目标

布图规划设计的优化目标是每个模块的位置和它的长宽比，用简单的目标函数来获得实际上令人满意的布图结果。本节将介绍布图规划的几个目标函数。引脚分配目标将在 3.6 节中讨论，电源规划目标将在 3.7 节进行描述。

1. 全局边界框的面积和形状

一个布图规划的全局边界框是包含所有布图模块的最小轴对称（相等位置）矩形。全局边界框的面积代表顶层布图（全定制设计）的面积，它直接影响电路性能、良产率和制造代价。最小化全局边界框面积包含确定每个模块的（x，y）位置及形状，并将它们紧密地布置在一起。

除了面积最小化外，另外一个优化目标是尽可能地使全局边界框的长宽比接近于给定的目标值。举例说明，考虑制造和封装尺寸，一个正方形芯片（长宽比 ≈1）会比一个非正方形芯片更好。为此，要考虑每个独立模块的不同形状。全局边界框的面积和长宽比是相关的，且这两个目标经常被一起考虑。

2. 总线长

在设计中，模块间长互连线可能会增加信号的传播时延。因此，高性能电路的版图力求缩短互连线长度。特定数字线网的逻辑转换需要的能量随着线电容的大小而增加。因此，缩短布线长度将使功率最小。对于第三个目标，线长最小化包括可布性和可制造性代价。当互连线的总长度太长或者连接到某一区域的线过于拥塞时，就没有足够的布线资源来完成所有的线互连。尽管电路模块可能通过增加新的布线轨道来完成布线，但是这样会增加芯片尺寸和制造代价，更可能增加线网的长度而导致影响性能。

为了简化布图规划总线长的计算，一种方法是将所有的线网连接到模块的中心。尽管该技术不会得到一个精确的线长估计，但对于中等大小和小模块电路而言是相对准确的，且估算速度较快 [17]。在布图规划中两个常见的互连建模方法是：①连接矩阵 C（见 1.8 节）表示所有线网的集合，以及两两模块间的距离；②每个线网的最小生成树（见 5.6 节）。利用第一个模型，布图规划 F 的总连线长度 L(F) 由下式估算：

$$L(F) = \sum_{i,j \in F} C[i][j] \cdot d_M(i,j)$$

式中，C 的 C[i][j] 是块 i 和块 j 之间的连接度；$d_M(i,j)$ 是块 i 和块 j 的中心点之间的曼哈顿距离（见 1.8 节）。

利用第二个模型，总连线长度 L(F) 由下式估算：

$$L(F) = \sum_{net \in F} L_{MST}(net)$$

式中，$L_{MST}(net)$ 是线网 net 的最小生成树代价。

在实际应用中，采用更有效的线长目标。引脚中心位置的假设可能会被实际的引脚位置来改善（需要进行引脚分配）[17]。基于曼哈顿距离的布线近似值，可用布线资源图中的引脚到引脚的最短路径来改善。这不仅对距离产生影响，还对布线拥塞度、信号时延、障碍物和布线通道等均产生影响。在逐步求精的过程中，布图规划中的线长估算依赖于在带权图中，启发式最小斯坦纳树的构造（见第 5 章）。

3. 面积和总线长的结合

为了减少布图规划 F 的总面积 area(F) 和总线长 $L(F)$，通常是最小化

$$\alpha \cdot \text{area}(F) + (1-\alpha) \cdot L(F)$$

式中，$0 \leqslant \alpha \leqslant 1$，$\alpha$ 表示 area(F) 和 $L(F)$ 之间的相对重要性。其他项，如布图规划的长宽比，可以添加到这个目标函数中去 [3]。在实际应用中，全局边界框的面积是一个约束而不是一个优化目标。当封装尺寸和它的大小被固定时，或当全局边界框是由多个芯片组成的高层次系统的一部分时，采用上面的技术是合适的。在这种情况下，优化线长和其他目标时，布图规划要服从全局边界框的约束（固定轮廓的布图规划问题）。

4. 信号时延

直到 20 世纪 90 年代，芯片时延主要是晶体管组成的逻辑门。从此之后，由于不同的时延缩放率，互连线时延变得更加重要，对芯片时钟频率的决定作用也不断增加。长互连线的时延对布图规划中块的位置和形状相当敏感。一个令人满意的布图结果是缩短模块间的连线，从而满足所有的时序要求。通常关键路径和线网在布图规划时拥有高的优先级，因此它们之间的距离会比较短。

采用静态时序分析（见 8.2.1 节）来确定关键路径上的互连，使布图规划优化技术得到较快的发展。如果违背了时序，即路径时延超出了给定的约束，那么布图规划就要缩短关键互连线来满足时序约束 [9]。

3.3 术语

直角划分是将芯片平面划分为一组块或非重叠矩形的集合。

布图规划二划分是通过不断地对矩形进行划分得到的一个直角划分，从整个芯片开始，反复用水平或垂直割线将其划分为两个小的矩形。

二划分树或者**二划分布图规划树**是一个有 k 个叶子和 $k-1$ 个内部节点的有序二叉树，每个叶子代表一个块，每个内部节点代表了一条水平或垂直割线（见图 3.2）。本书采用符号 H 和 V 分别表示水平和垂直割线。每个二划分布图可以被至少一个二划分树表示。如图 3.2 所示，二划分树没有对割线的安排顺序有强制性。因此，从一个布图产生的二划分树是不确定的。二划分树的另外一个特征是每个内部节点含有 2 个子节点，其（左 / 右）顺序决定了块相对于割线的位置。

非二划分布图是在父块中，不能通过一系列的水平或垂直割线得到的一个布图。一个最小的没有空间浪费的非二划分布图是个轮形（见图 3.3）。

布图树是一棵表示层次化的有序树（见图 3.4）。每个叶子节点代表一个块，每个内部节点代表一个水平切割（H）或者一个垂直切割（V），或者一个轮（W）。另外，子节点的顺序表示块的相对位置。

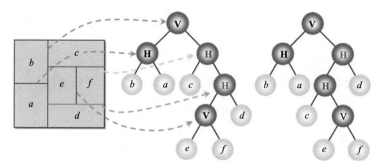

图 3.2　块 a~f 的一棵二划分树和相应的两种可能二划分树

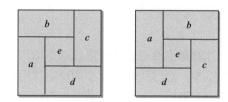

图 3.3　两个不同的最小化非二划分布图，称为轮形

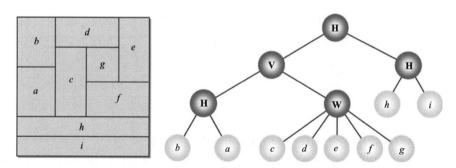

图 3.4　一个层次化布图（左图）和它所对应的 5 阶布图树（右图）。内部节点 W 代表包括块 c~g 的轮

　　布图树的**阶**是树中任意节点的最大子节点的数量。因此，2 阶布图树是二划分树，水平和垂直割线总是有两个子节点。

　　约束图对是一种布图表示方法，包括两个有向图，即垂直约束图和水平约束图，可以得到块之间的相对位置关系。一个约束图包括连接 n+2 个带权节点——一个源节点 s 和一个汇节点 t 的边，以及代表 n 个块 m_1, m_2, $\cdots$, m_n 的块节点 v_1, v_2, $\cdots$, v_n。块节点 v_i 的权重是 $w(v_i)$，$1 \leqslant i \leqslant n$，表示相应块的大小（相应的尺寸）；源节点和汇节点的权重 $w(s)$ 和 $w(t)$ 是 0。图 3.5 举例说明了一个简单的布图和相应的约束图。从一个布图得到一对约束图的过程将在 3.4.1 节里讨论。

　　在**垂直约束图（VCG）**中，节点权重表示相应块的高度。两个节点 v_i 和 v_j，相应的块 m_i 和 m_j，如果 m_i 在 m_j 下面，则这两个节点被一条从 v_i 到 v_j 的有向边连接起来。

　　在**水平约束图（HCG）**中，节点权重表示相应块的宽度。两个节点 v_i 和 v_j，相应的块 m_i

和 m_j，如果 m_i 在 m_j 左边，则这两个节点被一条从 v_i 到 v_j 的有向边连接起来。

VCG 中的最长路径相当于布局（布图高度）所需要的最小垂直高度。类似地，HCG 中的最长路径相当于需要的最小水平长度（布图宽度）。图 3.5 所示为 HCG 和 VCG 的一条最长路径。

序列对是块排列的一个有序对（S_+，S_-）。这两个排列一起表示每对块 a 和 b 之间的几何关系。特别地，在 S_+ 和 S_- 中，如果 a 排在 b 前面，那么 a 在 b 的左边。反之，在 S_+ 中，如果 a 排在 b 前面，但在 S_- 中不是，则 a 在 b 的上面。

S_+：$<\cdots a\cdots b\cdots>$　　S_-：$<\cdots a\cdots b\cdots>$ 如果 a 在 b 的左边

S_+：$<\cdots a\cdots b\cdots>$　　S_-：$<\cdots b\cdots a\cdots>$ 如果 a 在 b 的上面

图 3.5 展示了一个简单的布图和它相应的序列对。从一个布图中得到一个序列对的过程将在 3.4.2 节中讨论。

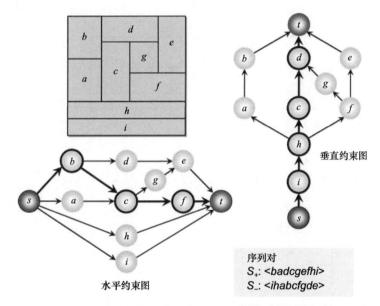

图 3.5　包括块 $a\sim i$（左上图）的一个布图，它的垂直约束图（右上图）、水平约束图（左下图）和序列对（右下图）

3.4　布图的表示

本节将讨论如何将一个布图转化为一个约束图对；如何将一个布图转化为一个序列对；如何将一个序列对转化为一个布图。注意序列对算法不需要直接计算约束图。但是，约束图提供了一个有用的布图和序列对之间的中间表示，这样从概念上更易于理解。

3.4.1　从布图到一个约束图对

可以通过三个步骤将一个布图转化为一个约束图对。首先，对于每个约束图，为 n 个块中

的一个 m_i 创建一个块节点 v_i，$1 \leq i \leq n$，一个源节点 s 和一个汇节点 t。其次，对于每个 m_i，增加有向边（s，v_i）和（v_i，t）；对于垂直（水平）约束图，如果 m_i 在 m_j 下面（左边），则增加一条有向边（v_i，v_j）。最后，对于每个约束图，删除所有不能通过传递到达的边。

例：从布图到约束图对。
给定：块 $a \sim e$ 的一种布图（见右图）。
任务：生成相应的水平约束图（HCG）和垂直约束图（VCG）。

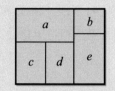

解：
VCG 和 HCG：创建块 $a \sim e$ 的节点 $a \sim e$，源节点 s 和汇节点 t。

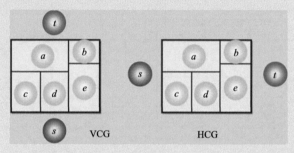

VCG：如果 m_i 在 m_j 下面，增加一条有向边（v_i，v_j）。
HCG：如果 m_i 在 m_j 左边，增加一条有向边（v_i，v_j）。

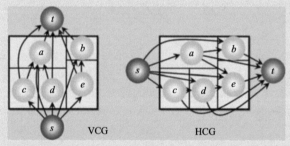

VCG 和 HCG：删除所有的传递边（多余边）。

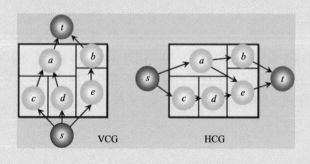

3.4.2　从布图到一个序列对

序列对（S_+, S_-）编码所表示的关系与约束图对所表达的相同。给定两个块 a 和 b，在序列对中，如果在 S_+ 中，a 在 b 的前面，即 $<\cdots a\cdots b\cdots>$，且在 S_- 中，a 也在 b 之前，即 $<\cdots a\cdots b\cdots>$，则 a 在 b 的左边。如果在 S_+ 中，a 在 b 之前，即 $<\cdots a\cdots b\cdots>$，而在 S_- 中，a 在 b 之后，即 $<\cdots b\cdots a\cdots>$，则 a 在 b 的上面。理论上，首先生成约束图，然后采用块的排序规则生成序列对。但是，约束图并不需要明确地建立起来。每对非重叠块在垂直或水平方向上都是根据它们的位置关系有序排列的。这些排列关系被编码为约束。当两个约束之一被选择时，另外一个约束就不被考虑，总是建立一个水平约束。考虑位置为（x_a, y_a）、大小为（w_a, h_a）的块 a，以及位置为（x_b, y_b）、大小为（w_b, h_b）的块 b。

如果（（$x_a+w_a \leq x_b$）且非（$y_a+h_a \leq y_b$ 或者 $y_b+h_b \leq y_a$）），则 a 在 b 的左边。

如果（（$y_b+h_b \leq y_a$）且非（$x_a+w_a \leq x_b$ 或者 $x_b+w_b \leq x_a$）），则 a 在 b 的上面。

例：从布图到序列对

给定：块 $a\sim e$ 的一个布图结果（如右图，和 3.4.1 节里一样）

任务：生成相应的序列对。

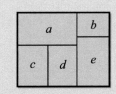

解：

生成 VCG 和 HCG（见 3.4.1 节中的例子）。单独计算每个图。

VCG：块 c 和 d 在块 a 下面。

当前的序列对：S_+ : $<\cdots a\cdots c\cdots d\cdots>$　　　　S_- : $<\cdots c\cdots d\cdots a\cdots>$

VCG：块 e 在块 b 下面。

当前的序列对：S_+ : <acdbe>　　　　S_- : <cdaeb>

HCG：块 a 在块 b 和 e 的左边。

当前的序列对：S_+ : <a**cd**be>　　　　S_- : <cda**eb**>

HCG：块 c 在块 d 左边。

当前的序列对：S_+ : <a**cd**be>　　　　S_- : <**cd**aeb>

HCG：块 d 在块 e 左边。

当前的序列对：S_+ : <acdbe>　　　　S_- : <cdaeb>

3.4.3　从序列对到一个布图

给定一个序列对，需要添加下列信息才能生成一个布图：①布图的起始点；②每个块的宽和高；③布图的摆放方向。起始点是指开始的位置，即第一个块被放置的位置。计算块之间的相对位置时，需要块的尺寸。摆放的方向是使布局面积最小化。给出几个不同的布图摆放策略，如尽可能从左下摆放，或右上摆放，这样就产生出不同的布图结果。本节中，假设摆放是从左下开始的。

从序列对生成一个布图与寻找两个序列中的最长加权公共子序列（LCS）是密切相关的[14]。即确定每个块的 x 坐标就等价于计算 $LCS(S_+, S_-)$，确定每个块的 y 坐标则等价于计算 $LCS(S_+^R, S_-)$，S_+^R 是 S_+ 的逆序列。

序列对评估算法

输入：序列对 $<S_+, S_->$，n 个块的宽度（长度）widths[n]（heights[n]）

输出：$x(y)$ 坐标 x_coords（y_coords），布图结果的 $W \times H$ 尺寸

```
1    for (i = 1 to n)
2      weights[i] = widths[i]                    // 块宽度的权重矢量

3    (x_coords,W) = LCS(S+,S-,weights)           // x坐标，总宽度W

4    for (i = 1 to n)
5      weights[i] = heights[i]                    // 块高度的权重矢量

6      S+R[i] = S+[n + 1 - i]                     // 将S+反向
7    (y_coords,H) = LCS(S+R,S-,weights)           // y坐标，总高度H
```

在这个序列对评估算法中，行 1～2 为对 n 个块的宽度进行初始化 weights；行 3 通过寻找 S_+ 和 S_- 的最长加权公共子序列（LCS 算法）来计算布图中每个块的 x 坐标。行 4～5 为对 n 个块的高度进行初始化 weights；行 6 将 S_+ 逆序得到 S_+^R；行 7 为在给定 weights 的条件下，通过寻找 S_+^R 和 S_- 的加权 LCS 来计算布图中每个块的 y 坐标。

最长公共子序列（LCS）算法

输入：序列 S_1 和 S_2，n 个模块的权重 weights[n]

输出：每个块位置 positions，总长度 L

```
1    for (i = 1 to n)
2      block_order[S2[i]] = i                    // 每个块在S2中的索引

3      lengths[i] = 0                            // 所有块的总长度初始化

4    for (i = 1 to n)
5      block = S1[i]                             // 当前块
6      index = block_order[block]                // 当前块S2中的索引

7      positions[block] = lengths[index]         // 计算块的位置
```

```
8      t_span = positions[block] + weights[block]    //确定当前块的
                                                        //长度

9      for ( j = index to n)
10       if (t_span > lengths[j])
11          lengths[j] = t_span                        // 当前块的长度替代先前的

12       else break
13    L = lengths[n]                                    // 总长度
```

程序 LCS(S_1, S_2, weights) 计算两个具有加权 weights 的序列 S_1 和 S_2 的加权 LCS。矢量 block_order 记录了每个块在 S_2 中的索引（行 1 ~ 2）。行 3 将矢量 lengths 初始化为 0，它用来存储每个块的（最大）长度（表示长或宽）。变量 block（行 4）对应于 S_1 中的当前块（行 5）；index 是当前块在 S_2 中的索引（行 6）。block 的位置被设置为第一个没被其他块占用的位置（行 7）。即，所有在 block 左边的块都被安排到长度为 lengths[block] 区间内，而 block 紧随其后放置。行 9-12 用来更新 lengths，它是最新布图的总长度，如最后一个量 lengths[n] 存储了所有 n 个块的位置都被确定后的总长度（行 13）。行 10 ~ 11 指的是，如果 lengths[j] 超过了当前长度，那么用（block 的位置 +block 的权重）更新 lengths[j]。

为了确定布图的 x 坐标，需要调用 $S_1 = S_+$, $S_2 = S_-$, weights=widths 时的 LCS 算法。为了确定布图的 y 坐标，需要调用 $S_1 = S_+^R$, $S_2 = S_-$, weights=heights 时的 LCS 算法。

例：从序列对到一个布图。
给定：① 序列 对 S_+ : <*acdbe*> S_- : <*cdaeb*>；
②摆放方向：从左下开始；③布图起点（0，0）；
④块 a ~ e 的大小。

$a : (w_a, h_a) = (8, 4)$ $b : (w_b, h_b) = (4, 3)$

$c : (w_c, h_c) = (4, 5)$ $d : (w_d, h_d) = (4, 5)$

$e : (w_e, h_e) = (4, 6)$

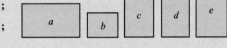

任务：生成相应的布图结果。

解：
widths[*a b c d e*]=[8 4 4 4 4] heights[*a b c d e*]=[4 3 5 5 6]

找出 x 坐标。
$S_1 = S_+ = $<*a c d b e*>，$S_2 = S_- = $<*c d a e b*>
weights[*a b c d e*] = widths[*a b c d e*] = [8 4 4 4 4]
block_order[*a b c d e*] = [3 5 1 2 4]
lengths = [0 0 0 0 0]

迭代 $i = 1$：block $= a$

index $=$ block_order$[a] = 3$

positions$[a] =$ lengths[index] $=$ lengths[3] $= 0$

t_span $=$ positions$[a]$+weights$[a] = 0+8 = 8$

从 index $= 3$ 到 $n = 5$ 更新 lengths 矢量；lengths $=$ [0 0 8 8 8]

迭代 $i = 2$：block $= c$

index $=$ block_order$[c] = 1$

positions$[c] =$ lengths[index] $=$ lengths[1] $= 0$

t_span $=$ positions$[c] +$ weights$[c] = 0 + 4 = 4$

从 index $= 1$ 到 $n = 5$ 更新 lengths 矢量；lengths $=$ [4 4 8 8 8]

迭代 $i = 3$：block $= d$

index $=$ block_order$[d] = 2$

positions$[d] =$ lengths[index] $=$ lengths[2] $= 4$

t_span $=$ positions$[d] +$ weights$[d] = 4 + 4 = 8$

从 index $= 2$ 到 $n = 5$ 更新 lengths 矢量；lengths $=$ [4 8 8 8 8]

迭代 $i = 4$：block $= b$

index $=$ block_order $[b] = 5$

positions $[b] =$ lengths[index] $=$ lengths[5] $= 8$

t_span $=$ positions $[b] +$ weights $[b] = 8 +4 = 12$

从 index $= 5$ 到 $n = 5$ 更新 lengths 矢量；lengths $=$ [4 8 8 8 12]

迭代 $i = 5$：block $= e$

index $=$ block_order $[e] = 4$

positions $[e] =$ lengths[index] $=$ lengths[4] $= 8$

t_span $=$positions $[e]$+weights $[e] =8 +4 = 12$

从 index $= 4$ 到 $n = 5$ 更新 lengths 矢量；lengths $=$ [4 8 8 12 12]

x 坐标：positions $[a\ b\ c\ d\ e] =$ [0 8 0 4 8]，布图的宽度 $W =$ lengths $[5] = 12$。

寻找 y 坐标。

$S_1 = S_+^R = <ebdca>$，$S_2 = S_- = <cdaeb>$

weights $[a\ b\ c\ d\ e] =$ heights$[a\ b\ c\ d\ e] =$ [4 3 5 5 6]

block_order $[a\ b\ c\ d\ e] =$ [3 5 1 2 4]

lengths [0 0 0 0 0]

迭代 $i = 1$：block $= e$

index $=$ block_order $[e] = 4$

positions $[e] =$ lengths[index] $=$ lengths[4] $= 0$

t_span $=$ positions $[e] +$ weights $[e] = 0 + 6 = 6$

从 index $= 4$ 到 $n = 5$ 更新 lengths 矢量；lengths $=$ [0 0 0 6 6]

迭代 $i = 2$：block $= b$

index $=$ block_order $[b] = 5$

positions $[b] =$ lengths[index] $=$ lengths[5] $= 6$

t_span $=$ positions $[b] +$ weights $[b] = 6 + 3 = 9$

从 index $= 5$ 到 $n = 5$ 更新 lengths 矢量；lengths $=$ [0 0 0 6 9]

迭代 $i = 3$：block $= d$

index $=$ block_order $[d] = 2$

positions$[d] =$ lengths[index] $=$ lengths[2] $= 0$

t_span $=$ positions$[d] +$ weights $[d] = 0 + 5 = 5$

从 index $= 2$ 到 $n = 5$ 更新 lengths 矢量；lengths $=$ [0 5 5 6 9]

迭代 $i = 4$：block $= c$

index $=$ block_order $[c] = 1$

positions$[c] =$ lengths[index] $=$ lengths[1] $= 0$

t_span $=$ positions$[c] +$ weights$[c] = 0 + 5 = 5$

从 index $= 1$ 到 $n = 5$ 更新 lengths 矢量；lengths $=$ [5 5 5 6 9]

迭代 $i = 5$：block $= a$

index $=$ block_order$[a] = 3$

positions$[a] =$ lengths[index] $=$ lengths[3] $= 5$

t_span $=$ positions$[a] +$ weights$[a] = 5 + 4 = 9$

从 index $= 3$ 到 $n = 5$ 更新 lengths 矢量；lengths $=$ [5 5 9 9 9]

y 坐标：positions[$a\ b\ c\ d\ e$] $=$ [5 6 0 0 0]，布图的高度 $H =$ lengths[5] $= 9$。

布图面积大小：$W = 12 \times H = 9$

块 $a \sim e$ 的坐标：

$a(0, 5)$　　　$b(8, 6)$　　　$c(0, 0)$

$d(4, 0)$　　　$e(8, 0)$

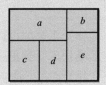

3.5　布图规划算法

基于对整个设计过程中布图规划的了解和有效的表示方法，本节将介绍几个在应用中的布图优化算法。给出一个块的集合，布图尺寸的选择决定了布图面积的最小值、每个块的方向和大小。如群生长和模拟退火法技术包含了块之间连接的网表，并寻求在满足布图面积上限的条件下，最小化互连线总长度，或总线长和面积同时优化。

3.5.1　布图尺寸变化

布图尺寸变化是寻找最小面积布图尺寸和每个块的相应尺寸。较早的一些算法，是由 Otten[10] 和 Stockmeyer[13] 提出的。应用每个模块可变的尺寸来找出顶层面积最小的布图和形状。当一个顶层面积最小布图被选择后，每个块的形状也相应地被确定下来。由于该算法利用了每个块和顶层布图的形状，在确定一个优化布图中，形状函数和角点（有限的）起了主要作用。

1. 形状函数（形状曲线）和角点

考虑到一个面积为 area(block) 的块 block。定义，如果一个块有宽度 w_{block} 和高度 h_{block}，那么

$$w_{block} \cdot h_{block} \geq area(block)$$

上式改写后就成为形状函数（见图 3.6a）：

$$h_{block}(w) = \frac{area(block)}{w}$$

即对给定的一个块的宽度 w，根据形状函数 $h_{block}(w)$，该块的任意满足高度 $h \geq h_{block}(w)$ 是合法的。形状函数可以包括块宽度 $LB(w_{block})$ 和高度 $LB(h_{block})$ 的下界。根据这个下界，一些 (h, w) 对被删除掉了（见图 3.6b）。

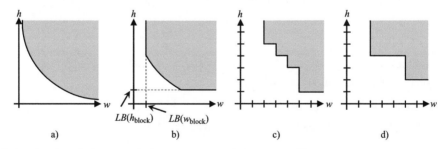

图 3.6　块的形状函数。灰色区域为包含所有构成有效块的 (h, w) 对 [3]。a）没有限制的形状函数；b）有最小宽度 $LB(w_{block})$ 和最小高度 $LB(h_{block})$ 限制的块 block 的形状函数；c）有离散值 (h, w) 的形状函数；d）所包含硬件库中块的形状函数，此时方向有更多的限制

由于工艺的设计规则，(h, w) 对被限制为离散值（见图 3.6c），从而产生阶梯状前沿。特定的模块库受到更强的限制。如模块大小的范围和方向都会受到限制（见图 3.6d）。一般情况下，块允许在 x 轴或 y 轴上镜像放置。

块的离散尺寸，有时称为外部点（与 (h, w) 对所在的有效区域比较而言），被认为是限制在形状函数内的不受控制的角点（见图 3.7）。一个学术上的布图器 DeFer 应用在二划分布图上，通过将形状函数求导，同时优化块的形状和位置[16]。

2. 布图面积的最小化

对一个给定的二划分布图问题，算法可在多项式时间内找出最小布图面积。对于不可二划分的布图，该问题成为 NP 困难问题[3]。

可二划分布图包括三个主要步骤：

1）构造每个模块的形状函数。

2）采用自底向上策略，由每个模块的形状函数确定顶层布图的形状函数。即从最底层的模块开始，不断进行水平或垂直组合，直到确定最顶层的优化尺寸和形状。

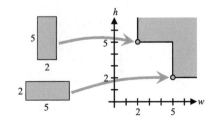

图 3.7 一个 2×5 的可旋转的库块，在它的形状函数中，有角点 w=2 和 w=5

3）从最小顶层布图面积相对应的角点开始，采用自顶向下的方式回溯到每个块的形状函数，从而确定块的尺寸和位置。

步骤 1：构造所有块的形状函数

由于顶层布图的形状函数依赖于每个模块的形状函数，因此每个模块的形状函数必须先确定下来（见图 3.8）。

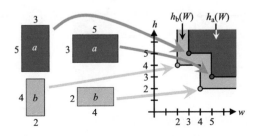

图 3.8 两个库模块 $a(5×3)$ 和 $b(4×2)$ 的形状函数。形状函数 $h_a(w)$ 和 $h_b(w)$ 展示了可行的块高 - 宽组合

步骤 2：确定顶层布图的形状函数

顶层布图的形状函数源于每个模块的形状函数。两种不同的组合（垂直的和水平的）会产生不同的结果。

在图 3.9 中，模块 a 在垂直方向与块 b 对齐。设块 a 的形状函数为 $h_a(w)$，块 b 的形状函数为 $h_b(w)$。这样，顶层平面规划 F 的形状函数为

$$h_F(w) = h_a(w) + h_b(w)$$

F 的高度由 h_F 确定，给每个角点增加 $h_a(w)$ 和 $h_b(w)$。F 的宽度 $w_F = \max(w_a, w_b)$。

在图 3.10 中，块 a 在水平方向上与块 b 对齐。F 的宽度由 $w_F(h)$ 确定，为每个角点增加

$w_a(h)$ 和 $w_b(h)$。F 的高度 $h_F = \max(h_a, h_b)$。

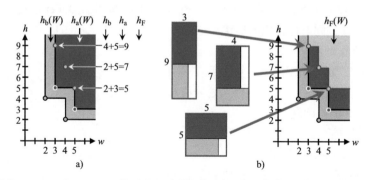

图 3.9 两个库模块 $a(5 \times 3)$ 和 $b(4 \times 2)$ 的垂直组合被添加到垂直组合中。a）为了从函数 $h_a(w)$ 和 $h_b(w)$ 中找出顶层布图 $h_F(w)$ 的最小边界框，各个角点的块高度被增加了。本例中，$w = 3$ 和 $w = 5$（由 $h_a(w)$）与 $w = 2$ 和 $w = 4$（由 $h_b(w)$）进行组合。b）F 的一种可能布图是在 $h_F(w)$ 的角点处

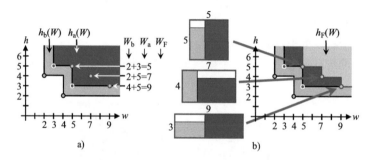

图 3.10 两个库模块 $a(5 \times 3)$ 和 $b(4 \times 2)$ 形状函数被添加到水平组合中去。
a）寻找 $h_F(w)$；b）F 的一种可能布图是在 $h_F(w)$ 的角点处

步骤 3：找出布图和每个独立块的尺寸和位置

一旦顶层布图的形状函数被确定，则最小布图面积就可以被计算出来。所有的最小面积布图总是在形状函数的角点上（见图 3.11）。在找到最小面积的角点后，每个模块的尺寸和相对位置就可以从布图的形状函数回溯到块的形状函数来得到。

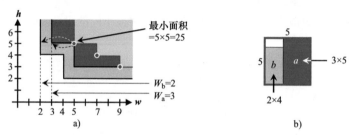

图 3.11 从具有相同顶层布图的库模块 $a(5 \times 3)$ 和 $b(2 \times 4)$（见图 3.9 和图 3.10）中，可以找出每个模块的形状。a）最小面积布图 F 有 $w_F = 5$ 和 $h_F = 5$；b）模块 a 和 b 的尺寸和位置由回溯模块各自的形状函数得到

例：布图尺寸变化。

给定：两个模块 a 和 b。

a：$w_a=1$，$h_a=3$ 或 $w_a=3$，$h_a=1$

b：$w_b=2$，$h_b=2$ 或 $w_b=4$，$h_b=1$

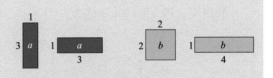

任务：用水平和垂直组合，找出最小面积布图 F 和其相应的可二划分树。

解：

构造块 a（左图）和 b（右图）的形状函数 $h_a(w)$ 和 $h_b(w)$。

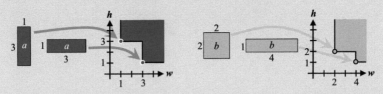

垂直组合：确定 F 的形状函数 $h_F(w)$ 和最小面积角点。F 的最小面积是 8，其尺寸为 $w_F=4$ 和 $h_F=2$。

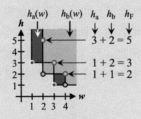
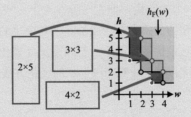

找到块 a 和 b 的尺寸和位置。

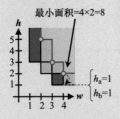
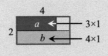

水平组合：确定 F 的形状函数 $h_F(w)$ 和最小面积角点。F 的最小面积是 7，尺寸为 $w_F=7$ 和 $h_F=1$。

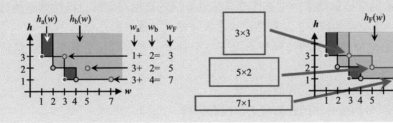

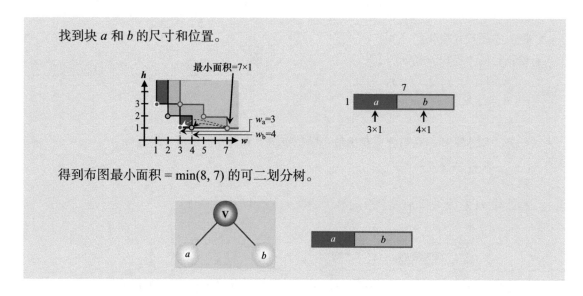

得到布图最小面积 = min(8, 7) 的可二划分树。

3.5.2　群生长

在基于群生长的方法中，布图是采用迭代的方法不断地增加块，直到所有块都被分配完（见图 3.12）。选择一个初始块，把它布置在左下（或者其他位置）角。逐渐添加其他块，同时采用水平、垂直或对角的方式来合并成群。下一个块的位置和方向依赖于群的当前形状；它将被放置到使布图目标函数最优的位置上。与布图尺寸变化算法相比，只考虑每个模块的方向。目前还没有直接的和同时优化每个块和布图形状的优化方法。模块的顺序通常用线性排序算法来选择。

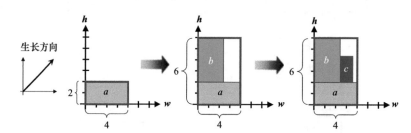

图 3.12　基于最小布图面积的群生长算法构造的布图。块 a 被最先放置。块 b 和 c 被按照使布图尺寸增加最小的方法进行放置

1. 线性排序

线性排序算法通常被调用来产生迭代改善布局算法的初始布局解。线性排序的目标是为了安排给定模块到一个单独的行中，从而使模块之间连接的总线长最小化。

Kang[5] 将与给定模块有关的线网分为以下三个种类，并遵守部分构造和从左到右的顺序（见图 3.13）。

1）终端网络没有其他没被安置的相关块。

2）新网络在部分构造排序的任何块上都没有引脚。

3）连续网络在部分构造排序上至少在块上有一个引脚，以及在无序块上至少有一个引脚。

一个特殊模块 m 的顺序直接依赖于连接到 m 的线网类型。特别地，那些完成了大量"未结束"线网的块必须最先安置。换句话说，那些在终端网络和新网络之间数量差别最大的模块被选择作为序列的下一个块。

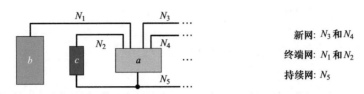

图 3.13　根据部分构造线性排序所做的线网分类

线性排序算法从选择一个初始块开始。这个块可以通过任意选择或根据到其他模块之间连接的数量来选择（行 1）。在每次迭代中，计算每个块 $m \in M$ 的增益 gain（行 5 ~ 8），模块 m 的终端网数量和新网数量的增益是不同的。选择具有最大增益的模块（行 9）。在有许多块都有最大增益值的情况下，选择有最大终端网的那个模块（行 10 ~ 11）。如果还是有多个模块，则有最大连续网的块会被选择（行 12 ~ 13）。如果仍然有多个块，则选择互连最少的块（行 14 ~ 15）。如果还是有多个模块，则任意选择其中一个块（行 16 ~ 17）。被选择的模块添加到 order 中并从 M 中删除（行 18 ~ 19）。

线性排序算法[5]

输入： 所有模块 M 的集

输出： 模块的顺序 *order*

```
1    seed = starting block
2    order = seed
3    REMOVE(M, seed)                              // 从 M 中删除
4    while (|M| > 0)                              // 当 M 不为空
5      foreach (block m ∈ M)
6        term_nets[m] = number of terminating nets incident to m
7        new_nets[m] = number of new nets incident to m
8        gain[m] = term_nets[m] - new_nets[m]
9      M' = block(s) that have maximum gain[m]
10     if (|M'| > 1)                              // 多个块
11         M' = block(s) with the most terminating nets
12     if (|M'| > 1)                              // 多个块
13         M' = block(s) with the most continuing nets
14     if (|M'| > 1)                              // 多个块
15         M' = block(s) with the fewest connected nets
16     if (|M'| > 1)                              // 多个块
17         M' = arbitrary block in M
18     ADD(order, M')                             // 将 M' 添加到 order
19     REMOVE(M, M')                              // 从 M 中删除 M'
```

例：布图尺寸变化。

给定：①有 5 个块 $a \sim e$ 的网表；②开始块 a；
③6 个线网 $N_1 \sim N_6$。

$N_1 = (a, b)$　　　　$N_2 = (a, d)$

$N_3 = (a, c, e)$　　　$N_4 = (b, d)$

$N_5 = (c, d, e)$　　　$N_6 = (d, e)$

任务：通过线性排序算法找出模块的线性排序。

解：

迭代	块	新网	终端网	增益	持续网
0	a	N_1, N_2, N_3	—	−3	—
1	b	N_4	N_1	0	—
	c	N_5	—	−1	N_3
	d	N_4, N_5, N_6	N_2	−2	—
	e	N_5, N_6	—	−2	N_3
2	c	N_5	—	−1	N_3
	d	N_5, N_6	N_2, N_4	0	—
	e	N_5, N_6	—	−2	N_3
3	c	—	—	0	N_3, N_5
	e	—	N_6	1	N_3, N_5
4	c	—	N_3, N_5	2	—

对每次迭代，粗体字表示具有最大增益的模块。

迭代 0：设模块 a 为排序中的第一个。

迭代 1：块 b 具有最大增益。将 b 作为第二个块。

迭代 2：块 d 具有最大增益。将 d 作为第三个块。

迭代 3：块 e 具有最大增益。将 d 作为第四个块。

迭代 4：将 c 作为第五个（最后的）块。

采用启发式得到的最小线网代价的线性排序是 $<a\ b\ d\ e\ c>$。

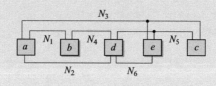

2. 群生长

在群生长算法中，用线性排序算法（行 2）对模块进行排序。对于每个块 curr_block（行 4），算法找到一个可以让布图均匀生长的位置（朝右上方），前提是要满足顶层布图的形状约束之类的条件（行 5）。其他典型的准则包括总线长或布图中的不可利用空间的大小。该算法与元胞合法化的 Tetris 算法类似（见 4.4 节）。

群生长算法

输入：所有块 M 的集合，代价函数 C

输出：根据 C 优化布图 F

```
1  F = ∅
2  order = LINEAR_ORDERING(M)   // 生成线性顺序
3  for (i = 1 to |order|)
4    curr_block = order[i]
5    ADD_TO_FLOORPLAN (F,          // 在满足约束的情况下，找出使 C 引
     curr_block,C)                 // 起最小增长的 curr_block 的位置
                                    // 和方向。
```

　　用下面的例子来说明群生长算法。同前面的例子，采用线性排序。目标是得到面积最小的布图，即最小化顶层布图的面积。尽管产生的解不是最好的，但是群生长算法速度快且易于实现；因此，该算法常常用来为迭代算法（如模拟退火法）寻找布图的初始解。

例：用群生长法构造布图。

给定：模块 $a \sim e$ 和线性排序 $<a\,b\,d\,e\,c>$。

a：$w_a = 2$，$h_a = 3$ 或 $w_a = 3$，$h_a = 2$

b：$w_b = 2$，$h_b = 1$ 或 $w_b = 1$，$h_b = 2$

c：$w_c = 2$，$h_c = 4$ 或 $w_c = 4$，$h_c = 2$

d：$w_d = 3$，$h_d = 3$

e：$w_e = 6$，$h_e = 1$ 或 $w_e = 1$，$h_e = 6$

任务：找出具有全局最小边界框面积的布图。

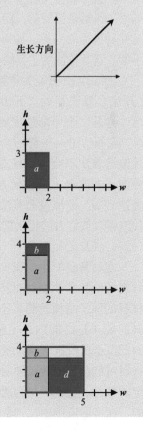

解（可能有多个解；下面举一个来说明）：

块 a：布置在左下角，$w_a = 2$，$h_a = 3$。

当前边界框面积 $= 2 \times 3 = 6$。

块 b：布置在块 a 的上面，$w_b = 2$，$h_b = 1$。

当前边界框面积 $= 2 \times 4 = 8$。

块 d：布置在块 a 的右边，$w_d = 3$，$h_d = 3$。

当前边界框面积 $= 5 \times 4 = 20$。

块 e：布置在块 b 的上方，$w_e = 6$，$h_e = 1$。
当前边界框面积 $= 6 \times 5 = 30$。

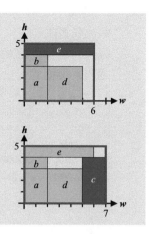

块 c：布置在块 d 的右边，$w_c = 2$，$h_c = 4$。
当前边界框面积 $= 7 \times 5 = 35$。

3.5.3　模拟退火

模拟退火（SA）算法本质上是一种迭代算法，即从一个初始解（任意的）开始，寻找目标函数不断改善的解。在每次迭代中，要考虑当前解的局部邻域解。一个新的候选解是由当前解在它的邻域内的小扰动产生的。

不同于贪婪算法，模拟退火算法并不总是放弃具有较高代价的候选解。即在贪婪算法中，如果一个解是更好的，即具有比当前解更低的代价（假设求目标的最小化），那么这个解就被接受并替换当前的解。如果没有更好的解存在于当前解的局部邻域时，则该算法得到一个局部最小解。贪婪算法的主要缺点是只接受比当前解更好的解。

图 3.14 说明了贪婪算法的缺陷。从初始解 I 开始，算法开始"下山"并到达状态 L。但是，这是一个局部最优解，而不是全局最优解 G。除非给出一个好的初始解态，否则贪婪迭代改善算法不会达到状态 G。此外，那些接受差解（非改善）的迭代方法会跳出 L，从而可能达到 G。模拟退火算法就是最成功的具有迭代改善爬坡能力的优化算法之一。

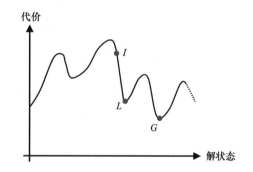

图 3.14　最小化问题的一个初始解 I 及一个局部最优解 L 和一个全局最优解 G。邻域结构如图所示，代价函数有几个局部最小值，大多数布局问题都有这种情况

1. 模拟退火原理

在材料科学中，退火指的是通过控制高温材料的冷却来改变材料特性。退火的目标是使材料的原子结构达到最小能量状态。如高温金属的原子是高能的、无序的（混乱的）状态，而低温金属的原子是低能量的、有序的状态（晶体结构）。但是，根据单个晶体的大小，相同的材料可能会有脆的或硬的原子结构。当高温金属被冷却后，会从高随机状态转换到一个结构稳定的状态。金属冷却的速度会极大地影响最终的结构。而且原子排列的方式在本质上是概率性的。在实际应用中，一个较慢的冷却过程意味着可以得到具有完美晶格的原子排列，从而形成

具有最小能量的结构。

冷却过程是逐步进行的。在冷却策略的每一步中，特定的时间内，温度是不变的。这就使在给定的温度下原子逐渐冷却稳定，从而达到热力学平衡。虽然原子有穿越远距离并形成新的高能量状态的能力，但是大的改变的可能性随着温度的降低而降低。

随着冷却过程的继续，原子的排列最终会到达一个局部的，有可能是全局能量最小的结构。温度降低的速度和程度会影响原子的排列。如果降温速度足够慢、增量充分小，原子得到全局能量最小化结构的可能性就大；如果冷却速度太快或者增量太大，原子达到全局能量最小化结构的可能性就小，取而代之的是局部能量最小化结构。

2. 基于退火的优化

退火的原理可以应用于解决组合优化问题。在最小化情况下，求解优化问题中的最小代价类似于找出材料的最小能量状态。因此，模拟退火算法选取一个"混沌"（高代价）的初始解，模拟物理退火过程来产生一个"结构化"（低代价）的解。

模拟退火算法产生了一个初始解并计算它的代价。在每一步中，算法通过在解空间中，用随机行走产生的小扰动（结构变化）得到一个新的解。这个新解会根据温度参数 T，来选择是被接受还是抛弃。当 T 较高（低）时，算法有更高（低）的概率来接受一个代价高的解。类似于物理退火，算法中 T 逐渐降低，相应的接受差的高代价解的概率也随之降低。一个关于接受扰动可能性的方法是基于 Boltzmann 接受准则，如果新的解被接受，它必须符合下式：

$$e^{\frac{cost(curr\_sol)-cost(next\_sol)}{T}} > r$$

式中，curr_sol 是当前解；next_sol 是扰动后的新解；T 是当前的温度；r 是 [0，1）之间的一个随机数（服从均匀分布）。

对于最小化问题，最终解是一个谷点；对于最大化问题，则是一个峰值。

温度降低的速度是非常重要的：在开始时必须确保足够高的温度，探索解空间；允许低温时有足够的时间，才有足够大的可能性找到一个近似最优解。正如高温金属的缓慢冷却才有较大的可能找到一个全局最优、能量最小的晶体结构。对于一个优化问题，拥有足够慢的冷却策略的模拟退火算法，有较高的可能性来找到高质量的解[6]。

模拟退火算法本身就是一种随机算法，运行两次可能会产生不同的结果。产生不同结果的原因有新的扰动解的产生（如元胞交换）和扰动的接受或拒绝，这些都是由概率决定的。

3. 算法

算法开始于初始解（任意的）curr_sol（行 3 ~ 4），通过扰动 curr_sol 产生新的解（行 8 ~ 9）。计算新解的代价 trial_cost（行 10），并与当前代价 curr_cost（行 11）比较，如果新的代价好，即 $\Delta cost < 0$，那么接受新解（行 12 ~ 14）；否则，新解可能在一定概率下被接受。产生一个随机数 $0 \leqslant r < 1$（行 16），如果 r 比 $e^{-\Delta cost/T}$ 小，则接受新解；否则，新解被抛弃（行 17 ~ 19）。

为了处理最大化问题，可将行 11 的减法操作取反。在布图规划问题中，函数 TRY_MOVE（行 9）可以用移动单个模块或交换两个模块的操作代替。

模拟退火算法
输入：初始解 *init_sol*，初始温度 T_0，降温系数 *a*
输出：最优化新的解 *curr_sol*

```
1    T = T₀                                    // 初始化
2    i = 0
3    curr_sol = init_sol
4    curr_cost = COST(curr_sol)
5    while (T > Tmin)
6     while (stopping criterion is not met)
7      i = i + 1
8      (aᵢ,bᵢ) = SELECT_PAIR(curr_sol) // 选择两个对象进行扰动

9      trial_sol = TRY_MOVE(aᵢ,bᵢ)       // 尝试小的局部改变
10     trial_cost = COST(trial_sol)
11     Δcost = trial_cost - curr_cost
12     if (Δcost < 0)                         // 如果有改善

13         curr_cost = trial_cost           // 更新代价和
14         curr_sol = MOVE(aᵢ,bᵢ)           // 执行移动
15     else
16         r = RANDOM[0,1]                   // 随机数 [0,1]
17       if (r < e^(-Δcost/T))              // 更新代价和
18         curr_cost = trial_cost
19         curr_sol = MOVE(aᵢ,bᵢ)           // 执行移动
20   T = α · T                              // 0 < α < 1, T 降低
```

　　交换的概率依赖于代价和温度，代价差（坏的）较大，意味着接受新解的概率低。在高温时，即 $T \to \infty$，$-\Delta cost/T \approx 0$，接受新解的可能性接近于 $e^0 = 1$。这样就会频繁接受差的解，但是可以使算法跳出解空间中"差解"的范围。在低温时，$T \to 0$，$-\Delta cost/T \approx \infty$，接受新解的概率 $e^{-\infty} = 1/e^{\infty} = 0$。初始温度（$T_0$）和降低速度（$\alpha$）经常根据经验来设置。一般地，好的结果是由高初始温度和低冷却速度得到的，但是运行时间会增加。

　　4. 基于模拟退火的布图规划

　　最早的用于布图规划的模拟退火算法是在 1984 年由 Otten 和 van Ginneken[11] 提出的。从那以后，模拟退火算法成为布图规划中最常用的迭代方法之一。

　　在直接法中，模拟退火算法根据模块的实际坐标、大小和形状直接应用到物理版图上。但是，找出一个完全合法的、无重叠模块的布图是很困难的。因此，中间解是允许有重叠的，通过惩罚函数来增强解的合法性。但是最后产生的解，必须是完全合法的（详细内容见参考文献 [12]）。

　　在间接法中，模拟退火算法应用到物理版图的一种抽象上。用树或约束图来获取布图的抽象表示。需要通过映射将抽象表示转换为布图。这个过程相对于直接法的优点是所有中间解都是无重叠的。

　　有关基于模拟退火的布图规划的更多内容，见参考文献 [1, 3, 15]。

3.5.4　集成布图规划算法

解析技术是将布图规划问题映射成一些方程的集合，其中变量代表模块的位置。这些方程描述了边界条件，阻止模块的重叠，并获得模块之间的其他关系。另外，目标函数对布图的重要参数进行量化。

一个有名的解析方法是混合整数线性规划（MILP），其中位置变量是整数。该技术不允许重叠且寻求的是全局最优解。但是，该算法受到计算复杂度的限制。对于规模是 100 个模块的布图问题，有超过 10000 个变量和超过 20000 个方程。因此，MILP 仅仅适用于小规模的（10个或者更少的块）情况。

利用线性规划（LP）松弛法是一个较快的选择。与 MILP 相比，LP 等式并不限制其位置坐标为整数。因此 LP 方法可用于大规模块的问题上。

采用解析法解决布图规划的讨论可以阅读参考文献 [1]。参考文献 [9] 给出了一种布图规划修正（合法化）技术。

3.6　引脚分配

在布图规划中，给定模块大的几何尺寸，对于连接这些模块的线网端口位置是非常重要的。特别是端口的位置将影响布线，从而影响线长，最终影响芯片的性能和功耗。I/O 引脚（线网端口）和它们的位置常常在模块的周围，这样可以减少连接长度。然而好的位置依赖于模块的相对布局。

1. 问题描述

在引脚分配中，所有线网（信号）被分配到唯一的引脚位置，这样全部的设计性能才是优化的（见图 3.15）。优化的共同目标是使块内外的线网可布性最大化和电寄生参数最小化。

外部引脚分配的目标是将每个输入信号和输出信号连接到唯一一个 I/O 引脚上。一旦线网被分配到一个唯一引脚上，通过连接使线长和电寄生参数（如降低耦合或保证信号的完整性）最小化。如图 3.15 所示，微处理器芯片上的 90 个引脚，每个必须在下一高层次级上连接到一个 I/O 焊盘上。引脚分配后，芯片上的每个引脚与外部器件有唯一的短连接。

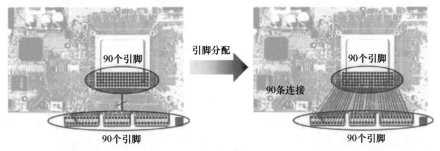

图 3.15　引脚分配过程。这里芯片中所有 90 个 I/O 引脚中的每一个都被分配到印制电路板上的一个特殊的 I/O 引脚上。通过布线器将每个引脚对连接起来

引脚分配可以用来连接功能或电等价的元胞引脚，如标准单元布局中（见第 4 章）。如果两个引脚的交换不影响设计的逻辑，则它们是功能等价的；如果两个引脚是相互连接的，那么它们是电等价的（见图 3.16）。

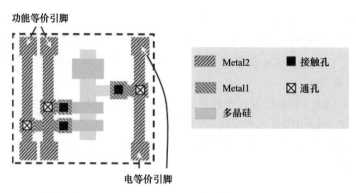

图 3.16　一个简化的 nMOS NAND 门，有功能等价输入引脚和电等价输出引脚

元胞内部引脚分配的主要目标是降低元胞之间的拥塞度和互连线长度（见图 3.17）。引脚分配技术将在后面的芯片规划和布局问题中讨论（见第 4 章）。

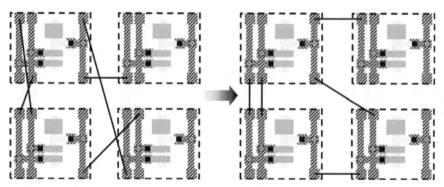

图 3.17　用图 3.16 给出的例子来分析引脚分配。探讨功能等价和电等价的引脚分配问题，分配的目标是最小化总连线长度

2. 用同心圆来进行引脚分配

算法的目标是建立一个模块和所有它与其他模块的引脚的连接关系，以便使交叉线网最少。下面的简单算法[8]，假设所有外部引脚（当前模块的外部引脚）都有固定的位置，所有内部引脚（当前模块的内部引脚）根据电等价的外部引脚的位置来进行位置分配。该算法用两个同心圆，其中内圆代表那些正在考虑的模块的引脚，外圆代表其他模块的引脚。目的是给两个圆分配合理的引脚位置，从而使线网不重叠。

例：同心圆引脚分配（包括算法）。

给定：①模块（黑色）引脚的集合；②模块引脚必须连接的芯片（白色）引脚的集合。

任务：用同心圆进行引脚分配，以便模块上的每个引脚都连接到芯片上的一个引脚，反之亦然（1-1 映射）。

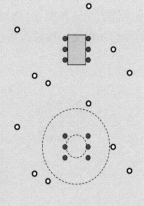

解：确定圆。画两个圆，使所有属于模块（红色）的引脚在内圆的外但在外圆之内；所有外部引脚（白色）都在外圆之外。

确定点。对每个点，画一条从该点到圆心的线（左图）。移动每个外部点（白色）到它在外圆的投影上，移动每个内部点（红色）到它在内圆的投影上（右图）。

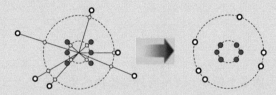

确定初始映射。初始映射是从每个外部引脚到一个相应的内部引脚的分配。选择一个起始点并将它任意分配（左图）。然后，以顺时针方向或逆时针方向（右图）分配剩余的点。

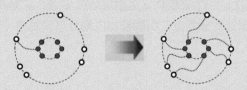

优化映射。对其他外 - 内点对组合反复进行映射过程，即对外圆上相同的起始点，在内圆上分配一个不同的点并映射剩余的点。重复这个过程直到所有点对组合都被处理完。最好的映射是具有最短欧几里得距离的组合。对于实际问题，可能产生的映射如左图所示，最好的映射如中间图所示，而最终的引脚分配如右图所示。

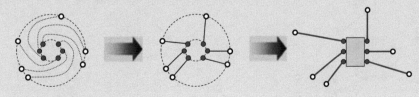

对于每个剩余模块，回到第一步。

3. 引脚分配的拓扑结构

H.N.Brady 通过考虑外部模块的位置和多引脚线网（连接超过两个引脚的线网），对同心圆引脚分配算法进行了改进[2]。特别地，当外部引脚在其他模块或障碍后时，能确保引脚分配。

图 3.18a 所示为从主组件 m 到一个外部模块 a 的引脚分配。从 m 的中心到 b 的中点画一条中点线 $l_{m \sim a}$。在图 3.18b 中，a 的引脚是"展开的"，并在分界点 d 延伸为线 l'，在 $l_{m \sim a}$ 上更远的点与 a 相交。然后这些引脚被映射到外圆上（采用原始的同心圆算法）。

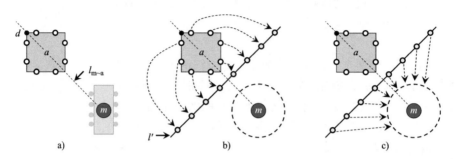

图 3.18   从主组件 m 到一个外部模块 a 的引脚分配。a）主组件 m 收缩为一个单独的点。中点线 $l_{m \sim a}$ 是从 m 到 a 的中心。分界点 d 是在 $l_{m \sim a}$ 和 a 更远处相交时产生的。b）从 d 开始，映射 a 的引脚到 l' 上。c）然后这些点又被映射到 m 的外圆上 [2]

这种改进允许同时考虑多个模块。将所有外部模块的集合定义为 B，主组件用 m 表示。中点线 $l_{m \sim a}$ 是由从 m 到所有外部块 $a \in B$ 的中点连线画出的。

与之前一样，对每个外部模块 a，分界点是在 $l_{m \sim a}$ 和 a 在较远的相交处形成的。对于在 m 和 a 之间的 $b \in B$ 的其他模块，一个在模块 a 上附加的分界点，它是在其他模块中点线 $l_{m \sim b}$ 与 a 相交的点附近产生的。根据这些分界点，引脚被相应地分离和延伸（见图 3.19）。

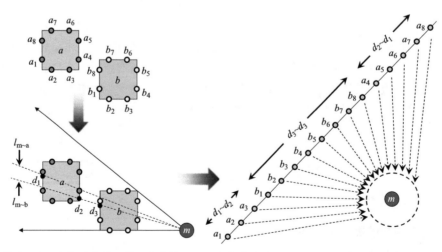

图 3.19   模块 a 和 b 上的引脚分配 [2]。在模块 a 上，考虑中点线 $l_{m \sim a}$ 和 $l_{m \sim b}$。分界点 d_1 是 $l_{m \sim a}$ 上较远的点；分界点 d_2 是 $l_{m \sim b}$ 上较近的点。在模块 b 上，只考虑 $l_{m \sim b}$。分界点 d_3 是 $l_{m \sim b}$ 上较远的点。利用 $d_1 \sim d_3$，当映射到 m 的外圆上，引脚会被相应地"展开"

3.7　电源和地线布线

芯片上的供电电压变化比芯片频率和晶体管计算更慢。因此，在每个工艺节点，芯片的供电技术稳步增长。改进封装和冷却技术，以及市场对功能的需求，导致更大的电源预留和更密集的供电网络。在芯片上的 20% ~ 40% 的金属资源是给电源（VDD）和地（GND）线网的。由于布图规划先于布局和布线，即完成了模块级和芯片级的实现，因此电源和地线规划成为现代芯片规划过程中的必要部分 [7]。

芯片规划不仅要确定电源和地分布网络的版图，还要确定供电 I/O 焊点（引线键合封装）或者凸点（倒装芯片封装）的布局。这些焊点或凸点优先布置在芯片的高活动区域内或附近，使电压降 $V = IR$ 最小化⊖。

一般地，电源规划过程是多次迭代的，如下所述：

1）主要功耗组件的早期仿真。

2）芯片电源的早期量化。

3）芯片总电源和最大电源密度分析。

4）总芯片电源波动分析。

5）由时钟门控所引起的固有的和增加的波动分析。

6）早期电源分布分析：平均的、最大的和多周期波动。

为了构造合适的供电网络，设计和制造工艺的许多方面必须考虑。如为了估计芯片电源，设计者必须计划：①低电压 V 器件的使用和消耗更多能量的动态电路；②低功耗时钟门控的使用；③增加解耦电容的数量和布局可以降低多门转换的噪声。

本节讨论分布式电源和地线网的物理设计。图 3.20 从概念上说明，在定制设计方法上，布图如何给每个模块连接电源环，连接到芯片级的电源网分布规划将在后面的章节讨论。

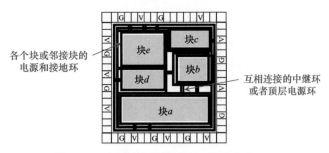

各个块或邻接块的
电源和接地环

互相连接的中继环
或者顶层电源环

图 3.20　定制型布图的电源 - 地线分布

3.7.1　电源和地线网分布设计

在设计中，电源和地线网为每个模块连接供电源。每个模块都必须与电源和地线网连接，供电网是大型的；跨越整个芯片；在信号线布线之前布线。核心电源网与 I/O 供电网的

⊖　供电 I/O 焊点可以输送数十毫安的电流，而供电凸点可以输送数百毫安，即多出一个数量级的电流。

不同在于它有更高的电压。在许多应用中，一个核心电源网和一个核心地线网就足够了。一些集成电路中，如混合信号设计或低功耗设计（供电门或多级电压），可以有多个电源和地线网。

供电网的布线是与信号线布线不同的。电源和地线网都有专用的金属层来避免消耗信号线的布线资源。此外，供电网更倾向于厚金属层，一般是在晶圆制造后端工艺下的最上面两层，主要是因为它们有低的电阻。当电源和地线网穿越多个层时，必须有足够的通孔来运载电流，从而避免电子迁移和影响可靠性的问题。

由于供电网有大电流负载，所以它们通常比标准的信号线宽。每个独立的线段的宽度被定制以便容纳它们各自估计的分支电流。为了使逻辑门具有正确的时序性能，在设定的误差范围内，如 VDD 的 5%，选择线网段宽度来保持电压降 $V = IR$。更宽的段有更低的电阻，因此电压降更低[⊖]。

电源和地线网的物理设计有两种方法：平面法，主要用于模拟电路或定制块设计中（见 3.7.2 节）；网格法，主要用于数字集成电路设计中（见 3.7.3 节）。

3.7.2　平面布线

供电网可以通过平面布线来布置，前提是在设计中只有两个供电网；一个模块不需要多个连接到两个供电网；两个相邻模块之间允许布供电网络。

为了得到平面布线，首先用连接所有模块的 Hamiltonian 路径把两个供电区域分开，这样每个供电网就在每个模块的左边或右边。Hamiltonian 路径允许这两个供电网穿越版图来布线，一个到左边而另一个到右边，因此而没有冲突（见图 3.21）。

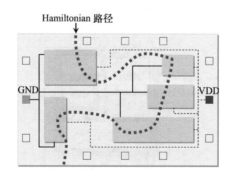

图 3.21　给出一条连接所有元胞的 Hamiltonian 路径，每个供电网都有各自的"连续的"路径到其他元胞，因此两个供电网可以布在一个层上

⊖　一些设计手册将参考 VDD 10% 的 *IR* 下降限值。这意味着电源可能下降 VDD 的 5%，接地也可能反弹 5%，导致出现电源减少 10% 的最坏情况。

在平面布线方式下，电源和地线网的布线可以通过以下三个步骤完成。

步骤 1：平面化线网拓扑结构

由于电源和地线网必须布在一层上，因此在设计上要用 Hamiltonian 路径进行分离。在图 3.22a 中，两个线网分别从左边和右边开始。两个线网按树形方式生长，没有任何冲突（重叠），由 Hamiltonian 路径进行分离。准确的布线依赖于引脚的位置。最后，在任何与引脚相遇的地方，模块都是连接的。

步骤 2：层分配

根据可布性以及每个可用层的电阻与电容特性和设计规则信息，线网段被分配到合适的布线层上。

步骤 3：确定线网段的宽度

每个线网段（分支）的宽度依赖于最大电流，即遵照基尔霍夫电流定律（KCL），一个线网段的宽度是由所有模块到它的电流总和确定的。当处理大电流时，设计者常常在垂直维度上增加"平面"布线的"宽度"，且多层的重叠段与通孔连在一起。另外，宽度的确定是一个典型的迭代过程，由于电流依赖于时序和噪声，而它们又依赖于电压降，电压降又依赖于电流。换句话说，在电源、时序、噪声分析中存在一个相互依赖的环，这个环是由有经验的设计者通过多次迭代解决的。执行完上面三个步骤后，通常情况下，电源和地线布线后的线段成为信号线布线时的障碍（见图 3.22b）。

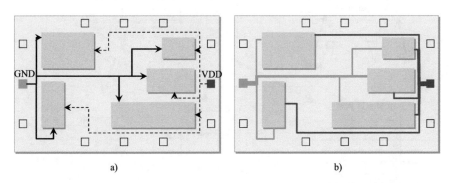

图 3.22　a）产生两个供电网的拓扑结构；b）在考虑最大电流负载的条件下调整 a）中每个独立线段的宽度

3.7.3　网格布线

在现代数字集成电路中，电源和地线布线基本上采用网格拓扑结构，这个结构是由以下五步来创建的。

步骤 1：创建一个环

一般来说，环是围绕芯片的整个核心区域和可能的独立模块来构造的。环的作用是连接供电 I/O 元胞和可能具有芯片或块的全局电源网格的静电放电保护结构。对于低的电阻，这些连接和环本身是在许多层上的。例如，一个环可能用金属层 Metal2 ~ Metal8（除了层 Metal1 的每个层）。

步骤 2：连接 I/O 焊盘到环上

图 3.23 的左上所示为从 I/O 焊盘到环的连接。每个 I/O 焊盘会有数个"手指"来自几个金属层。这要尽可能大地连接到电源环，目的是最小化电阻和最大化到核的运载电流。

步骤 3：创建一个网格

电源网格是由一系列定义在两个或更多层上的间距（器件引脚或贴装焊盘）所组成的条带（见图 3.23）。条带的宽度和间距是由估计的功耗和版图设计规则来确定的。条带是成对布局的，电源和地线网不断交替。电源网格用最上和最厚的一个层，而且比其他下面的层要稀疏，从而避免信号线的拥塞。相邻层的条带一般会尽可能多地用通孔连接，也是为了最小化电阻。

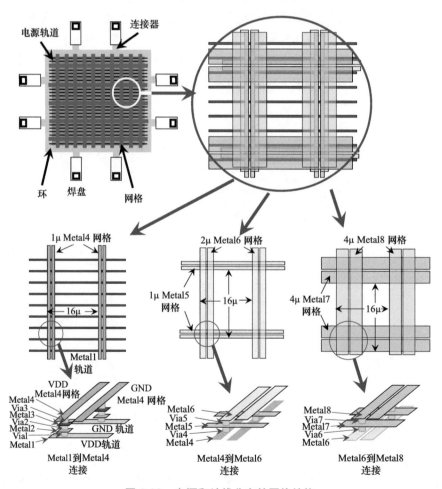

图 3.23　电源和地线分布的网格结构

步骤 4：创建 Metal1 轨道

在 Metal1 层中，电源和地线分布网络是要满足逻辑门设计的。Metal1 轨道的宽度（供电能力）和间隔是由标准单元库来确定的。标准单元行是"背靠背"放置的，这样一来每个供电网被相邻的元胞行所共享。

步骤 5：连接 Metal1 轨道到网格

最终，Metal1 轨道是通过堆叠的通孔连接到网格上去的。关键是要考虑通孔堆叠的合适数量（通孔数）。例如，电源分布电阻最大的部分应该是通孔堆叠之间 Metal1 段，而不是堆叠本身。另外，通孔堆叠优化的目的是维护设计布线的可布性。在实际中，一个 1×4 的通孔矩阵可能比 2×2 的更好，这要根据布线拥塞的方向来决定。

图 3.23 说明了网格法在电源和地线分布中的应用。图中，层 Metal8 ~ Metal4 采用网格。在实际中，受到布线资源的限制，许多芯片会用较少的层（如只有 Metal8 和 Metal7）。

第 3 章练习

练习 1：可二划分树与约束图

对给定的布图（见右图），产生它的可二划分树、垂直约束图和水平约束图。

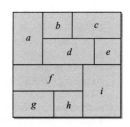

练习 2：布图尺寸变化算法

给定三个块及它们的尺寸选择。

（a）确定块 a、b、c 的形状函数。

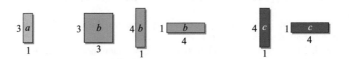

（b）用给定的三个结构找出顶层布图的最小面积，并确定顶层布图的形状函数。在形状函数中，找出使面积最小化的角点。最后，确定每个块的尺寸并画出布图结果。

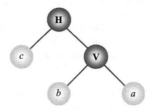

练习 3：线性排序算法

对于有 5 个块 $a \sim e$ 和 6 个线网 $N_1 \sim N_6$ 的网表，确定最小化总线的线性顺序。设块 a 为起始块。将 a 放在第一个（最左边的）位置。画出布局结果。

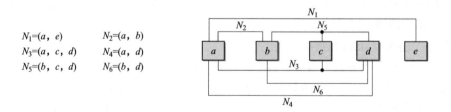

$N_1=(a, e)$ $N_2=(a, b)$
$N_3=(a, c, d)$ $N_4=(a, d)$
$N_5=(b, c, d)$ $N_6=(b, d)$

练习 4：不可二划分布图

回忆无空间浪费的最小不可二划分布图，具有 5 个块的顺时针或逆时针的轮结构。画出一个只有 4 个块 $a \sim d$ 不可二划分布图。

参 考 文 献

1. C. J. Alpert, D. P. Mehta and S. S. Sapatnekar, eds., *Handbook of Algorithms for Physical Design Automation*, Auerbach Publ., 2008, 2019. ISBN 978-0367403478

2. H. N. Brady, "An Approach to Topological Pin Assignment", *IEEE Trans. on CAD* 3(3) (1984), pp. 250-255. https://doi.org/10.1109/TCAD.1984.1270082

3. T.-C. Chen and Y.-W. Chang, "Modern Floorplanning Based on B*-Tree and Fast Simulated Annealing", *IEEE Trans. on CAD* 25(4) (2006), pp. 637-650. https://doi.org/10.1109/TCAD.2006.870076

4. R. Fischbach, J. Knechtel, J. Lienig, "Utilizing 2D and 3D Rectilinear Blocks for Efficient IP Reuse and Floorplanning of 3D-Integrated Systems", *Proc. Intern. Symp. on Physical Design*, 2013, pp. 11-16. https://doi.org/10.1145/2451916.2451921

5. S. Kang, "Linear Ordering and Application to Placement", *Proc. Design Autom. Conf.*, 1983, pp. 457-464. https://doi.org/10.1109/DAC.1983.1585693

6. S. Kirkpatrick, C. D. Gelatt and M. P. Vecchi, "Optimization by Simulated Annealing", *Science* 220(4598) (1983), pp. 671-680. https://doi.org/10.1126/science.220.4598.671

7. J. Knechtel, J. Lienig, I. M. Elfadel, "Multi-Objective 3D Floorplanning with Integrated Voltage Assignment", *TODAES*, vol. 23, no. 2, pp. 22:1-22:27, ISSN 1084-4309, 2017. https://doi.org/10.1145/3149817

8. N. L. Koren, "Pin Assignment in Automated Printed Circuit Board Design", *Proc. Design Autom. Workshop*, 1972, pp. 72-79. https://doi.org/10.1145/800153.804932

9. M. D. Moffitt, J. A. Roy, I. L. Markov and M. E. Pollack, "Constraint-Driven Floorplan Repair", *ACM Trans. on Design Autom. of Electronic Sys.* 13(4) (2008), pp. 1-13. https://doi.org/10.1145/1146909.1147188

10. R. H. J. M. Otten, "Efficient Floorplan Optimization", *Proc. Int. Conf. on Computer Design*, 1983, pp. 499-502. https://doi.org/10.1145/74382.74481

11. R.H.J.M Otten., L.P.P.P van Ginneken. "Floorplan Design Using Annealing". In: Kuehlmann A. (eds) *The Best of ICCAD*, 2003. Springer. https://doi.org/10.1007/978-1-4615-0292-0_37

12. C. Sechen, "Chip Planning, Placement and Global Routing of Macro/Custom Cell Integrated Circuits Using Simulated Annealing", *Proc. Design Autom. Conf.*, 1988, pp. 73-80. https://doi.org/10.1109/DAC.1988.14737

13. L. Stockmeyer, "Optimal Orientation of Cells in Slicing Floorplan Designs", *Information and Control* 57 (1983), pp. 91-101. https://doi.org/10.1016/S0019-9958(83)80038-2

14. X. Tang, R. Tian and D. F. Wong, "Fast Evaluation of Sequence Pair in Block Placement by Longest Common Subsequence Computation", *Proc. Design, Autom. and Test in Europe*, 2000, pp. 106-111. https://doi.org/10.1109/DATE.2000.840024

15. Z. Huang; Z. Lin; Z. Zhu; J. Chen, "An Improved Simulated Annealing Algorithm with Excessive Length Penalty for Fixed-Outline Floorplanning", *IEEE Access (vol. 8)*, 2020. https://doi.org/10.1109/ACCESS.2020.2980135
16. J. Z. Yan and C. Chu, "DeFer: Deferred Decision Making Enabled Fixed-Outline Floorplanner", *Proc. Design Autom. Conf.*, 2008, pp. 161-166. https://doi.org/10.1145/1391469.1391512
17. T. Yan and H. Murata, "Fast Wire Length Estimation by Net Bundling for Block Placement", *Proc. Int. Conf. on CAD*, 2006, pp. 172-178. https://doi.org/10.1109/ICCAD.2006.320082

全局和详细布局

将电路划分为小模块（见第 2 章）和对版图进行布图规划，从而确定模块的轮廓线和引脚位置后（见第 3 章），布局是要确定每个模块内的标准单元或逻辑元件的位置。布局受制于多个优化目标，如最小元件之间连接总长度。特别地，全局布局（见 4.3 节）分配大概的位置给可移动的器件，而详细布局（见 4.4 节）则明确器件的位置并确保元胞之间没有重叠。详细位置可以做进一步的分析，包括为了时序优化可对电路时延进行更准确的估计。

4.1 引言

布局的目标是为了确定所有电路元件在一个（平面）版图中的位置和方向，给出解的约束（如没有元胞重叠）和优化目标（如总线长最小）。

电路元件（如门、标准单元和宏模块）有矩形形状，用点表示，线网用边表示（见图 4.1）。一些电路元件可能有固定的位置而其他的则是可移动的（可布置的）。可移动元件的布局对随后的布线阶段的质量起决定作用。但是，详细布线信息，如轨道分配是在布局阶段不知道的，因此当布局器对曼哈顿布线进行评估时，只允许垂直和水平线（见 4.2 节）。在图 4.1 中，假设相邻的水平或垂直布局位置的距离为一个单位，那么线性的和 2D 的布局都有 10 个单位的总线长。

大规模集成电路的布局技术包括全局布局、详细布局和合法化。全局布局常常忽视可布目标的特殊形状和大小，而且不会试图去排列它们的位置到合理的行和列中去。在两个布置好的元件之间的一些重叠是允许的，主要是确定全局定位和全局分布密度。合法化是在详细布局之前或期间进行。它力求将可布元件布置到行列中去，并消除重叠，同时试图最小化全局布局中的位移及对互连长度和电路时延的影响。详细布局通过局部操作（交换两个元件）或移动元件来为其他元件提供位置空间，从而增量式改善每个标准单元的位置。全局布局和详细布局都有比较合理的运行时间，但是全局布局常常需要更多的内存空间，且不易并行化。

性能驱动优化可以在全局布局和详细布局中应用。但是，在全局布局的早期阶段对时序进行估算（见第 8 章）是不准确的。因此，一般是在全局布局的较后阶段或是在全局布局后，再进行性能优化。合法化是为了最小化对性能的影响。由于详细布局是对个体位置的细粒度操作，因此它可以直接提高性能。

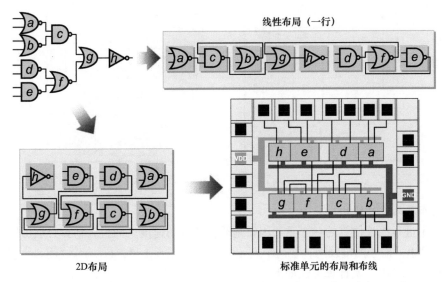

线性布局（一行）

2D布局　　　　　　　　　标准单元的布局和布线

图 4.1　一个简单电路（左上图）和线性布局（右上图），2D 布局（左下图），以及标准单元的布局和布线（右下图）

4.2　优化目标

布局必须产生所有线网都可以布线的版图，即布局必须是可布线的。另外，为了满足性能要求，必须考虑信号时延或串扰等电效应。在布局阶段，详细布线信息是不可知的，布局器通过对加权总线长、割边数、线拥塞度（密度）或最大信号时延（见图 4.2）等指标进行估算，来优化布线质量。

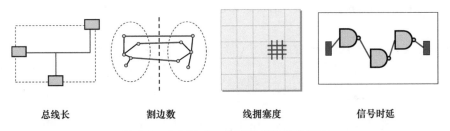

总线长　　　　　　割边数　　　　　线拥塞度　　　　　信号时延

图 4.2　在布局中，布线质量优化的指标

在可布性的约束下，布局的主要目标是优化信号在路径上的时延。由于线网的时延和它的长度直接相关，因此布局器通常的优化目标是总线长[⊖]。如图 4.3 中说明的一样，布局的设计对线网的长度和布线密度影响很大。进一步的布局优化超出了本章的范围，包括：

1）布局和 I/O 焊点的分配，要求逻辑门和封装连接到它们，如凸点位置。

2）温度和可靠性驱动的优化，如转换（产生热）电路元件的布局，使全芯片的温度均匀分布。

　⊖　时序驱动布局技术在第 8 章 8.3 节中进行了讨论。

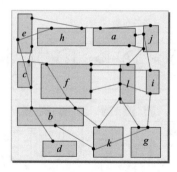 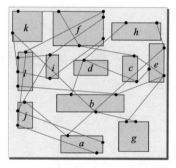

图 4.3   相同设计的两个布局，一个有较好的总线长（左图），一个则是较差的总线长（右图）

1. 给定布局的线长估算

在布局中进行线长估算的一个重要因素是线长估算的速度。而且，估算必须可用于两端线网或多端线网上。对于两端线网，在两个点（引脚）$P_1(x_1, y_1)$ 和 $P_2(x_2, y_2)$ 之间，大多数布局工具采用曼哈顿距离 d_M，其计算方法如下

$$d_M(P_1, P_2) = |x_2 - x_1| + |y_2 - y_1|$$

对于多端线网，使用下面的技术进行估算[22]：

（a）因为半周长线长（HPWL）模型具有准确和计算效率高的优点，所以它常常被使用。有 p 个引脚的线网的边界框是包含所有引脚位置的最小矩形。用边界框的半周长来估算线长。对于有两个或三个引脚的线网（占大多数现代设计中线网的 70% ~ 80%），恰好与直线斯坦纳最小树（RSMT）的代价（在本节后面讨论）一样。当 $p \geq 4$ 时，HPWL 采用一个渐进增长的平均因子 $\sqrt{p}$ 进行估算，结果比 RSMT 的低。

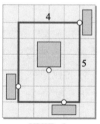

HPWL=9

（b）具有 p 个引脚的线网 net 的完全图（最大子图）模型有

$$\binom{p}{2} = \frac{p!}{2!(p-2)!} = \frac{p(p-1)}{2}$$

条边，即每个引脚与其他引脚直接连接。由于含有所有线网引脚的生成树有 $p-1$ 条边，因此采用修正因子 $2/p$ 进行修正。根据最大子图模型，这个线网 net 的总边长为

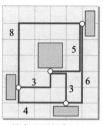

最大子图长度=14.5

$$L(\text{net}) = \frac{2}{p} \sum_{e \in \text{clique}} d_M(e)$$

式中，e 是最大子图中的一条边；$d_M(e)$ 是 e 的两端点之间的曼哈顿距离。

（c）单链模型用一个链状拓扑结构连接一个线网的所有引脚，两个终端引脚的度为 1；每个中间引脚的度是 2。找出一条连接引脚位置的最小长度路径相当于 NP 困难问题的 Hamiltonian 路径问题。因此，单链模型以 x 坐标或 y 坐标对引脚进行排序，然后连接它们。这个方法尽管简单，但是常常对线长的估算超出了实际的长度。另一个缺点就是链状拓扑结构会根据布局而改变。

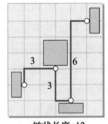

链状长度=12

（d）星形模型将一个引脚作为一个源节点，而把其他引脚作为汇节点。从源节点到每个汇节点都有一条边。这对于时序优化相当有用，因为它找到了从一个输出引脚到一个或多个输入引脚的信号流方向。星形模型只用 $p-1$ 条边，这个稀疏性对建立高引脚数线网很有益。此外，星形模型也对线长估算过高。

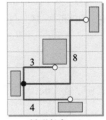

星形长度=15

（e）直线最小生成树（RMST）模型将 p 个引脚的线网分解成两端引脚的连接，连接 p 个引脚需要 $p-1$ 个连线。有几个算法（如 Kruskal 算法 [18]）能构建直线最小生成树。RMST 算法寻找曼哈顿几何结构需要用复杂度为 $O(p\log p)$ 的运行时间（见 5.6.1 节）。

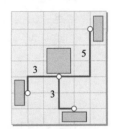

RMST长度=11

（f）直线 Steiner 最小树（RSMT）模型连接线网中的所有 p 个引脚，最多要增加 $p-2$ 个 Steiner（分支）点（见 5.6.1 节）。在任意一个点的集合中，要找出一个最优的 Steiner 点集合是 NP 困难问题。对于引脚数有限定的线网，计算一个 RSMT 需要的时间是不变的。如果 Steiner 点是知道的，可以通过在原点集和增加的 Steiner 点集上构造一个 RMST 来找到 RSMT。

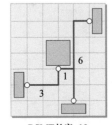

RSMT长度=10

（g）p 个引脚的线网的直线 Steiner 树状图（RSA）模型，也是一棵树，其中单源节点 s_0 连接到 $p-1$ 个汇节点。在 RSA 模型中，从 s_0 到任意汇节点 s_i 的路径长度，$1 \leqslant i < p-1$，必须等于 $s_0 \sim s_i$ 的曼哈顿（直线）距离，即对于所有汇节点 s_i

$$L(s_0, s_i) = d_M(s_0, s_i)$$

式中，$L(s_0, s_i)$ 是在树中从 s_0 到 s_i 的路径长度。计算一个最小长度的 RSA 是 NP 困难问题。

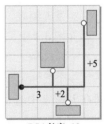

RSA长度=10

（h）单树干 Steiner 树（STST）模型由一个垂直（水平）线段组成，即树干，用水平（垂直）线段，即分支，连接所有引脚到这个树干。由于构造 STST 很容易，因此常用它来进行线长估计。RSA 与时间更相关，但是在结构上比 STST 更复杂。对实际应用，构造 RSA 和 STST 的时间为 $O(p\log p)$，其中 p 是引脚的数量。

STST长度=10

2. 带线网权重的总线长（带权线长）

线网的权重用来区分特定线网和其他线网。例如，一个具有权重 $w(\text{net}) = 2$ 的线网 net，等价于两个具有权重 $\omega(i) = \omega(j) = 1$ 的线网 i 和 j。对一个布局 P，总的带权线长采用下式进行估算：

$$L(p)=\sum_{\text{net}\in p}\omega(\text{net})\cdot L(\text{net})$$

式中，$\omega(\text{net})$ 是线网 net 的权重；$L(\text{net})$ 则是线网 net 的估计线长。

例：一个布局的总带权线长。

给定： ①模块 $a \sim f$ 的布局 P 及其引脚（见右图）；②线网 $N_1 \sim N_3$ 及其线网权重。

$$N_1 = (a_1,\ b_1,\ d_2)\quad \omega(N_1) = 2$$
$$N_2 = (c_1,\ d_1,\ f_1)\quad \omega(N_2) = 4$$
$$N_3 = (e_1,\ f_2)\quad \omega(N_3) = 1$$

任务： 用 RMST 模型估算布局 P 的总带权线长。

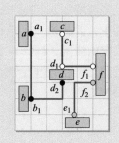

解：

$$L(N_1)= d_M(a_1,b_1)+d_M(b_1,d_2)= 4+3=7$$
$$L(N_2)=d_M(c_1,d_1)+d_M(d_1,f_1)=2+2=4$$
$$L(N_3)=d_M(e_1,f_2)=3$$

$$L(P) = w(N_1)\cdot L(N_1)+w(N_2)\cdot L(N_2)+w(N_3)\cdot L(N_3)$$
$$=2\times7+4\times4+1\times3=14+16+3=33$$

---

3. 最大割数

在图 4.4 中，一个（全局）垂直割线将区域划分为一个左区域 L 和一个右区域 R。在考虑割线的情况下，一个线网可以被分为割的或非割的。一个非割线网在 L 或 R 中有引脚，但不会在两个区域内有引脚，即全部在割线的左边或右边；一个割网在 L 和 R 中最少有一个引脚。

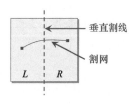

图 4.4　有一个垂直割线和一个割网的版图

给定一个布局 P，设

1）V_P 和 H_P 分别是布局 P 的全局垂直和水平割线的集合。

2）$\Psi_P(\text{cut})$ 是被割线 cut 所割的线网集合。

3）$\psi_P(\text{cut})$ 是 $\Psi_P(\text{cut})$ 的大小，即 $\psi_P(\text{cut}) = |\Psi_P(\text{cut})|$。

然后，将所有垂直割线 $v \in V_P$ 上 $\psi_P(v)$ 的最大值定义为 $X(P)$。

$$X(P) = \max_{v \in V_P}(\psi_P(v))$$

类似地，将所有水平割线 $h \in H_P$ 上 $\psi_P(h)$ 的最大值定义为 $Y(P)$。

$$Y(P) = \max_{h \in H_P}(\psi_P(h))$$

$X(P)$ 和 $Y(P)$ 分别是在水平方向（x 轴）和垂直方向（y 轴）上所需布线容量的下界。如果 $X(P) = 10$，那么部分全局垂直割线 x 穿过 10 个水平网段。同样地，如果 $Y(P) = 15$，一些全局垂直割线 y 穿过 15 个垂直网段。可布性的必要但非充分条件是在 x 轴（y 轴）上存在至少 10（15）个水平（垂直）布线轨道。因此，用 $X(P)$ 和 $Y(P)$ 可以评估布局 P 的可布性。

对于某些电路版图类型，如门列阵，其水平和垂直轨道的容量（最大数量）是提前设计好的。布局中的一个优化约束，可布性的必要但非充分条件是要确保 $X(P)$ 和 $Y(P)$ 是在其容量范围内。在标准单元设计的情况下，$X(P)$ 对于水平布线所需要的轨道数给定了一个下限，同理，$Y(P)$ 对于垂直布线所需要的轨道数也给定了一个下限。

为了提高布局 P 的可布性，$X(P)$ 和 $Y(P)$ 必须是最小的。为了改进布局的总线长，分别计算与全局垂直和水平割线相交的数量，并最小化：

$$L(P) = \sum_{v \in V_P} \psi_P(v) + \sum_{h \in H_P} \psi_P(h)$$

例：一个布局的割数。

给定：①模块 $a \sim f$ 及引脚（见右图）的布局 P；②线网 $N_1 \sim N_3$；③全局垂直割线 v_1 和 v_2；④全局水平割线 h_1 和 h_2。

$$N_1 = (a_1, b_1, d_2) \qquad N_2 = (c_1, d_1, f_1) \qquad N_3 = (e_1, f_2)$$

任务：根据 RMST 模型来确定布局 P 的割数 $X(P)$ 和 $Y(P)$。

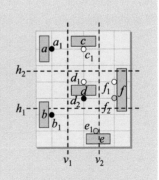

解：找出每个全局割线的割值：

$$\psi_P(v_1) = 1 \qquad \psi_P(v_2) = 2$$

$$\psi_P(h_1) = 3 \qquad \psi_P(h_2) = 2$$

找出 P 中所有相交的总数量：

$$\psi_P(v_1)+\psi_P(v_2)+\psi_P(h_1)+\psi_P(h_2)=1+2+3+2=8$$

找出割数：

$$X(P)=\max(\psi_P(v_1),\psi_P(v_2))=\max(1,2)=2$$

$$Y(P)=\max(\psi_P(h_1),\psi_P(h_2))=\max(3,2)=3$$

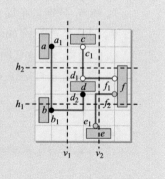

可以看到，当将模块 b 从（0，0）移动到（0，1）时，其相交的数量从 8 减少到 6。也将 $\psi_P(h_1)$ 的数量从 3 减少到 1，且使 $Y(P)=2$，从而减少了局部拥塞。

4. 布线拥塞度

布局 P 的布线拥塞度可以用密度来表示，即布线所需要的轨道数与可提供的轨道数的比值。例如，一个布线通道有可用的水平布线轨道，而一个开关盒有可以用的垂直和水平轨道（见图 4.5）。对于门阵列设计，由于布线的轨道数是固定的，因此拥塞的定义特别重要（见 5.3 节）。

对于一个给定的布局 P，拥塞可以用穿过每个独立布线区域边界的线网数量来估算。形式上，在两个相邻网格单元⊖之间的边 e 的局部线网密度 $\varphi_P(e)$ 为

$$\varphi_P(e)=\frac{\eta_P(e)}{\sigma_P(e)}$$

式中，$\eta_P(e)$ 是穿过 e 的线网数；$\sigma_P(e)$ 是穿过 e 的最大线网数。如果 $\varphi_P(e)>1$，则估计穿过 e 的线网数太多，使 P 变得不可布。P 的线网密度是

$$\Phi(P)=\max_{e\in E}(\varphi_P(e))$$

式中，E 是所有边的集合。如果 $\Phi(P)\leqslant 1$，那么该设计被估计为完全可布的；如果 $\Phi(P)>1$，那么布线需要绕开部分线网而选择拥塞小的边，但是在一些情况下，这是不可能的。因此，拥塞驱动的布局是为了寻求最小化 $\Phi(P)$。

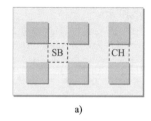

a)

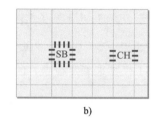

b)

图 4.5　a）一个开关盒 SB 和一个通道 CH；b）SB 和 CH 是在带有布线容量的网格上，由网格元胞所表示的

⊖　边表示两个区域（例如，开关盒或通道）之间或两条割线之间的边界。

例：一个布局的线网密度。

给定：①模块 $a \sim f$ 及其引脚（右）的布局 P；②线网 $N_1 \sim$ N_3；③局部垂直割线 $v_1 \sim v_6$；④局部水平割线 $h_1 \sim h_6$；⑤对所有局部割线 $e \in E$，$\sigma_P(e) = 3$。

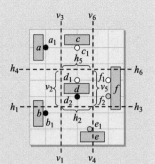

$$N_1 = (a_1, b_1, d_2)$$
$$N_2 = (c_1, d_1, f_1)$$
$$N_3 = (e_1, f_2)$$

任务：计算线网密度 $\Phi(P)$ 且用 RMST 模型确定 P 的可布性。

解：下面是多个可能解中的一个，$\Phi(P)$ 依赖于 $N_1 \sim N_3$ 的布线方式。

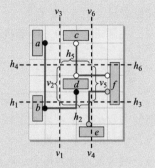

水平边：	垂直边：
$\eta_P(h_1) = 1$	$\eta_P(v_1) = 1$
$\eta_P(h_2) = 2$	$\eta_P(v_2) = 0$
$\eta_P(h_3) = 0$	$\eta_P(v_3) = 0$
$\eta_P(h_4) = 1$	$\eta_P(v_4) = 0$
$\eta_P(h_5) = 1$	$\eta_P(v_5) = 2$
$\eta_P(h_6) = 0$	$\eta_P(v_6) = 0$

最大值 $\eta_P(e) = 2$。

$\Phi(P) = \max(\eta_P(e)/\sigma_P(e)) = 2/3$。因为 $\Phi(P) \leqslant 1$，所以布局 P 被认为是可布的。

5. 信号时延

对于给定的设计，布局的总线长对时钟频率的影响最大，最大时钟频率主要依赖于线网（线）时延和门时延。在早期的工艺下，门时延是电路时延的主要部分。但是在当前工艺下，由于工艺尺寸的降低，线时延成为全局路径时延中非常大的一部分。

电路时序通常用静态时序分析法（STA）（见 8.2.1 节）进行验证，静态时序分析是对线时延和门时延进行估算。常见的术语包括实际到达时间（AAT）和需求到达时间（RAT），可对电路中每个节点 v 进行估算。AAT(v) 表示一个节点 v 从时钟周期开始最长的传输时间。RAT(v) 表示在给定的时钟周期内，使电路正常工作，需要传输到节点 v 的时间。在满足约束（最大路径时延）的条件下，使芯片正常工作，需要 AAT(v) $\leqslant$ RAT(v)。

4.3　全局布局

回顾一下，全局布局是将位置分配给可移动的对象，然后是详细的布局（见 4.4 节），它细微调整对象的位置使其合法，从而满足模块非重叠的约束。

关于全局布局的技术概括如下（见图 4.6）。在基于划分的算法中，根据割边的代价函数，网表和版图分别被划分为小的子网表和子区域。这个过程不断重复直到每个子网表和子区域足够得小，从而可以进行优化。最小割布局就是利用这种方法（见 4.3.1 节）。

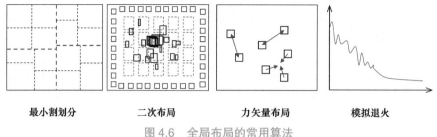

|最小割划分|二次布局|力矢量布局|模拟退火|

图 4.6 全局布局的常用算法

解析技术是将布局问题用一个目标（代价）函数来建模，采用数学分析法对这个目标函数进行最大或最小优化。目标函数可能是二次的或非凸函数。解析技术的例子包括二次布局和力矢量布局（见 4.3.2 节）。

在随机算法中，用随机移动来优化代价函数。模拟退火法就是一个例子（见 4.3.3 节）。

4.3.1 最小割布局

在 20 世纪 70 年代后期，Breuer[1] 研究了最小割布局，它利用划分算法将网表和版图区域划分为较小的子网表和子区域。子网表和子区域重复划分为均匀的更小部分，直到每个子区域包含少量的元胞。理论上，每个子区域被分配了原始网表的一部分。但是，当实现最小割布局时，网表被划分为每个子区域拥有它自己唯一（引出的）的子网表。

每个割采用启发式方法使割网数最小化（见 4.2 节）。最小化割网数的标准算法是 Kernighan-Lin（KL）算法（见 2.4.1 节）和 Fiduccia-Mattheyses（FM）算法（见 2.4.3 节）。

最小割算法

输入：网表 Netlist，版图面积 LA，每个区域元胞的最少个数 cells_min

输出：布局 P

```
1  P = ∅
2  regions = ASSIGN(Netlist,LA)        // 分配网表到版图区域
3  while (regions != ∅)                 // 当区域没有被布置时
4    region = FIRST_ELEMENT(regions)   // regions 中的第一个元件
5    REMOVE(regions, region)           // 删除 regions 中的第一个元件
6    if (region contains more than cell_min cells)
7      (sr₁, sr₂) = BISECT(region)     // 将 region 划分为两个子区域
                                        // sr₁ 和 sr₂，得到子网表和子区域

8      ADD_TO_END(regions, sr₁)         // 将 sr₁ 添加到 regions 的最后
9      ADD_TO_END(regions, sr₂)         // 将 sr₂ 添加到 regions 的最后
10   else
11     PLACE(region)                    // 布置 region
12     ADD(P, region)                   // 将 region 添加到 P
```

最小割优化是迭代执行的，每次一条割线。即在当前子区域中，对当前子网表采用启发式方法寻找最小割边。理想地，该算法应该直接优化 $X(P)$、$Y(P)$ 和 $L(P)$ 等布局参数（见 4.2 节）。但是，特别是对大规模设计，它在计算上是不可实现的。而且，即使每个割边是最优的，最终的解也未必是最优的。因此，算法迭代地优化最小化割数，即在第一个（水平）割边 cut_1 上最小化割数，然后再在第二个（垂直）割边 cut_2 上最小化割数，以此类推。

$$\text{minimize}(\psi_P(cut_1)) \rightarrow \text{minimize}(\psi_P(cut_2)) \rightarrow \cdots \rightarrow \text{minimize}(\psi_P(cut_{|Cuts|}))$$

设 Cuts 为在版图区域内所产生的割线的集合。cut_1，cut_2，$\cdots$，$cut_{|Cuts|}$ 表示割边形成的顺序。划分版图可能采用的方法包括割方向的交替和重复。

如果用交替法进行划分，该算法是通过不断交换垂直和水平的割线来划分版图。在图 4.7a 中，水平割线 cut_1 首先将区域划分为两部分。然后，画出两条垂直割线 cut_{2a} 和 cut_{2b}，一个（cut_{2a}）在上半部分而另一个（cut_{2b}）在下半部分。每个新产生的区域再次被一分为二，得到 4 根水平割线 $cut_{3a} \sim cut_{3d}$，然后再次被 8 根垂直割线 $cut_{4a} \sim cut_{4h}$ 划分。这个方法适用于版图区域中心线网密度高的标准单元设计中。

如果采用割方向重复法，版图只用垂直（水平）割线划分，直到每个列（行）达到标准单元的宽度（长度）为止。然后，布局被正交的割集划分，即如果是水平割线，则首先用来生成行，而垂直割线则用来将所有行划分到列中。在图 4.7b 中，水平割 cut_1 将区域一分为二。然后 cut_{2a} 和 cut_{2b} 将区域分成 4 行。下一步，产生 4 个垂直割线 $cut_{3a} \sim cut_{3d}$，接着，形成 8 条垂直割边 $cut_{4a} \sim cut_{4h}$。这个方法通常会产生更长的线长度，因为分支区域的方向因子之间是比较远的。例如，当 cut_{3a} 平分分支网表时，只有很小的关于在其他分支区域中邻接标准单元 x 轴的信息。

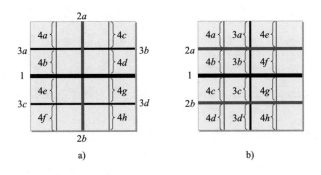

a)　　　　　　　　　　　　b)

图 4.7　用不同的割线方法划分一个区域：a）采用交替割线；b）采用重复割线

例：用 KL 算法的最小割布局。

给定：①包括门 $a \sim f$（左图）的电路，②$2 \times 4$ 版图（右图），③初始垂直割线 cut_1。

任务：用交替割线法和 KL 算法找出一个具有最小线长的布局。

解：在垂直割线 cut_1 后，$L = \{a, b, c\}$，$R = \{d, e, f\}$。用 KL 算法划分。

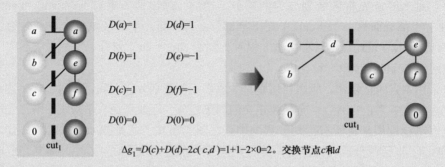

$D(a)=1$	$D(d)=1$
$D(b)=1$	$D(e)=-1$
$D(c)=1$	$D(f)=-1$
$D(0)=0$	$D(0)=0$

$\Delta g_1 = D(c) + D(d) - 2c(c,d) = 1 + 1 - 2 \times 0 = 2$。交换节点 c 和 d

在水平割线 cut_{2L} 后，$T = |a,d|, B = |b|$　　　　在水平割线 cut_{2R} 后，$T = |c, e|, B = |f|$

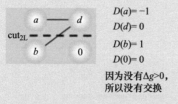

$D(a) = -1$
$D(d) = 0$
$D(b) = 1$
$D(0) = 0$

因为没有 $\Delta g > 0$，
所以没有交换

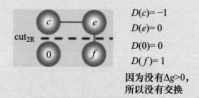

$D(c) = -1$
$D(e) = 0$
$D(0) = 0$
$D(f) = 1$

因为没有 $\Delta g > 0$，
所以没有交换

做 4 个垂直割线 cut_{3TL}、cut_{3TR}、cut_{3BL} 和 cut_{3BR}，因为每个区域都只有一个节点，所以算法终止。

在考虑外部引脚后（没画出），最终的布局是

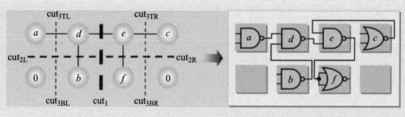

例：基于 FM 算法的最小割布局。

给定： ①具有门 $a \sim g$ 的电路（左图），②门的面积，③长宽比例因子 $r = 0.5$，④有垂直割线 cut_1 的初始划分，⑤一个 2×4 的版图（右图）。

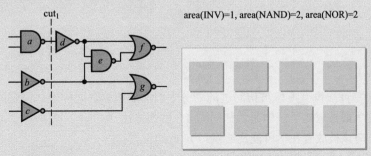

area(INV)=1, area(NAND)=2, area(NOR)=2

任务： 用交替割线法和 FM 算法，找出一个有最小线长的布局。

解： 初始垂直割线 cut_1：$L = \{a, b, c\}$，$R = \{d, e, f, g\}$。

平衡准则：$0.5 \times 11 - 2 = 3.5 \leqslant area(L) \leqslant 0.5 \times 11 + 2 = 7.5$

迭代 1：

门 a、b、c 和 g 有最大增益 $\Delta g_1 = 1$。

a、b、c 违背了平衡准则：$area(L) < 3.5$。

g 符合平衡准则：$area(L) = 6$。

移动门 g。

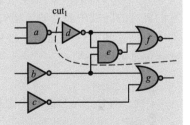

迭代 2：

门 a 有最大增益 $\Delta g_2 = 1$，$area(L) = 4$，符合平衡准则。

移动门 a（导致 Δg 为负的步骤被省略）。

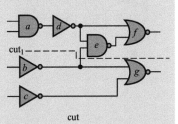

最大正增益 $G_2 = \Delta g_1 + \Delta g_2 = 2$。

在割线 cut_1 后，$L = \{a, d, e, f\}$，$R = \{b, c, g\}$，割边代价 = 1。

在割线 cut_{2T} 后，$T = \{a, d\}$，$B = \{e, f\}$，割边代价 = 1。

在割线 cut_{2B} 后，$T = \{c\}$，$B = \{b, g\}$，割边代价 = 1。

做出另外 3 条割线 cut_{3TL}、cut_{3TR}、cut_{3BR}，这样每个子区域都有一个门。

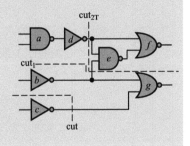

在考虑外部引脚后，最终的布局是

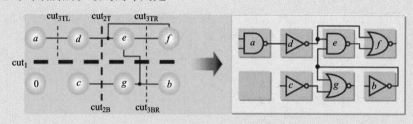

基本的最小割算法没有考虑被访问过的划分中引脚的位置。同样地，固定的位置和外部引脚的连接（焊盘）都被忽略了。但是，如同图 4.8 里面描述的一样，元胞 a 应该被放置在尽可能离终端口 p' 近的位置。

由 Dunlop 和 Kernighan[9] 对其进行形式化后，在基于划分的布局中，端口传播考虑了外部引脚的位置。在最小割布局中，外部连接由割线上的人为连接节点和超图中的伪节点表示。这些连接点的位置对布局代价函数产生影响，从而影响了最终的元胞布局结果。

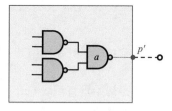

图 4.8　元胞 a 的放置靠近端点 p'，p' 表示到划分的一种连接

有外部连接的最小割布局假设每个元胞分别被布置在它们各自的区域中心。如果相关的连接（伪节点）临近下一个划分割线，在做下一个割线时则不用考虑这些节点。Dunlop 和 Kernighan 对临近做了定义，如果投影到第三个区域的中部，则该临近是被割的[9]。

例：有外部连接的最小割布局。
给定： 电路中的门 $a \sim d$（右图）。
任务： 将门布置到一个 2×2 的网格中。

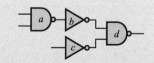

解： 用节点 $a \sim d$ 来表示门 $a \sim d$。划分成 L 和 R。划分代价 $= 1$。

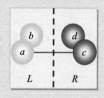

由于连接线 x 接近新的水平割线（假设节点被放置在各自划分的中心），因此把 L 划分为 TL 和 BL 与 R 无关的两个独立部分。

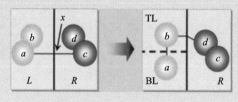

由于连接线 x 不靠近割线，因此依靠 L 将 R 划分为 TR 和 BR。伪节点 p' 的添加表示节点 d 移动到网格 TR，节点 c 移动到网格 BR，这样 TR—BR 的划分代价 $= 1$。

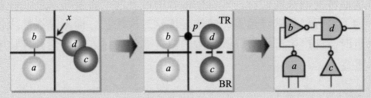

注意到没有 p'，将 c 摆放到 TR 和 d 摆放到 BR 的代价仍然是 1，但是考虑到 L 后总的代价变成了 2。

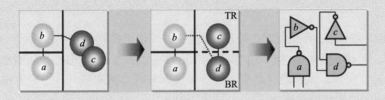

如果一个线网 net 穿过划分区域，它的所有引脚，包括在区域之外的，都必须被考虑到。构造一棵包括了所有区域外引脚的直线 Steiner 最小树（RSMT）（见 4.2 节）。这棵树穿过的区域边界的点包括线网 net 的伪节点 p'。如果 p' 接近一条割线，那么它在划分时被忽略。否则，它会在划分时和包括在区域中的元胞一起考虑到。

例：考虑划分区域外部引脚的最小割布局。
给定： ①版图区域（右图），②具有三个不在划分区域内的引脚 $a \sim c$ 的线网 N_1
任务： 说明引脚 $a \sim c$。

解： 用引脚 $a \sim c$ 构造一棵直线 Steiner 最小树（RSMT）。标出这棵树穿过版图区域的所有伪节点 $p_a' - p_c'$。

如果做一个垂直割线 cut_V，因为它接近割线，所以忽略 p_b'，而认为 p_a' 和 p_c' 为真实的节点。如果做一个水平割线 cut_H，则忽略 p_c'，p_a' 和 p_b' 被当作真实的节点。

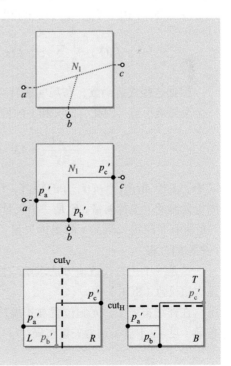

4.3.2 解析布局

解析布局优化给定的目标，如线长或电路时延最小化，采用了如数值分析或线性规划等数学技术。这些方法通常要做某些假设，如目标函数的可导性或将要布局的元件看作无大小的点来处理。例如，为了进行局部求导运算，常常是优化二次线长，而不是线性线长。当这些算法将元胞摆放得太近时，即产生了重叠，则元胞的位置必须通过专用的后处理技术，拉开它们的距离，从而消除重叠。

1. 二次布局

欧几里得距离的二次方

$$L(P) = \frac{1}{2} \sum_{i=1, j=1}^{n} c(i, j)[(x_i - x_j)^2 + (y_i - y_j)^2]$$

式中，n 是元胞总数；$c(i, j)$ 是元胞 i 和 j 之间连接的代价。该式作为代价函数。如果元胞 i 和 j 是没有连接的，则 $c(i, j) = 0$。$(x_i - x_j)^2$ 和 $(y_i - y_j)^2$ 两项分别为 i 和 j 中心之间的水平距离的二次方和垂直距离的二次方。该式隐含的表示将所有线网分解为两端线网。二次方增强了长连接的最小化，这会对时序产生消极影响。

二次布局包括两个阶段。在全局布局中（第一阶段），依据元胞的中心，对元胞进行布局以便使二次函数最小。注意到这种布局是不合理的。元胞常常集中在有许多元胞重叠的大的结群中。在详细布局中（第二阶段），这些大的结群被打散，从而使所有的单元原来的重叠被消除。即详细布局将所有元胞位置合法化并产生一个高质量的、无重叠的布局。

在全局布局中，每个维度被单独考虑。因此，代价函数 $L(P)$ 可以被分为 x 和 y 两个部分

$$L_x(P) = \frac{1}{2} \sum_{i=1, j=1}^{n} c(i, j)(x_i - x_j)^2 \quad \text{和} \quad L_y(P) = \frac{1}{2} \sum_{i=1, j=1}^{n} c(i, j)(y_i - y_j)^2$$

根据这些代价函数，布局问题转变为一个凸二次优化问题。凸意味着任何局部最小解也是一个全局最小解。因此，设 x 和 y 的偏导数 $L_x(P)$ 和 $L_y(P)$ 为 0，求出优化的 x 和 y 的坐标，即

$$\frac{\partial L_x(P)}{\partial X} = AX - b_x = 0 \quad \text{和} \quad \frac{\partial L_y(P)}{\partial Y} = AX - b_y = 0$$

式中，A 是 $A[i][j] = -c(i, j)$ 的矩阵，$i \neq j$，$A[i][i] = $ 与元胞 i 相连的总连接权重；X 是所有非固定元胞的 x 坐标矢量；b_x 是一个矢量，其中 $b_x[i] = $ 所有连接到 i 的固定元胞的 x 坐标的总和；Y 是所有非固定元胞的 y 坐标矢量；b_y 是一个矢量，其中 $b_y[i] = $ 所有连接到 i 的固定元胞的 y 坐标的总和。

这是一个用迭代数值方法求解线性方程的系统。已知的方法包括共轭梯度（CG）法[26] 和逐次超松弛（SOR）法。

在详细布局中，元胞位置被扩展从而消除所有重叠。已知的方法包括已经描述过的最小割布局（见 4.3.1 节）和力矢量布局[10]。

例：二次布局。

给定：①有两个固定点 $p_1(100, 175)$ 和 $p_2(200, 225)$ 的
布局 P，②3 个自由模块 $a \sim c$，③4 个线网 $N_1 \sim N_4$：

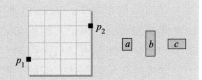

$$N_1(p_1, a) \quad N_2(a, b) \quad N_3(b, c) \quad N_4(c, p_2)$$

任务：找到模块 (x_a, y_a)，(x_b, y_b) 和 (x_c, y_c) 的坐标。

解：求解 x 坐标：

$$L_x(P) = (100 - x_a)^2 + (x_a - x_b)^2 + (x_b - x_c)^2 + (x_c - 200)^2$$

$$\frac{\partial L_x(P)}{x_a} = -2(100 - x_a) + 2(x_a - x_b) = 4x_a - 2x_b - 200 = 0$$

$$\frac{\partial L_x(P)}{x_b} = -2(x_a - x_b) + 2(x_b - x_c) = -2x_a + 4x_b - 2x_c = 0$$

$$\frac{\partial L_x(P)}{x_c} = -2(x_b - x_c) + 2(x_c - 200) = -2x_b + 4x_c - 400 = 0$$

给出矩阵形式 $AX = b_x$：

$$\begin{bmatrix} 4 & -2 & 0 \\ -2 & 4 & -2 \\ 0 & -2 & 4 \end{bmatrix} \begin{bmatrix} x_a \\ x_b \\ x_c \end{bmatrix} = \begin{bmatrix} 200 \\ 0 \\ 400 \end{bmatrix} \rightarrow \begin{bmatrix} 2 & -1 & 0 \\ -1 & 2 & -1 \\ 0 & -1 & 2 \end{bmatrix} \begin{bmatrix} x_a \\ x_b \\ x_c \end{bmatrix} = \begin{bmatrix} 100 \\ 0 \\ 200 \end{bmatrix}$$

求解　X：$x_a = 125$，$x_b = 150$，$x_c = 175$。

求解 y 坐标：

$$L_y(P) = (175 - y_a)^2 + (y_a - y_b)^2 + (y_b - y_c)^2 + (y_c - 225)^2$$

$$\frac{\partial L_y(P)}{y_a} = -2(175 - y_a) + 2(y_a - y_b) = 4y_a - 2y_b - 350 = 0$$

$$\frac{\partial L_y(P)}{y_b} = -2(y_a - y_b) + 2(y_b - y_c) = -2y_a + 4y_b - 2y_c = 0$$

$$\frac{\partial L_y(P)}{y_c} = -2(y_b - y_c) + 2(y_c - 225) = -2y_b + 4y_c - 450 = 0$$

给出 $AY = b_y$ 的矩阵形式：

$$\begin{bmatrix} 4 & -2 & 0 \\ -2 & 4 & -2 \\ 0 & -2 & 4 \end{bmatrix} \begin{bmatrix} y_a \\ y_b \\ y_c \end{bmatrix} = \begin{bmatrix} 350 \\ 0 \\ 450 \end{bmatrix} \rightarrow \begin{bmatrix} 2 & -1 & 0 \\ -1 & 2 & -1 \\ 0 & -1 & 2 \end{bmatrix} \begin{bmatrix} y_a \\ y_b \\ y_c \end{bmatrix} = \begin{bmatrix} 175 \\ 0 \\ 225 \end{bmatrix}$$

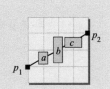

求解　Y：$y_a = 187.5$，$y_b = 200$，$y_c = 212.5$。

最终解：$a(125, 187.5)$，$b(150, 200)$ 和 $c(175, 212.5)$

2. 力矢量布局

在力矢量布局中，元胞和连接线采用力学中的质点弹簧系统来建模，如连接到 Hooke's-Law 弹簧的质点。每个元胞运动会吸引其他元胞，其中吸引力与距离成比例。如果质点弹簧系统中的所有物体都可以自由移动，那么所有物体最后会达到一个力平衡状态。联想到电路布局中，如果所有元胞到达它们的平衡位置，线长将得到最小化。因此，目标是将所有的元胞摆放到一个力平衡的位置上。

在 20 世纪 70 年代后期，Quinn[23] 提出了力矢量布局方法，它是二次布局的一个特殊情况。一个可伸展的 Hooke's-Law 弹簧在元胞 a 和 b 之间的势能与 a 和 b 之间的欧几里得距离的二次方是成比例的。此外，在一个元胞 i 上的弹力是势能在 i 的位置上的偏导数。这样确定元胞的最小势能位置等价于最小化欧几里得距离二次方和。

给定两个连接的元胞 a 和 b，由 b 施加到 a 上的吸引力 $\vec{F}_{ab}$ 等于

$$\vec{F}_{ab} = c(a,b) \cdot (\vec{b} - \vec{a})$$

式中，$c(a, b)$ 是 a 和 b 之间的连接权重（优先级）；$(\vec{b} - \vec{a})$ 是 a 和 b 在欧几里得平面上的位置矢量差。因此施加到元胞 i 上且 i 连接到其他元胞 j 上的力的总和等于（见图 4.9）

$$\vec{F}_i = \sum_j \vec{F}_{ij}$$

并且力最小化的位置被称为零力目标（ZFT）。

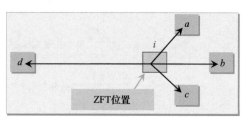

$$\min \vec{F}_i = c(i,a) \cdot (\vec{a-i}) + c(i,b) \cdot (\vec{b-i})$$
$$+ c(i,c) \cdot (\vec{c-i}) + c(i,d) \cdot (\vec{d-i})$$

图 4.9　元胞 i 的 ZFT 位置，i 连接了 4 个元其他元胞 $a \sim d$

利用这个公式，有两种可能的扩展。第一，除了吸引力，在整个版图上（对于一个平衡布局），考虑给无连接的元胞添加排斥力从而防止重叠。这些力构成一个线性方程系统，像解决二次布局一样，可以用解析技术来有效地求解。第二，对于每个元胞，都有一个理想的最小能量（ZFT）位置。通过迭代地移动每个单元或交换元胞到这个位置（如果位置已经被占据了，那么可以是该位置的附近），这样可以得到逐步的改善。最后，所有元胞都会出现在具有最小力平衡的位置上。

3. 基本力矢量布局算法

力矢量布局算法迭代地移动所有元胞到它们各自的 ZFT 位置。为了找到元胞 i 的 ZFT 位置 (x_i^0, y_i^0)，必须考虑影响 i 的所有力。因为 ZFT 距离是最小化 i 的力，所以在 x 方向和 y 方向的力都为 0。

$$\sum_j c(i,j) \cdot (x_j^0 - x_i^0) = 0 \quad \text{和} \quad \sum_j c(i,j) \cdot (y_j^0 - y_i^0) = 0$$

通过变换变量来求解 x_i^0 和 y_i^0：

$$x_i^0 = \frac{\sum_j c(i,j) \cdot x_j^0}{\sum_j c(i,j)} \quad \text{和} \quad y_i^0 = \frac{\sum_j c(i,j) \cdot y_j^0}{\sum_j c(i,j)}$$

利用这些方程，元胞 i 连接到其他元胞 j 的 ZFT 位置可以被计算出来。

例：ZFT 位置。

给定：①有 NAND 门 a（元胞）的电路（左图）；②四个 I/O 焊点 In1～In3 和 Out 以及它们的位置；③一个 3×3 版图的网格（右图）；④带权的连接。

In1(2, 2)　In2(0, 2)　In3(0, 2)　Out(2, 0)

$c(a, \text{In1}) = 8$　　　　$c(a, \text{In2}) = 10$

$c(a, \text{In3}) = 2$　　　　$c(a, \text{Out}) = 2$

任务：找出元胞 a 的 ZFT 位置。

解：

$$x_a^0 = \frac{\sum_j c(a, j) \cdot x_j^0}{\sum_j c(a, j)}$$

$$= \frac{c(a, \text{In1}) \cdot x_{\text{In1}} + c(a, \text{In2}) \cdot x_{\text{In2}} + c(a, \text{In3}) \cdot x_{\text{In3}} + c(a, \text{Out}) \cdot x_{\text{Out}}}{c(a, \text{In1}) + c(a, \text{In2}) + c(a, \text{In3}) + c(a, \text{Out})}$$

$$= \frac{8 \times 2 + 10 \times 0 + 2 \times 0 + 2 \times 2}{8 + 10 + 2 + 2} = \frac{20}{22} \approx 0.9$$

$$y_a^0 = \frac{\sum_j c(a, j) \cdot y_j^0}{\sum_j c(a, j)}$$

$$= \frac{c(a, \text{In1}) \cdot y_{\text{In1}} + c(a, \text{In2}) \cdot y_{\text{In2}} + c(a, \text{In3}) \cdot y_{\text{In3}} + c(a, \text{Out}) \cdot y_{\text{Out}}}{c(a, \text{In1}) + c(a, \text{In2}) + c(a, \text{In3}) + c(a, \text{Out})}$$

$$= \frac{8 \times 2 + 10 \times 2 + 2 \times 0 + 2 \times 0}{8 + 10 + 2 + 2} = \frac{36}{22} \approx 1.6$$

元胞 a 的 ZFT 位置在 (1, 2)。

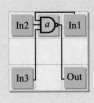

下面给出力矢量布局的总体结构。

力矢量布局算法

输入： 所有元胞 V 的集合

输出： 布局 P

1	$P = \text{PLACE}(V)$	// 任意初始布局
2	$loc = \text{LOCATIONS}(P)$	// 为每个P中的元胞设定
3	**foreach** (cell $c \in V$)	坐标
4	$status[c] = \textit{UNMOVED}$	
5	**while** ($\text{ALL\_MOVED}(V)$ || $!\text{STOP}()$)	// 直到所有的元胞都被移动
		过或满足停止的准则
6	$c = \text{MAX\_DEGREE}(V, status)$	// 没有移动过的元胞中有大
		量连接数的
7	$ZFT\_pos = \text{ZFT\_POSITION}(c)$	// c的ZFT位置
8	**if** ($loc[ZFT\_pos] == \emptyset$)	// 如果位置被占据
9	$loc[ZFT\_pos] = c$	// 移动c到它的ZFT位置
10	**else**	
11	$\text{RELOCATE}(c, loc)$	// 用下面将要讨论的方法标
12	$status[c] = \textit{MOVED}$	记c

以一个初始布局开始（行 1），算法选择具有最大的连接数且没被移动过的元胞 c（行 6）。然后计算 c 的 ZFT 位置（行 7）。如果这个位置没被占用，那么把 c 移动到这个位置（行 8 ~ 9）。否则，会根据下面讨论的几个方法来移动 c（行 10 ~ 11）。这个过程一直继续直到达到停止准则或所有元胞都被考虑过（行 5 ~ 12）。

4. 给被占据了 ZFT 位置的元胞寻找它的有效位置

设 p 为要进入的元胞，q 为当前在 p 的 ZFT 位置的元胞。如何安排 p 和 q 有以下 4 种选择。

1）如果可能，将 p 移动到靠近 q 的位置。

2）如果 q 和 p 被交换后，计算它们的代价差。如果总代价减少了，即连接长度 $L(P)$ 的权重较小，则交换 p 和 q。

3）链移动：元胞 p 移动到元胞 q 的位置。元胞 q 依次移动到下一个位置。如果元胞 r 占据在这个位置上，则元胞 r 被移动到下一个位置。这个过程一直持续到所有受到影响的元胞都被摆放好。

4）波状移动：元胞 p 移动到元胞 q 的位置。重新计算元胞 q 的新 ZFT 位置（下面讨论）。重复这个波状操作直到所有元胞被摆放好。

例：力矢量布局。

给定： ①模块 $b_1 \sim b_3$ 的布局（右图）以及②线网 N_1 和 N_2 的权重。

$$N_1 = (b_1, b_3) \quad N_2 = (b_2, b_3) \quad c(N_1) = 2 \quad c(N_2) = 1$$

任务： 用矢量布局来找到一种启发式最小线长布局。

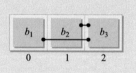

解： 考虑元胞 b_3。

$$b_3 = x_{b_3}^0 = \frac{\sum_j c(b_3, j) \cdot x_j^0}{\sum_j c(b_3, j)} = \frac{2 \times 0 + 1 \times 1}{2 + 1} \approx 0,\ b_3 \text{ 的 ZFT 位置被元胞 } b_1 \text{ 占据。}$$

移动之前的 $L(p) = 5$，移动之后的 $L(p) = 5$。元胞 b_3 和 b_1 没有进行交换。

考虑元胞 b_2。

$$b_2 = x_{b_2}^0 = \frac{\sum_j c(b_2, j) \cdot x_j^0}{\sum_j c(b_2, j)} = \frac{1 \times 2}{1} \approx 2,\ b_2 \text{ 的 ZFT 位置被元胞 } b_3 \text{ 占据。}$$

移动之前的 $L(p) = 5$，移动之后的 $L(p) = 3$。元胞 b_2 和 b_3 没有进行交换。

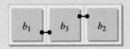

5. 具有波状移动的力矢量布局

在具有波状移动的力矢量布局中[29]，根据元胞的连接度进行降序排列（行 1 ~ 3）。在每次迭代中（行 4），表（候选元胞 seed）中下一个元胞的 ZFT 位置（行 9）被计算出来。如果位置是自由的，seed 则移动到这个位置上（行 12 ~ 17）。如果该位置被占据了，且占据者还没被移动过，则占据者向下移动。为了避免无限循环，一旦一个元胞被移动过，就用 LOCKED 标记它使其不能被移动，直到下一次迭代（行 18 ~ 40）开始。

具有波状移动的力矢量布局算法

输入： 所有元胞的集合 V

输出： 每个元胞 pos 的位置

```
1   foreach (cell c ∈ V)
2     degree[c] = CONNECTION_DEGREE(c)     // 计算连接度

3   L = SORT(V, degree)                    //  根据度进行降序排列

4   while (iteration_count < iteration_limit)
5     end_ripple_move = false
6     seed = NEXT_ELEMENT(L)               // L 中的下一个元胞
7     pos_type[seed] = VACANT              // 位置类型为 VACANT
8     while (end_ripple_move == false)
9       curr_pos = ZFT_POSITION(seed)
10      curr_pos_type = ZFT_POSITION_TYPE(seed)
11      switch (curr_pos_type)
12      case VACANT:
```

```
13      pos[seed] = MOVE(seed,curr_pos) // 移动 seed 到 curr_pos
14      pos_type[seed] = LOCKED
15      end_ripple_move = true
16      abort_count = 0
17    break
18    case LOCKED:
19      pos[seed] = MOVE(seed,NEXT_FREE_POS())
20      pos_type[seed] = LOCKED
21      end_ripple_move = true
22      abort_count = abort_count + 1
23      if (abort_count > abort_limit)
24       foreach (pos_type[c] == LOCKED)
25        pos_type[c] == OCCUPIED
26       iteration_count = iteration_count + 1
27    break
28    case SAME_AS_PRESENT_LOCATION:
29      pos_type[seed] = LOCKED
30      end_ripple_move = true
31      abort_count = 0
32    break
33    case OCCUPIED:                    // 占据但是没被锁定
34      prev_cell = CELL(curr_pos)      // 在 ZFT 位置的元胞
35      pos[seed] = MOVE(seed,curr_pos)
36      pos_type[seed] = LOCKED
37      seed = prev_cell
38      end_ripple_move = false
39      abort_count = 0
40    break
```

在每次迭代中，设定不能被摆放在其 ZFT 位置（abort_limit）的元胞数的上界。如果摆放在次优位置上的单元数超过了这个界限，则所有固定元胞都被释放。在新一轮的迭代中，具有连接度高的元胞会被考虑（行 23 ~ 26）。每个元胞都会有四个选择中的一个（行 11 ~ 40）。

1）VACANT：ZFT 位置是自由的。将元胞摆放到这个位置并开始下一次迭代（行 12 ~ 17）。

2）LOCKED：ZFT 位置被占据且是固定的。将元胞摆放到下一个自由的位置并使 abort_count 加 1。如果 abort_count > abort_limit，终止波状移动并从表 L 中的下一个元胞开始（行 18 ~ 27）。

3）SAME_AS_PRESENT_LOCATION：ZFT 位置和当前元胞的位置一样。将元胞摆放在这个位置并考虑 L 中的下一个元胞（行 28 ~ 33）。

4）OCCUPIED：ZFT 位置被一个没锁定的元胞占据着。将元胞摆放到这个位置并移动占据着 ZFT 位置的元胞（行 34 ~ 40）。

只有当 end_ripple_move 是 false 的情况下，内循环（元胞移动）才被调用。注意到当候选元胞 seed 的 ZFT 位置是 VACANT、LOCKED 或 SAME_AS_PRESENT_LOCATION 时，这个标记位被设定为 true。在这些情况中，算法可以移动表中的下一个元胞。直到达到 iteration_ limit 为止，外部循环遍历表 L 并找出每个元胞的最佳 ZFT 位置。

4.3.3 模拟退火

模拟退火（SA）（见 3.5.3 节）是大多数熟知的布局算法的基础。

布局的模拟退火算法

输入： 所有元胞的集合 V

输出： 布局 P

```
1   T = T₀                          // 设置初始温度
2   P = PLACE(V)                     // 任意初始布局
3   while (T > T_min)
4    while (!STOP())                 // 没达到平衡温度
5     new_P = PERTURB(P)
6     Δcost = COST(new_P) – COST(P)
7     if (Δcost < 0)                 // 代价改善
8      P = new_P                     // 接受新的布局
9     else                          // 无代价改善
10      r = RANDOM(0,1)              // (0,1)之间随机数量
11     if (r < e^(-Δcost/T))         // 在一定概率下接受
12       P = new_P
13   T = α · T                       // 降低 T, 0 < α < 1
```

从一个初始布局（行 2）开始，通过对当前布局进行扰动（行 5），PERTURB 函数产生一个新的布局 new_P。Δcost 记录了先前布局 P 和 new_P 之间的代价差（行 6）。如果代价改善了，即 Δcost < 0，则接受 new_P（行 7 ~ 8）。否则，new_P 在一定概率下被接受（行 9 ~ 12）。一旦退火过程在当前温度下"达到平衡"（如在预定次数的移动后），则降低温度。持续这个过程直到 $T \leq T_{min}$。

1. TimberWolf

一个早期的学术软件包，它是由加州大学伯克利分校的 Sechen 开发的，后来得到商业化应用 [27-28]。由网表中所有元胞的宽度，根据目标行的长度，产生一个所有元胞按行排列的初始布局。TimberWolf 给所有宏单元周围分配了额外区域，使布线有足够的区域，并用一个特殊的引脚分配算法来优化任何没有固定在特定位置上的宏单元引脚。最初的 TimberWolf（v.3.2）只优化标准单元的布局，而 I/O 和宏模块都在它们的原始位置。

布局算法包括下面三个阶段：

1）用模拟退火摆放具有最小总线长的标准单元。

2）当必要时，通过引入布线通道，对布局进行全局布线（见第 5 章）。重新计算并最小化总线长。

3）以最小通道高度为目的来局部优化布局。

本节剩下的内容将讨论第一个阶段（布局）。要深入地了解 TimberWolf，请阅读参考文献 [28]。

2. 扰动

PERTURB 函数从当前的一个布局，采用下面操作中之一，生成一个新的布局。

1）MOVE：将一个元胞移动到一个新的位置（另一行）。

2）SWAP：交换两个元胞。

3）MIRROR：将元胞以 y 轴进行翻转，仅用 MOVE 和 SWAP 是不可行的。PERTURB 的范围被限制在大小为 $w_T \times h_T$ 的一个小窗口中（见图 4.10）。对于 MOVE，一个元胞只能在这个窗口内移动。对于 SWAP，只有在以下情况下，两个元胞 $a(x_a, y_a)$ 和 $b(x_b, y_b)$ 可以被交换：

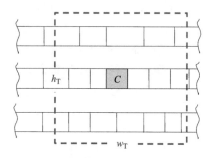

$$|x_a - x_b| \leq w_T \quad 和 \quad |y_a - y_b| \leq h_T$$

窗口大小 (w_T, h_T) 依赖于当前温度 T，并随着温度的下降而变小。下一次迭代的窗口大小是由当前温度 T_{curr} 和下一次迭代的温度 T_{next} 决定的，利用下式确定：

图 4.10　标准元胞 c 周围大小为 $w_T \times h_T$ 的窗口

$$w_{T_{next}} = w_{T_{curr}} \frac{\log(T_{next})}{\log(T_{curr})} \quad 和 \quad h_{T_{next}} = h_{T_{curr}} \frac{\log(T_{next})}{\log(T_{curr})}$$

3. 代价

TimberWolf（v.3.2）中的代价函数被定义为 $\Gamma = \Gamma_1 + \Gamma_2 + \Gamma_3$，是三个参数的和：①估计的总线长 Γ_1；②重叠数 Γ_2；③不等行长度 Γ_3。

Γ_1 的计算为每个线网的半周长线长（HPWL）的总和，HPWL 等于它的水平长度加上垂直长度。要用到每个方向的权重，如水平权重 w_H 和垂直权重 w_V。给出一个优先权重 γ_1，Γ_1 被定义为所有线网 net$\in$Netlist 的总线长和，其中 Netlist 是所有线网的集合。

$$\Gamma_1 = \gamma_1 \sum_{net \in Netlist} w_H(net) \cdot x_{net} + w_V(net) \cdot y_{net}$$

给线网 net 更高的优先权值，则表明优化的重点在减少 net 的线长上。这个权值还可以用于控制方向上，即给特定线网方向上的优先级。在标准单元布局中，贯穿元胞是受限的，低的水平方向的权重 $w_H(net)$ 更偏向于使用水平通道而不是垂直连接。

Γ_2 表示布局中总的元胞重叠量。设 $o(i, j)$ 表示元胞 i 和 j 之间的重叠面积。给出一个优先级权重 γ_2，Γ_2 被定义为所有 i 和 j 之间元胞重叠面积的二次方和。其中 $i \in V$，$j \in V$，$i \neq j$，V 是所有元胞的集合。

$$\Gamma_2 = \gamma_2 \frac{1}{2} \sum_{i \in V, j \in V, i \neq j} o(i, j)^2$$

如果重叠很大，需要进行修正的工作量就比较大，重叠大的在二次形式下更容易受到惩罚。

Γ_3 表示所有行长度 $L(row)$ 的代价，在布局过程中 $L(row)$ 是与目标长度 $L_{opt}(row)$ 相背离的。元胞移动常常导致行长度的变化，从而使行长度与目标长度相背离。在实际中，行长度不均匀会浪费面积并导致布线分布的不平均。这些都可能增加总线长和总拥塞度。给一个优先级因子 γ_3，Γ_3 被定义为所有行 row∈Rows 长度偏差的总和，其中 Rows 是所有行的集合。

$$\Gamma_3 = r_3 \sum_{row \in Rows} |L(row) - L_{opt}(row)|$$

4. 温度降低

温度 T 通过降温因子 α 来降低。这个值是根据经验选择的，常常根据温度变化的范围来确定。退火过程从一个很高的温度开始，如 4×10^6（单位并不重要）。刚开始，温度下降很快（$\alpha \approx 0.8$）。在经过特定次迭代后，温度以一个较慢的速率下降（$\alpha \approx 0.95$），这时布局会进行微调。到最后，温度会再以一个较快的速率降低（$\alpha \approx 0.8$），这与"淬火"的过程一样。TimberWolf 在 $T < T_{min}$ 时结束，$T_{min} = 1$。

5. 内部循环的循环次数

在每个温度下，多次调用 PERTURB 函数来产生新的布局。根据设计的规模，在给定温度下，就是达到平衡的次数。参考文献 [28] 的作者通过实验，确定了在具有大约 200 个元胞的设计中，每个元胞需要 100 次循环，或在每个温度下，运行 2×10^4 次。其他模拟退火方法利用接受率作为一个平衡准则；如 Lam[19] 给出了在目标接受率为 44% 时，能得到不错的结果。

4.3.4 现代布局算法

许多研究者对全局布局算法进行了研究，主流方法被多次修改以解决在商业芯片设计中所出现的新挑战 [7, 21]。本节回顾了关于全局布局的现代算法，下一节会涉及布局的合法化和详细布局，以及不同需求的不同关注点。时序驱动布局将在 8.3 节讨论。

目前所用的全局布局算法可以用解析技术处理非常大的网表，即用数学函数对互连线长进行建模且用数值方法对这些函数进行优化。为了快速找出一个初始布局，标准单元的尺寸和大小最初被忽略了，但是随后会被逐渐考虑到布局优化中，从而避免不均匀的密度或布线拥塞度。两个常见的范例是基于二次和力矢量布局，以及基于非线性优化。前者已经介绍过，它是通过二次函数来寻找近似的线长度，它可以通过解线性方程系统来优化（见 4.3.2 节）。后者采用较复杂的函数来近似互连长度，需要较复杂的数值优化算法 [5, 15-16]。

在两种类型中，二次方法更容易实现，在运行时间上具有更好的伸缩性。非线性方法需要仔细调整来达到数值的稳定性，因此常常比二次方法运行慢很多。但是，非线性方法可以更好地考虑标准单元的形状和大小，特别是宏块，而二次布局需要元胞扩展技术。这两种布局技术都要将网表结群以减少运行时间 [5, 15-16, 32]，在某种意义上这与多级划分的概念类似（见第 2 章）。但是布局中采用结群技术常导致解质量的下降。因此在布局中，考虑运行时间和解质量时，多级技术是否比展平（flat）技术好，这是一个待解决的问题；同理，在划分中也是这样 [6]。

在实际应用中，二次布局具有很大影响的方面包括用图中边的集合来表示多引脚线网（线网模型）；算法扩展的选择；具有二次优化的交错扩展策略。两个常见的线网模型包括团，其中每对引脚是通过一条小权重边连接的；星型，其中每个引脚连接到一个"星点"，从而代表线网（或超图）本身。边代表一个线网，把给定的部分权累加到线网的权中（统一）。具有较少引脚的线网，由于不会引入新的变量，因此团更合适。而对于大规模线网，星型更有用，因为它们只有线性数量的图边 [32]。星点可以是可移动的或被放在邻居的质心（平均位置或重心）。后一种选择在实际中会更好，因为它相当于二次布局中星点的最优位置，且只用了两个变量 (x, y)。一些布局器采用了线性化技术，分配一个常数权重

$$\omega(i, j) = \frac{1}{x_i - x_j}$$

到目标函数中的每个二次项 $(x_i - y_j)^2$ 上。这个权重 $\omega(i, j)$ 的作用是将每个二次线长转化为一个线性线长，因此可以更准确地表示线性长度目标。这些权重被认为是常数，然后在二次优化迭代间进行更新。一个更准确的基于线网模型的布局技术将在参考文献 [31] 中提到。

根据芯片上不同区域元胞密度的估计进行扩展。这些估计可以通过分配可移动目标到一个规则网格的格子中得到，然后将它们的总面积与每个格子所提供的容量进行比较。扩展可以在二次优化后执行，利用位置和几何尺寸的变化组合进行排序 [31]。如密集区域的元胞可以根据它们的 x 坐标进行排序，然后按这个顺序重新布置，从而避免重叠。一个隐含的减少重叠的扩展方法是把一个集合中的所有元胞都限制在一个矩形内，然后做线性比例变化 [17]。

扩展也可以通过增加扩展力，将其直接应用到二次优化中，扩展力可以把密集区域内可移动的目标移出。这些增加的力可以通过假设固定引脚（锚点）和假设在固定引脚与每个标准单元之间的线来建模 [12]。这种集成允许常规的二次布局处理模块之间存在小的重叠的互连线优化问题。FastPlace[32] 首先执行简单的几何缩放，然后在二次优化中用产生的位置作为锚点。扩展和二次优化的这些步骤在 FastPlace 中交叉运行，从而鼓励那些没有和最优互连相冲突的扩展。研究者们也试图改进扩展算法，将其改进为具有足够精确并在二次优化后只被调用一次 [33]。

解析布局可以被扩展到不仅可以优化互连线长度，而且可以优化布线拥塞度 [30]。这个需要对布线拥塞度进行估算，它比较类似于密度估计，同时也要在一个规则网格上进行。拥塞信息可以用与密度估计同样的方法进行扩展。一些研究者用后处理程序来改进给定布局的拥塞性 [20]。

几种现代的以研究为目的的布局器是免费的。到 2022 年，可用的布局器有 APlace[15-16]、Capo[2, 25]、FastPlace 3.0[32]、mPL6[5]、simPL[17] 和 RePlAce[34]。除了 simPL⊖ 外，所有其他工具都有合法化和详细布局工具，从而可以产生合法的高质量的解。

布局器 mPL6 比 FastPlace 慢很多，但是可以找出具有更小总线长的解。Capo，最小割布局器提供了 C++ 的源代码。它的运行时间在 mPL6 和 FastPlace 之间，但是在许多情况下它产生的解在总线长方面不如 FastPlace。然而要实现设计的可布性是困难的，Capo 提供了一个更好的选择来产生一个可布性布局。它在小规模设计（50000 个可移动目标以下）中，尤其是那些具有高密度和许多固定障碍的设计上是具有优势的。后面将提到，有开源许可的 RePlAce 布局器是一种解析和非线性（全局）布局算法，且适用于不同的编译器和操作系统。

⊖　simPL 使用 FastPlace-DP[22] 进行合法化和详细布局。

4.4 合法化和详细布局

全局布局给标准单元和大的电路模块（如宏块）分配了位置。但是这些位置一般不会与电源线连接，这些位置可能有连续的坐标（实数的）而不是离散的坐标。因此全局布局必须是合法的。这些合法的位置在被预先定义的行中有相等的空间，从全局布局中得到的点位置应该尽可能与合法位置对齐（见图 4.11）。

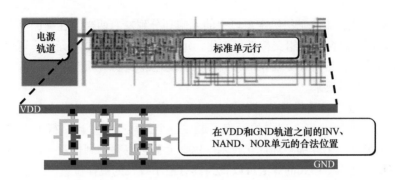

图 4.11　一个详细布局实例。在每个 VDD 和 GND 轨道之间，元胞必须被布置在一个没有重叠的位置上

不仅是在全局布局后，而且在增量式变化（如元胞大小的变化和在物理综合中插入缓冲器）之后（见 8.5 节），合法化都是必要的。对于所有可布置的模块，合法化寻求找出合法的、没有重叠的布局，从而减少对线长、时序和其他设计目标的不利影响。不像全局布局中的"元胞扩展"算法（见 4.3 节），合法化一般假设元胞在版图区域中分布得相当好，而且相互重叠相当小。一旦得到一个合法布局，它可以在给定目标下，采用详细布局技术对布局进行改善，如通过交换相邻元胞来减少总线长或是当没有可使用的空间存在时，移动元胞到行的另一端。一些详细布局器的目标是可布性，一旦一个布局是合法的，其布线拓扑结构就被确定下来。

合法化的一个最简单的和最快速的技术是由 Hill[11] 提出的 Tetris。该技术对元胞按 x 坐标排序并采用贪婪法处理。每个元胞被安置在最近可用的合法位置上，但是不能超出行的范围。在最纯粹的形式下，Tetris 算法有几个显著的缺点：一个是没有对网表进行考虑；另外一个是产生了大量的空白区域。Tetris 算法将元胞排列在版图的一边，如果部分 I/O 焊点被固定在版图的另外一面上，则会使线长或电路时延显著增加。

Tetris 算法有几种变化版本。一种变化是将版图划分成多个区域，然后在每个区域上执行 Tetris 合法化：这避免了与原版本之间有较大的差别。其他则是当为给定元胞找到最佳合法位置时，同时考虑线长 [11]。也有的版本是在两个合法元胞之间插入一些空间，从而避免布线拥塞 [20]。

一些合法化和布局算法是与全局布局算法共同开发的。例如，在最小割布局的情况下，通过优化划分器和在网表被不断划分产生非常小的格子后调用末端（end-case）布局器 [1, 3]。得到的最小格子包含比较少的元胞（4～6 个），采用枚举或分支限界法来得到最佳位置 [4]。对于较大的格子，对划分进行优化（一个格子上有超过 35 个元胞）。一些解析算法采用迭代进行合法化 [31]。在每次迭代中，确定最靠近合法位置的元胞，让其紧靠合法的位置，然后再考虑固定它。在一轮解析布局后，另一组元胞紧靠合法的位置，这个过程持续直到所有元胞都得到合法的位置。

简单且快速的合法化算法的一个常见问题是部分元胞可能经过一段长的距离后，线长显著增加，导致相关线网的时延增加。这个情况可以通过详细布局来缓解。如优化的分支限界布局器[3-4] 可以对行中的相邻元胞重新排列。这样的元胞组常常在一个移动的窗口中；这个优化的布局器对窗口中的元胞重新排列，从而改善总线长（考虑到与窗口外部有固定位置的元胞的连接）。

一个可扩展的优化方法是将给定窗口中的元胞划分到左右两半，在确保每个分组中的块相对顺序不变的同时，将两个分组交替进行优化。每个窗口有多达 20 个元胞，可以在详细布局时进行有效的交替优化，然而分支限界布局一般只能处理最多 11 个元胞[4]。这两种优化方法结合起来使用会产生更好的效果。

有时，线长可以通过重排不相邻的元胞得到改善。例如，连接到一个线网上的一对不相邻元胞可以进行交换[22]，三个这样的元胞可形成一个循环交换。当一行中元胞之间有可用空间时，可以采用另外一个详细布局优化技术。这些元胞可以移动到任意一边，或移动到中间位置。一种时间复杂度为多项式的算法可以找到具有最小线长的最佳位置[14]，它在实际中有很多应用。

在实现的软件中，合法化和详细布局常常是捆绑在一起的，但是有时在全局布局中是独立的。一个例子是 FastPlace-DP[22]（作者提供了二进制可执行程序）。当输入的布局是合法的或只需要少量局部改变时，FastPlace-DP 可以得到好的结果。FastPlace-DP 执行了一系列简单但有效的增量式优化，它能减少几个百分点的互连线长度。在另外一系列工具中有个 ECO-System[24]，它集成了 Capo 布局工具[2, 25]，且采用了更复杂但较慢的优化技术。ECO-System 首先分析了一个给定布局，确定那些元胞重叠很多且需要重新布置的区域。Capo 算法同时应用到每个区域从而确保一致性。Capo 把合法化和详细布局集成到全局最小割布局算法中。因此，即使在初始布局需要很大的改变时，ECO-System 也可以产生一个合法的布局。

其他策略，如线性规划[8] 和动态规划[13] 的使用，都被集成到合法化和详细布局中去了，从而产生了满意的结果。对含有大规模可移动块的混合大小网表的合法化处理，是特别具有挑战性的[8]。

第 4 章练习

练习 1：总线长估计

考虑具有 5 个引脚 $a \sim e$ 的线网（右图）。每个网格边有单位长度。

（a）画一个了解所有引脚的直线的最小长度链、一个直线最小生成树（RMST）和一个直线 Steiner 最小树（RSMT）。

（b）用每种估算算法，估算（a）中带权总线长，设每个网格边的权重为 2。

练习 2：最小割布局

采用最小割布局法，在一个 2×4 网格上放置门 $a \sim g$。用 Kernighan-Lin 算法进行划分。用交替（水平和垂直）割线。割线 cut_1 表示初始的垂直割线。网格上的每个边的容量为 $\sigma_p(e) = 2$。评估这个布局是否是可布线的。

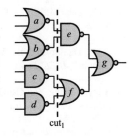

练习 3：力矢量布局

给出一个有两个门 a 和 b 以及三个 I/O 焊盘 In1(0，2)、In2(0，0) 和 Out(2，1) 的电路（左图）。连线的权重如下图所示。计算两个门的 ZFT 位置。将电路放置到一个 3×3 的网格上（右图）。

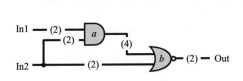

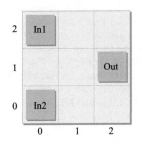

练习 4：全局布局和详细布局

全局布局和详细布局之间的主要差别是什么？解释为什么详细布局的步骤是在全局布局之后。

参 考 文 献

1. M. Breuer, "Min-Cut Placement", *J. Design Autom. and Fault-Tolerant Computing* 10 (1977), pp. 343-382. Also at: http://limsk.ece.gatech.edu/book/papers/breuer.pdf. Accessed 1 Jan 2022
2. A. E. Caldwell, A. B. Kahng and I. L. Markov, "Can Recursive Bisection Alone Produce Routable Placements?", *Proc. Design Autom. Conf.*, 2000, pp. 477-482. https://doi.org/10.1145/337292.337549
3. A. E. Caldwell, A. B. Kahng and I. L. Markov, "Optimal Partitioners and End-Case Placers for Standard-Cell Layout", *IEEE Trans. on CAD* 19(11) (2000), pp. 1304-1313. https://doi.org/10.1109/43.892854
4. S. Osmolovskyi, J. Knechtel, I.L. Markov and J. Lienig "Optimal Die Placement for Interposer-Based 3D ICs," *Proc. Asia and South Pacific Design Autom. Conf.*, 2018, pp. 513-520. https://doi.org/10.1109/ASPDAC.2018.8297375
5. T. F. Chan, J. Cong, J. R. Shinnerl, K. Sze and M. Xie, "mPL6: Enhanced Multilevel Mixed-Size Placement", *Proc. Int. Symp. on Physical Design*, 2006, pp. 212-221. https://doi.org/10.1145/1123008.1123055
6. H. Chen, C.-K. Cheng, N.-C. Chou, A. B. Kahng, J. F. MacDonald, P. Suaris, B. Yao and Z. Zhu, "An Algebraic Multigrid Solver for Analytical Placement with Layout Based Clustering", *Proc. Design Autom. Conf.*, 2003, pp. 794-799. https://doi.org/10.1145/775832.776034
7. J. Cong, J. R. Shinnerl, M. Xie, T. Kong and X. Yuan, "Large-Scale Circuit Placement", *ACM Trans. on Design Autom. of Electronic Sys.* 10(2) (2005), pp. 389-430. https://doi.org/10.1145/1059876.1059886

8. J. Cong and M. Xie, "A Robust Detailed Placement for Mixed-Size IC Designs", *Proc. Asia and South Pacific Design Autom. Conf.*, 2006, pp. 188-194. https://doi.org/10.1145/1118299. 1118353

9. A. E. Dunlop and B. W. Kernighan, "A Procedure for Placement of Standard-Cell VLSI Circuits", *IEEE Trans. on CAD* 4(1) (1985), pp. 92-98. https://doi.org/10.1109/TCAD.1985. 1270101

10. Xueyan Wang;Yici Cai;Qiang Zhou, "Cell Spreading Optimization for Force-directed Global Placers", Proc. *2017 IEEE Int. Symp. on Circuits and Systems (ISCAS)*, 2017. https://doi.org/10. 1109/ISCAS.2017.8050572

11. D. Hill, *Method and System for High Speed Detailed Placement of Cells Within an Integrated Circuit Design*, U.S. Patent 6370673, 2001.

12. B. Hu, Y. Zeng and M. Marek-Sadowska, "mFAR: Fixed-Points-Addition-Based VLSI Placement Algorithm", *Proc. Int. Symp. on Physical Design*, 2005, pp. 239-241. https://doi.org/10. 1145/1055137.1055189

13. A. B. Kahng, I. L. Markov and S. Reda, "On Legalization of Row-Based Placements", *Proc. Great Lakes Symp. on VLSI*, 2004, pp. 214-219. https://doi.org/10.1145/988952.989004

14. A. B. Kahng, P. Tucker and A. Zelikovsky, "Optimization of Linear Placements for Wirelength Minimization with Free Sites", *Proc. Asia and South Pacific Design Autom. Conf.*, 1999, pp. 241-244. https://doi.org/10.1109/ASPDAC.1999.760005

15. A. B. Kahng and Q. Wang, "Implementation and Extensibility of an Analytic Placer", *IEEE Trans. on CAD* 24(5) (2005), pp. 734-747. https://doi.org/10.1145/981066.981071

16. A. B. Kahng and Q. Wang, "A Faster Implementation of APlace", *Proc. Int. Symp. on Physical Design*, 2006, pp. 218-220. https://doi.org/10.1145/1123008.1123057

17. M.-C. Kim, D.-J. Lee and I. L. Markov, "simPL: An Effective Placement Algorithm", *IEEE Trans. on CAD of Integrated Circuits and Systems*, vol. 31 (1), pp. 50-60, 2012. https://doi.org/ 10.1109/TCAD.2011.2170567

18. J. B. Kruskal, "On the Shortest Spanning Subtree of a Graph and the Traveling Salesman Problem", *Proc. Amer. Math. Soc.* 7(1) (1956), pp. 8-50. https://doi.org/10.2307/2033241

19. J. K. Lam, *An Efficient Simulated Annealing Schedule* (*Doctoral Dissertation*), Yale University, 1988. https://citeseerx.ist.psu.edu/viewdoc/download?doi=10.1.1.216.3484&rep=rep1& type=pdf Accessed 1 Jan 2022

20. C. Li, M. Xie, C.-K. Koh, J. Cong and P. H. Madden, "Routability-Driven Placement and White Space Allocation", *IEEE Trans. on CAD* 26(5) (2007), pp. 858-871. https://doi.org/10.1109/ TCAD.2007.8361580

21. G.-J. Nam and J. Cong, eds., *Modern Circuit Placement: Best Practices and Results*, Springer, 2007. https://doi.org/10.1007/978-0-387-68739-1

22. M. Pan, N. Viswanathan and C. Chu, "An Efficient and Effective Detailed Placement Algorithm", *Proc. Int. Conf. on CAD*, 2005, pp. 48-55. https://doi.org/10.1109/ICCAD.2005. 1560039

23. N. R. Quinn, "The Placement Problem as Viewed from the Physics of Classical Mechanics", *Proc. Design Autom. Conf.*, 1975, pp. 173-178. https://doi.org/10.1145/62882.62887

24. J. A. Roy and I. L. Markov, "ECO-System: Embracing the Change in Placement," *IEEE Trans. on CAD* 26(12) (2007), pp. 2173-2185. https://doi.org/10.1109/TCAD.2007.907271

25. J. A. Roy, D. A. Papa, S. N. Adya, H. H. Chan, A. N. Ng, J. F. Lu and I. L. Markov, "Capo: Robust and Scalable Open-Source Min-Cut Floorplacer", *Proc. Int. Symp. on Physical Design*, 2005, pp. 224-226, https://doi.org/10.1145/1055137.1055184

26. Y. Saad, *Iterative Methods for Sparse Linear Systems*, Soc. of Industrial and App. Math., 2003. https://doi.org/10.1137/1.9780898718003

27. C. Sechen, "Chip-Planning, Placement and Global Routing of Macro/Custom Cell Integrated Circuits Using Simulated Annealing", *Proc. Design Autom. Conf.*, 1988, pp. 73-80. https://doi. org/10.1109/DAC.1988.14737

28. C. Sechen and A. Sangiovanni-Vincentelli, "TimberWolf 3.2: A New Standard Cell Placement and Global Routing Package", *Proc. Design Autom. Conf.*, 1986, pp. 432-439. https://doi.org/ 10.1109/DAC.1986.1586125

29. K. Shahookar and P. Mazumder, "VLSI Cell Placement Techniques", *ACM Computing Surveys* 23(2) (1991), pp. 143-220. https://doi.org/10.1145/103724.103725

30. P. Spindler and F. M. Johannes, "Fast and Accurate Routing Demand Estimation for Efficient Routability- Driven Placement", *Proc. Design, Autom. and Test in Europe*, 2007, pp. 1226-1231. https://doi.org/10.1109/DATE.2007.364463

31. P. Spindler, U. Schlichtmann and F. M. Johannes, "Kraftwerk2 – A Fast Force-Directed Quadratic Placement Approach Using an Accurate Net Model", *IEEE Trans. on CAD* 27(8) (2008), pp. 1398-1411. https://doi.org/10.1109/TCAD.2008.925783

32. N. Viswanathan, M. Pan and C. Chu, "FastPlace 3.0: A Fast Multi-level Quadratic Placement Algorithm with Placement Congestion Control", *Proc. Asia and South Pacific Design Autom. Conf.*, 2007, pp. 135-140. https://doi.org/10.1109/ASPDAC.2007.357975

33. Z. Xiu and R. A. Rutenbar, "Mixed-Size Placement with Fixed Macrocells Using Grid-Warping", *Proc. Int. Symp. on Physical Design*, 2007, pp. 103-110. https://doi.org/10.1145/1231996.1232019

34. C.-K. Cheng, A. B. Kahng, I. Kang and L. Wang, "RePlAce: Advancing Solution Quality and Routability Validation in Global Placement", *IEEE Trans. on CAD*, 38(9) (2019), pp. 1717-1730. https://doi.org/10.1109/TCAD.2018.2859220

第 5 章

全局布线

在布局设计的第 4 章之后是信号线的布线步骤。布线过程确定芯片布局上的各个网络的精确信号路径。为了处理现代芯片设计中的高复杂性，布线算法通常采用两阶段的方法：全局布线和详细布线。全局布线首先将芯片分割成布线区域，并为所有信号网络寻找区域间的路径；然后进行详细布线，根据它们的区域分配确定这些网络的精确轨迹和通孔（见第 6 章）。

在全局布线中，具有相同电位的引脚用线段连接。特别地，经过布局后，版图面积表示为布线区域（见 5.4 节）和网表中所有线网，用系统化的方式来对之布线（见 5.5 节）。为了最小化总布线长，或者优化其他目标（见 5.3 节），每个线网的布线应该短（见 5.6 节）。但是，这些布线常常竞争着相同组的有限资源。这些冲突可以通过所有线网进行并发布线来解决（见 5.7 节），例如整数线性规划（ILP），或者通过顺序布线技术，例如拆线和重布。几种算法技术使现代全局布线器可扩展（见 5.8 节）。

5.1 引言

线网是具有相同电位的两个或多个引脚集合。在最后的芯片设计中，它们必须连接起来。一个典型的 p 引脚网连接了一个门的一个输出引脚和其他门的 $p-1$ 个输入引脚；它的扇出等于 $p-1$。术语网表泛指所有线网。

给定一个布局和一个网表，确定必要的接线，例如线网拓扑结构和具体的布线段，来连接这些单元，同时遵照约束，例如设计规则和布线资源容量，并优化布线目标，例如最小化总线长和最大时序松弛。

在区域受限的设计中，在没有可用空间时，标准单元可以压缩密集。这个经常导致布线拥塞，其中几个线网的最短布线不相容，因为它们遍历相同的轨道。拥塞迫使部分布线绕道，因此，在拥塞的区域中，很难去预知最后线段的长度。但是，总线长不能超过可用的布线资源，在某些情况下，芯片面积必须增加来确保成功布线。固定的裸片布线，即芯片外形和所有布线资源都是固定的，区别于可变的裸片布线，它可根据需要添加新布线轨道。对于固定的裸片布线问题[⊖]，一开始 100% 完成布线不总是可能的，但改变布局后成为可能。此外，在具有两个或者三个金属层的旧标准单元电路中，可以根据需要来插入新的轨道，使得传统的

⊖ 固定的裸片布线问题如此命名，是基于固定的布图规划和电源 - 地分布，使得版图边界盒和布线轨道数预先确定。

可变裸片通道布线问题 100% 完成布线总是可能。图 5.1 概述了本书中讨论的主要种类布线算法。

信号网的多阶布线				
全局布线	详细布线	时序驱动布线	大信号网布线	几何技术
粗粒分配布线到布线区域（见第5章）	细粒分配布线到布线轨道（见第6章）	线网拓扑优化和资源分配到关键线网（见第8章）	电源(VDD)和地(GND)线布线（见第3章）	非曼哈顿和时钟布线（见第7章）

图 5.1　布线问题类型及其所在的章节

随着现代设计规模达到数百万计的线网，全局布线成为一个主要的计算挑战。完整芯片布线常常通过三个步骤来执行：（高级的）全局布线、（低级的）详细布线和时序驱动布线。前两步展示在图 5.2 中，最后一步则在 8.4 节中讨论。

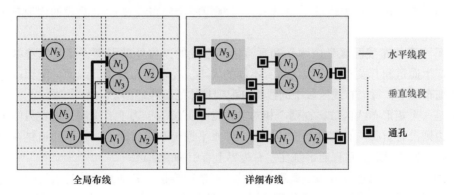

图 5.2　线网 $N_1 \sim N_3$ 的图表示，利用布线区域（左）进行全局布线，然后利用矩形通路（右）进行详细布线。这个例子假设了两层布线，用水平和垂直线段在分离的层上布线

在全局布线中，通过线网拓扑结构，线段暂时地分配（嵌入）到芯片版图中。芯片区域用一个粗的布线网格表示，可用的布线资源则用网格图中带容量的边来表示。然后，线网分配到这些布线资源上。

在详细布线中，线段被分配到具体的布线轨道。这个过程包括了若干中间任务和决定，例如线网排序，即哪些线网应该最先布线，以及引脚排序，即在一个线网中，引脚该依照怎样的顺序来连接。这两个问题在顺序布线中是主要的问题，因为每次只能进行一个线网布线。线网和引脚的排序会对最后的解质量产生很大的影响。详细布线力求完善全局布线，并且一般不会改变全局布线确定的线网的格局。因此，如果全局布线的解不好，那么详细布线解的质量同样会受影响。

为了确定线网顺序，每个线网都被给出了一个重要性（优先级）的数字指示符，即线网权重。时序关键的、连接多个引脚的，或者带有特定功能（例如提供时钟信号）的线网赋予高优先级。高优先级线网应该避免不必要地绕道，即便以其他线网绕道为代价。引脚排序一般采用基于树的算法（见 5.6.1 节）或者根据引脚位置的几何标准来操作。

在全局和详细阶段中的特殊布线常常用于数字电路。对于模拟电路，多芯片模块（MCM）和印制电路板（PCB），全局布线有时没有必要，因为关联线网的数量很小，所以只有详细布线要执行。

5.2 术语和定义

下面的术语通常与全局布线相关。属于具体算法和技术的术语会在各自章节中介绍。

布线轨道（列）是一条可用的水平（垂直）接线通路。一个信号网常常用一序列的交替的水平轨道和垂直列，其中相邻的轨道和列通过层间来连接。

布线区域是指包含了布线轨道和 / 或布线列的区域。

规格一致的布线区域是由均匀分布的水平和垂直网格线形成的，产生芯片区域上规格一致的网格。这个网格有时称作一个 ggrid（全局网格），它是由单位 gcell（全局单元）构成的。网格线一般隔开 7 ~ 40 个布线轨道[17]来平衡芯片规模的全局布线和 gcell 规模的详细布线问题的复杂性。

规格不一致的布线区域是由水平和垂直边界形成的，与外部引脚连接或者宏单元边界对齐。这样产生通道和开关盒，布线区域有不同的大小。在全局布线中，线网分配到这些布线区域。在详细布线中，每个布线区域中的线网分配到具体的接线通路。

通道是一个矩形布线区域，在两个相对（常常是更长的）边上有引脚，而在另两（常常是更短的）边则没有引脚。有两种类型的通道，即水平通道和垂直通道。水平通道是在顶端和底端边界上有引脚的通道。垂直通道是在左右边界上有引脚的通道。

线网的引脚通过列连接着布线通道，通过轨道依次连接到其他列。在过去可变裸片的布线中，例如两层标准单元布线，通道的高度可变，即它的容量可调，从而容纳接线的必要数量。然而，在现代设计中由于布线层数量的增加，传统的通道模型在很大程度上失去了它的意义。取而代之的是单元上（OTC）布线的使用，会在 6.5 节进行更深入的讨论。

通道容量代表了可用的布线轨道或者列的数量。对于单层布线，容量是通道高度 h 除以间距 d_{pitch}，其中 d_{pitch} 是两个相关（水平或者垂直）方向的接线通路之间的最小距离（见图 5.3）。对于多层布线，容量 σ 是所有层容量的总和。

$$\sigma(\text{Layers}) = \sum\nolimits_{\text{layer} \in \text{Layers}} \left\lfloor \frac{h}{d_{pitch}(\text{layer})} \right\rfloor$$

式中，Layers 是所有层的集合；d_{pitch}(layer) 是图 5.3 中 layer 的布线间距。

开关盒（见图 5.4）是水平和垂直通道的交集。由于固定的尺寸，开关盒布线显示出了更少的变化性且比通道布线更加困难。注意到，因为线输入端固定，所以问题是在开关盒内找到布线。

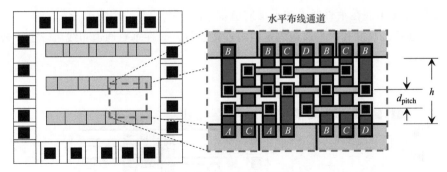

图 5.3　通道布线的水平通道

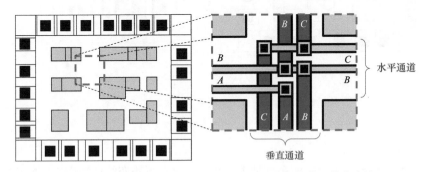

图 5.4　一个宏单元电路的水平和垂直通道之间的开关盒布线

2D 开关盒（见图 5.5）是具有四个边界（顶、底、左、右）端子的开关盒。这个模型主要用于两层布线，其中层间连接（通孔）相对次要。

3D 开关盒（见图 5.5）是具有六个边界（顶、底、左、右、上、下）端子的开关盒，允许通路在布线层之间穿过。四个边界边就是 2D 开关盒，剩下的一个在层上面，一个在层下面。

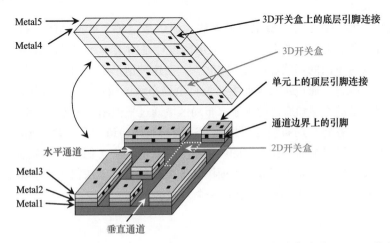

图 5.5　五层工艺的 2D 和 3D 开关盒。单元用 Metal1 ~ Metal3 层进行内部布线。2D 开关盒一般存在层 Metal1、Metal2 和 Metal3。层 Metal4 和 Metal5 是用一个 3D 开关盒连接

一个 **T 型连接**出现在垂直通道和水平通道相遇时，例如在一个宏单元布局中。在图 5.6 的例子中，垂直通道的高度和水平通道固定引脚连接位置，只在垂直通道布线后确定下来。因此，垂直通道必须在水平通道之前进行布线。

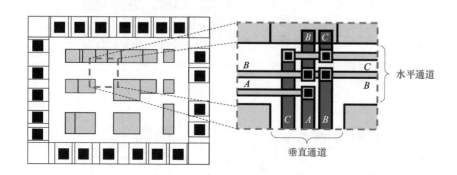

图 5.6 宏单元布局中 T 型连接布线

5.3 优化目标

全局布线力求确定一个给定的布局是否可布线，并在可用布线区域中确定所有线网的一个粗略布线。在全局布线中，给定布线区域的水平和垂直容量分别是能遍历特别区域的水平和垂直布线的最大数量。它们的上界是通过具体的半导体技术和它相应的设计规则（例如轨道间距）以及版图特征来确定的。随后的详细布线只有固定数量的布线轨道、全局布线中的不应该过量预定的布线区域。布线的最优化目标包括最小总线长度和减少线网上的信号时延，这对于芯片整个时序十分关键。

1. 全定制设计

全定制设计是一种设计集成电路的方法，通过指定每个单独晶体管的布局及其之间的互连，从而潜在地最大化芯片的性能[19]。全定制设计是由宏单元主导的版图，其布线区域规格不一致，通常具有不同的形状和高度 / 宽度⊖。在这种情形下，两个初始任务，即通道定义和通道排序都必须执行。通道定义问题主要是将全局布线区域划分成合适的布线通道和开关盒。

为了确定通道的类型和通道的顺序，布局区域通过平面图树（见 3.3 节）来表示，如图 5.7 所示。通道定义旨在将全局布线区域划分为适当的布线通道和开关盒。布局中的划分或切线，对应于布线通道，可以根据平面图树的内部节点的自底向上（例如后序）遍历进行排序。这确定了通道的布线顺序。如果（部分）平面图是非分割的，即无法仅用水平和垂直切割来完全表示，那么除了通道之外，至少还必须使用一个开关盒。

⊖ 全定制设计的特征在公司之间有差异。

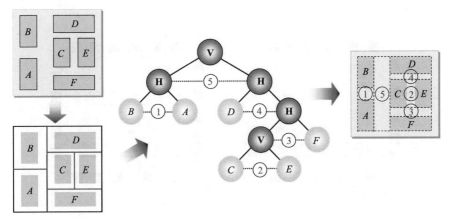

图 5.7 用平面规划树找出通道和它们的布线顺序。通道从 1 到 5 的顺序是由内部节点的自底向上的遍历来决定的

一旦所有区域和它们各自的通道或者开关盒都确定下来，线网就可以布线。线网布线的方法包括斯坦纳树布线和最小生成树布线（见 5.6.1 节），以及利用 Dijkstra 算法（见 5.6.3 节）的最短路径布线。

在全定制中，可变裸片的设计，其布线区域的尺寸一般不固定。因此，每个布线区域的容量不能预先知道。在这种情况下，标准的目标是最小化总布线长度和 / 或最小化最长时序路径的长度。此外，在固定裸片布局的情况下，布线区域的容量被硬上界限制，布线最优化常常在可布性约束下执行。

2. 标准单元设计

标准单元设计使用基于行的标准单元，以实现高门密度，从而简化设计任务[19]。如果金属层数有限，通常必须使用单元来跨多个单元行进行布线。实例化单元实质上为一个线网保留了一个空的垂直列。图 5.8 展示了在一个五引脚线网的布线中使用单元。当在给定网络的布线过程中使用连续行中的单元时，这些单元必须对齐，以便于它们保留轨道对齐。

如果单元行和网表固定，那么在单元行中没被占据的位置数是固定的。因此，可能的走线道数有限。由此，标准单元全局布线力求确保设计的可布性和找出一个最小化总线长的不拥塞的解。

如果一个线网包含在一个单独布线区域，那么这个线网布线意味着通道或开关盒布线，且可以在这个区域中全部实现，除非由于布线拥塞需要明显的绕道。然而，如果一个线网跨过不止一个布线区域时，那么全局布线器必须将线网分成多个子网，然后分配这些子网到布线区域。对于多引脚布线，常用（见图 5.9）矩形斯坦纳树（见 5.6.1 节）。

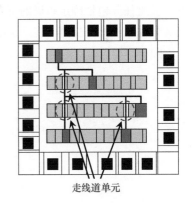

走线道单元

图 5.8 用三个走线道单元（白色）布线给定线网（深灰色的单元）。超过三个金属层的设计和单元上布线一般不用走线道单元

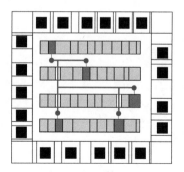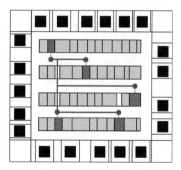

图 5.9　一个五引脚网布线的两个不同的矩形斯坦纳树解。左边解有最小线长度，而右边的解用了最少的垂直线段

可变裸片标准单元设计的总高度等于所有单元行高度（固定数量）加上所有通道高度（可变数量）的总和。忽视走线道单元的小影响，最小化版图面积等同于最小化通道高度的总和。因此，即使版图主要在布局中确定，全局布线解仍然影响着版图大小。更短的布线通常会导致更紧凑的版图。

3. 门列阵设计

门列阵设计使用预定义的扩散层，每个层包含晶体管和其他主动器件[19]。因此，物理设计过程为最终的器件定义了这些层之间的互连。由于在这种设计风格中无法通过插入额外的布线资源来确保布线能力，因此单元的大小和单元之间的布线区域大小（布线容量）是固定的。因此，关键任务包括确定布局的可布线性并找到可行的布线解决方案（见图 5.10）。与其他设计风格类似，额外的优化目标包括最小化总布线长度和最小化最长时序路径的长度。

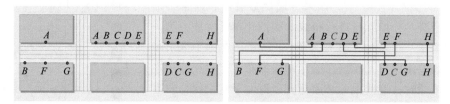

图 5.10　门阵列设计，通道长度 = 4（左）。如果所有的线网都用以它们的最短路径布线，那么整个网表不可布。在一个可能的布线中，线网 C 仍然不可布（右）

5.4　布线区域的表示

为了对全局布线问题建模，使用高效的数据结构来表示布线区域（例如 gcell、通道和开关盒）[18]。通常，使用图来表示布线上下文，其中节点代表布线区域，边表示相邻区域。边和节点都与容量相关联，以表示可用的布线资源。

对于每个预定义的连接，路由器必须在图中确定连接终端引脚的路径。路径只能穿过具有

足够剩余布线资源的图中的节点和边。以下三种图模型通常被使用。

网格图定义为 ggrid = (V, E)，其中节点 $v \in V$ 代表布线网格单元（如 gcell），边代表网格单元对 (v_i, v_j) 的连接（见图 5.11）。全局布线网格图是二维的，但是必须表示为 k 个布线层。因此，k 个不同容量必须保持在网格图中的每个节点。例如，对于一个两层布线网格 $(k = 2)$，布线网格单元的容量对（3，1）可以表示为可用的三个水平线段和一个垂直线段。其他容量表示也是可能的。

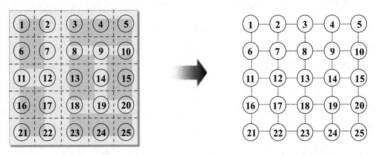

图 5.11　版图和它对应的网格图

在通道连接图 $G = (V, E)$ 中，节点 $v \in V$ 代表通道，边 E 代表了通道的邻接（见图 5.12）。每个通道的容量表示在各自图节点。

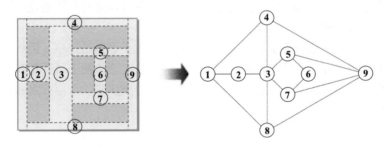

图 5.12　版图样品和它相应的通道连接图

在开关盒连接（通道相交）图 $G = (V, E)$ 中，节点 $v \in V$ 表示开关盒。如果对应的开关盒在相同通道（见图 5.13）的对面，那么两个节点之间存在一条边。在这个图模型中，边代表水平和垂直通道。

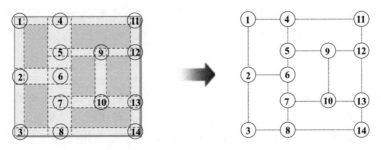

图 5.13　版图样品和它相应的开关盒连接图

5.5　全局布线流程

全局布线的输入是来自布局（通过布局放置）和电路网表（包含所有网络）的信息。全局布线的目的是有效地将布线问题"分解"成一组较小的（理想情况下是独立的）布线问题，以便可以高效地解决它们。

步骤 1：定义布线区域

在这步中，版图区域划分成布线区域。在某些情况下，线网可以布在标准单元上（OTC 布线）。正如前面所述，布线区域构造成 2D 或者 3D 通道、开关盒和其他区域类型（见图 5.5）。这些布线区域的容量和连接都是用图表示的（见 5.4 节）。

步骤 2：映射线网到布线区域

在这个步骤中，每个线网的设计暂时地分配到一个或者几个布线区域，来连接所有引脚。每个布线区域的布线容量限制了遍历这个区域的线网数。其他因素，例如时序和拥塞，也影响了每个线网的通路选择。例如，布线资源可以在不同区域中根据可用布线容量来定出代价，布线区域越拥塞，任何线网随后布在那个区域的代价会越高。这些资源代价鼓励后来的线网找寻代替通路，然后导致一个更统一的布线密度。

步骤 3：分配交叉点

在这个步骤中，也称为中途布线，布线分配到固定位置或者交叉点，沿着布线区域的边。交叉点分配确保了全局和详细布线匹配到用上百万单元和分布并行算法的设计，因为布线区域在详细布线中（见第 6 章）可以单独处理。

找出一个最优的交叉点分配需要知道线网连接依赖关系和通道排序。例如，开关盒的交叉点只能在所有相邻通道布好后才能固定。因此，位置的确定会依赖于通道和开关盒的局部连接性。注意到部分全局布线器不会执行一个分离的交叉点分配步骤。取而代之的是将隐含的交叉点分配集成到详细布线。

5.6　单网布线

下面关于单网布线的技术常常用在较大全芯片布线工具中。

5.6.1　矩形布线

多引脚网（具有两个以上引脚的线网）常常分解成双引脚的子网，随后根据部分顺序来进行每个子网的点对点布线。这种线网分解在全局布线开始时执行，会影响到最终布线解的质量。

1. 矩形生成树

矩形生成树连接所有端子（引脚），只采用引脚对引脚（pin-to-pin）的连接，由水平和垂直线段组成（见 1.7 节）。引脚线网只相交于引脚，所以引脚线网的"交叉"边只相交于引脚，或者说不相交，所以不会产生额外的结合点（Sterner 点）。如果用来创建生成树的线段的总长度最小，那么这个树是矩形最小生成树（RMST）。RSMT 可以在 $O(p^2)$ 的时间内计算出来，其

中 p 是线网中端子的数量，利用诸如 Prim 算法[20]之类的方法。这个算法建立一个 MST，开始于一个单端，并贪婪地增加最小代价到部分构造好了的树中，直到所有端子得到连接。先进的计算几何技术减少运行时间到 $O(p\log p)$。

2. 矩形 Steiner 树（RST）

矩形 Steiner 树（RST）连接了所有 p 个引脚位置和可能的一些额外的位置（Steiner 点，见1.7 节）。然而一个 p 引脚线网的任何矩形生成树也是矩形 Steiner 树，此外，精心放置 Steiner 点常常减少总的线网长度。如果用来连接所有 p 引脚的线网线段的总长度最小，那么 RST 是矩形 Steiner 最小树（RSMT）。例如，在一个规格一致的布线网格中，让一个单元网段成为连接两个相邻 gcell 之间的边；如果一个 RST 具有最小单元网段的数量，那么这个 RST 是 RSMT。

关于 RSMT，了解以下事实。

1）p 引脚线网的 RSMT 有 0 到 $p-2$（包括了 $p-2$）之间个 Steiner 点。

2）任何终端引脚的度是 1、2、3 或者 4，而 Steiner 点的度是 3 或者 4。

3）RSMT 总是围在线网的最小边界盒（MBB）。

4）RSMT 的总边长度 L_{RSMT} 至少是网的最小边界盒周长的一半：$L_{RSMT} \geq L_{MBB}/2$。

在一般情况下，构造 RSMT 是 NP 困难问题；在实际中，采用启发式方法。一个快速技术，由 Chu 和 Wong[5] 提出的 FLUTE，找出最多九个引脚的最佳 RSMT，并产生接近最小化的 RST，对较大的线网，最小长度误差常在 1% 之内。虽然 RSMT 在线长度方面最优，但是它们并不总是实际中线网拓扑的最好选择。

一些启发式算法处理不好避障或者其他需求。而且，在设计中的特殊通路，最小线长度目标相对于时序控制或者信号完整性上变得次要。因此，线网可能采用 RMST 选择性地连接，RMST 可以在低阶多项式时间中计算出来，并且确保不超过 RSMT 线网长度的 1.5 倍。出现这种最坏情况下的比率，例如，端子在（1，0），（0，1），（-1，0）和（0，-1）。RSMT 有一个 Steiner 点在（0，0），且总的线网长度 = 4，而 RMST 用了三个长度减去 2 的边，总的线网长度 = 6。

因为 RMST 可以最优和快速地计算，许多启发式方法，例如下面列举的一个，将一个初始 RMST 转变为一个低代价的 RSMT[10]。

例：RMST 和 RSMT。

给定：矩形最小生成树（RMST）（右图）。

任务：将 RMST 转化为启发式的 RSMT。

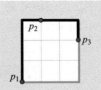

解：转化依赖于这一点事实，对于每个双引脚连接，可能形成两个不同的 L 形。L 形引起线网线段的重叠，因此减少线网的总长成为优先选择。构造点 p_1 和 p_2 之间的 L 形。

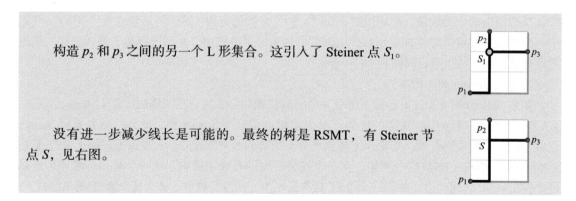

构造 p_2 和 p_3 之间的另一个 L 形集合。这引入了 Steiner 点 S_1。

没有进一步减少线长是可能的。最终的树是 RSMT，有 Steiner 节点 S，见右图。

3. Hanan 网格

前一个例子展示，增加 Steiner 节点到 RMST 中可以显著地减少线网的线长。在 1966 年，Maurice Hanan[8] 证明，在找 RSMT 时，充分考虑到只有位于垂直和水平线的交叉点上的 Steiner 点通过终端引脚。更正式地，Hanan 网格（见图 5.14）由通过每个引脚位置 (x_p, y_p) 的线 $x = x_p$，$y = y_p$ 组成。Hanan 网格包含了最多 $p^2 - p$ 个候选 Steiner 节点，因此极大地减少了寻找最佳 RSMT 的解空间。

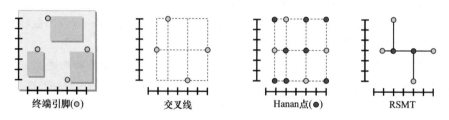

终端引脚(○)　　交叉线　　Hanan点(●)　　RSMT

图 5.14　找出 Hanan 网格以及随后的 RSMT Steiner 节点

4. 定义布线区域

对于采用 Steiner 树的全局布线，版图常常分成一个由 gcell 组成的粗略的布线网格，并表示成图（见 5.4 节）。在图 5.15 中的例子假定为标准单元版图。没有明确定义通道高度，所以水平线之间的距离是一个估计值。根据这个估计，在垂直线之间的距离选择满足每个网格单元都有 1∶1 的宽高比。网格单元中的所有连接点视为单元的中点。

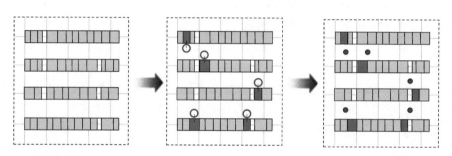

图 5.15　在标准单元的总体版图（左）中，标准单元（深灰色）需要连接在它们的引脚上（中）。这些引脚分配到全局单元构造 Steiner 树（右）

5. Steiner 树构造的启发式算法

下面的启发式算法利用 Hanan 网格产生一个接近最小化的矩形 Steiner 树。启发式算法贪婪地找出一个可能最短的与树拓扑结构一致的新连接（回忆起 Prim 最小生成树算法），使边插入尽可能地灵活。对于最多四个引脚的线网，启发式算法总是产生 RSMT。否则生成的 RST 不一定最小。

启发式算法（伪代码在下一页）实现如下。让 $P' = P$，成为需要考虑引脚的集合（行 1）。找出 P' 中最近（依据矩形距离）的引脚对 (p_A, p_B)（行 2），将它们添加到树 T，然后从 P' 中删除它们（行 3 ~ 6）。如果只有两个引脚，那么连接它们的最短路径是一个 L 形（行 7 ~ 8）。否则，构造在 p_A 和 p_B 之间的最小边界盒（MBB）（行 10），然后找出 MBB(p_A, p_B) 和 P' 之间的最近节点对 (p'_{MBB}, p'_C)，其中，p'_{MBB} 是位于 MBB(p_A, p_B) 上的节点，而且 p'_C 是 P' 中的引脚（行 14）。如果 p'_{MBB} 是一个引脚，那么增加任何 L 形到 T（行 17 ~ 18）中。否则，将 L 形添加到 p'_{MBB} 的位置（行 19 ~ 21）。构造 p'_{MBB} 和 p'_C 的 MBB（行 22），并重复这个过程直到 P' 为空（行 13 ~ 24）。最后，将剩余的（没有连接的）引脚加到 T 中（行 25）。

顺序 Steiner 树启发式算法

输入： 所有引脚 P 的集合

输出： 启发式 Steiner 最小树 $T(V, E)$

```
1   P' = P
2   (pₐ, p_B) = CLOSEST_PAIR(P')              // 最近引脚对
3   ADD(V, pₐ)                                 // 将 pₐ 加到 T 中
4   ADD(V, p_B)                                // 将 p_B 加到 T 中
5   REMOVE(P', pₐ)                             // 从 P' 中删除 pₐ
6   REMOVE(P', p_B)                            // 从 P' 中删除 p_B
7   if (P' == ∅)                               // 任何 L 形都是连接 pₐ 和 p_B 的最短路径
8     ADD(E, L-shape connecting pₐ and p_B)    // pₐ 和 p_B 是任意的 L 形
9   else
10    curr_MBB = MBB(pₐ, p_B)                  // pₐ 和 p_B 的 MBB
11    p_MBB = pₐ                               // 将 pₐ 和 p_B 设为之前的值
12    p_C = p_B                                // 差分对
13    while (P' ≠ ∅)
14      (p_MBB', p_C') = CLOSEST_PAIR
              (curr_MBB, P')                   // 最近节点对，一个是来自 curr_MBB，
                                               //   另一个则来自 P'
15      ADD(V, p_C')                           // 将 p_C' 添加到 T 中
16      REMOVE(P', p_C')                       // 从 P' 中删除 p_C'
17      if (p_MBB' ∈ P)                        // 如果 p_MBB' 的一个引脚，或者
18        ADD(E, L-shape connecting p_MBB and p_C)  // L 形是归短路径
19      else                                   // 如果 p_MBB' 不是一个引脚
20        ADD(V, p_MBB')                       // 将 p_MBB' 添加到 T 中
21        ADD(E, L-shape that includes p_MBB') // p_MBB' 是 L 形
22      curr_MBB = MBB(p_MBB', p_C')           // p_MBB' 和 p_C' 的 MBB
23      p_MBB = p_MBB'                         // 为下一个迭代设置差分对
24      p_C = p_C'
25    ADD(E, L-shape connecting p_MBB and p_C) // 用 L 形连接剩余引脚
```

例：顺序 Steiner 树启发式算法。

给定： 7 个引脚 $p_1 \sim p_7$ 和它们的坐标（右图）。

$p_1(0, 6)$　$p_2(1, 5)$　$p_3(4, 7)$　$p_4(5, 4)$

$p_5(6, 2)$　$p_6(3, 2)$　$p_7(1, 0)$

任务： 利用顺序 Steiner 树启发式算法构建一个启发式 Steiner 最小树。

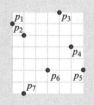

解： $P' = \{p_1, p_2, p_3, p_4, p_5, p_6, p_7\}$

引脚 p_1 和 p_2 是最近的引脚对。从 P' 中删除它们。

$P' = \{p_3, p_4, p_5, p_6, p_7\}$

构造 p_1 和 p_2 的 MBB，然后找出 MBB(p_1, p_2) 和 P' 之间最近的节点对，分别是 $p'_{MBB} = p_a$ 和 $p'_C = p_3$。因为 p_a 不是一个引脚，选择 p_a 所在的 L 形。构建 p_a 和 p_3 的 MBB。然后从 P' 中删除 p_3。

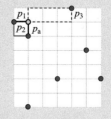

$P' = \{p_4, p_5, p_6, p_7\}$

找出 MBB(p_a, p_3) 和 P' 之间的最近节点对，分别为 $p'_{MBB} = p_b$ 和 $p'_C = p_4$。因为 p_b 不是一个引脚，选择 p_b 所在的 L 形。构建 p_b 和 p_4 的 MBB。从 P' 中删除 p_4。

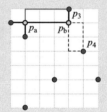

$P' = \{p_5, p_6, p_7\}$

找出 MBB(p_b, p_4) 和 P' 之间的最近节点对，分别为 $p'_{MBB} = p_4$ 和 $p'_C = p_5$。因为 p_4 是一个引脚，选择任意一个连接 p_b 和 p_4 的 L 形。在这个例子中，选择右下的 L 形。构建 p_4 和 p_5 的 MBB。从 P' 中删除 p_5。

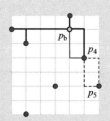

$P' = \{p_6, p_7\}$

找出 MBB(p_4, p_5) 和 P' 之间的最近节点对，分别为 $p'_{MBB} = p_c$ 和 $p'_C = p_6$。因为 p_c 不是一个引脚，选择 p_c 所在的 L 形。构建 p_c 和 p_6 的 MBB。从 P' 中删除 p_6。

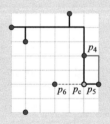

$P' = \{p_7\}$

找出 MBB(p_c, p_6) 和 P' 之间的最近节点对，分别为 $p'_{MBB} = p_6$ 和 $p'_C = p_7$。因为 p_6 是一个引脚，选择任一个连接 p_c 和 p_6 的 L 形。在这个例子中，有一条在 p_c 和 p_6 之间的最短路径。构建 p_6 和 p_7 的 MBB。从 P' 中删除 p_7。

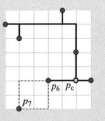

$P' = \phi$

因为只有一个没被连接的引脚（p_7），选择连接 p_6 和 p_7 之间任一个 L 形。在这个例子中，选择左下的 L 形。

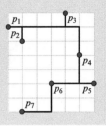

6. 映射线网到布线区域

在为线网找出一个合适的 Steiner 树拓扑结构后，线段映射到物理版图中。每个线网段分配到一个具体的网格单元（见图 5.16）。当完成这些分配时，为每个网格单元考虑水平和垂直容量。

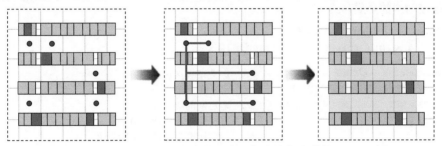

图 5.16 为图 5.15（左和中）中线网分配每个线段生成的 Steiner 树。
受影响的布线区域被浅灰色遮住（右）

5.6.2 连通图中的全局布线

在连接图上的几种全局布线算法基于 Rothermel 和 Mlynski 引入的通道模型[21]，如图 5.17 和图 5.18 所示。该模型结合了开关盒和通道（见 5.4 节），并处理非矩形的块形状。它适用于全定制设计和多芯片模块。

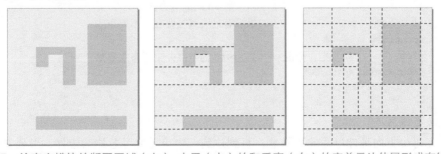

图 5.17 给定宏模块的版图区域（左），水平（中）的和垂直（右）的宏单元边伸展形成布线区域

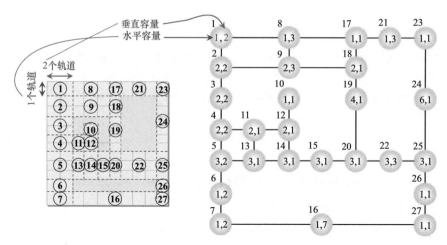

图 5.18　布线区域表示成连接图。每个节点为它对应的布线区域维持水平和垂直布线容量。节点间的边表示了布线区域之间的连接

在连接图中进行全局布线的步骤如下：

在连接图中的全局布线

输入： 网表 Netlist，版图 LA

输出： 在 Netlist 中的每个线网的布线拓扑

```
1   RR = DEFINE_ROUTING_REGIONS(LA)     // 定义布线区域
2   CG = DEFINE_CONNECTIVITY_GRAPH(RR)  // 定义连接图
3   nets = NET_ORDERING(Netlist)        // 确定网的顺序
4   ASSIGN_TRACKS(RR,Netlist)           // 给所有引脚分配轨道，在
                                        Netlist 中的连接考虑到所有网
5   for (i = 1 to |nets|)
6    net = nets[i]
7    FREE_TRACKS(net)                   // 对于所有网的引脚释放相应的轨道

8    snets = SUBNETS(net)               // 将 net 分解成两个引脚的分支网

9    for (j = 1 to |snets|)
10     snet = snets[j]
11     spath = SHORTEST_PATH(snet,CG)   // 找出在连接图 CG 中
                                        的 snet 的最短路径
12     if (spath == ∅)                  // 如果没有最短路径存在，不要布线
13      continue
14     else              // 否则，分配 snet 到 spath 的节点并更新布线容量
15      ROUTE(snet,spath,CG)
```

1. 定义布线区域

通过在每个方向延伸单元的边界盒，直到达到一个单元或者芯片的边界，形成垂直和水平

布线区域（见图 5.17）。

2. 定义连接图

在连接图表示中（见图 5.18），节点代表布线区域，两个节点之间的边意味着那些布线区域被连接（布线区域的连续性）。每个节点还为它的布线区域保持水平和垂直的容量。

3. 确定线网顺序

线网处理的顺序可以在布线之前或者布线当中得到确定。线网可以根据关键性、引脚数量、边界盒大小（更大表示优先级更高），或者电气性能来确定优先级。基于在尝试布线的过程中观察得到的版图特征，部分算法动态更新优先级。

4. 分配轨道给所有引脚连接

对于每个引脚 pin，水平轨道和垂直轨道预留在 pin 的布线区域。这一步是必须的，确保pin 能被连接。它也有两个主要的优点。首先，因为轨道分配给引脚连接是在全局布线之前进行的，如果引脚不可达到，那么单元的布局必须调整。第二，轨道预留防止先布线网阻碍后面使用的引脚连接。这个给出了布线器一个更准确的拥塞图，并使以后线网更智能化地绕道[1]。

5. 所有线网的全局布线

每个线网按照一个预设的顺序分开处理。下面的几个步骤应用到每个线网。

1）线网和 / 或子线网排序：将多引脚线网划分成双引脚子网，然后通过排序每个子网中的引脚，例如以关于 x 轴的一个非减顺序，来确定一个合适的顺序。

2）连接图中的轨道分配：利用迷宫布线算法（见 5.6.3 节）来分配轨道，将区域的剩余资源作为权重。区域中高拥塞会鼓励通路绕道，而通过低拥塞的区域。

3）连接图中的容量更新：在找出一个布线后，每个区域的容量会在所有相应节点作适当的递减。注意到水平和垂直容量分开处理。也就是说，在同一区域，垂直（水平）接线路径不影响水平（垂直）容量。

在连接图中的全局布线可以用于确定电路网表的全局路由，同时也可以用于确定布局的可布线性，如下面的两个例子所示：

例：连接图中的全局布线。

给定：（1）线网 A 和 B，（2）具有布线区域和障碍的版图区域（左图）和（3）对应的连接图（右图）。

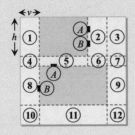

任务：用尽可能少的资源来布线 A 和 B。

解：在 B 之前布线网 A。注意：在这个例子中，轨道分配给引脚连接被省略。

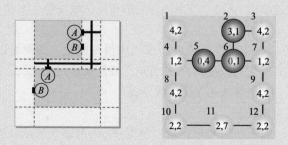

在 A 布好线后，布线网 B。注意到 B 绕道，因为节点（区域）5 和 6 的水平容量是 0。

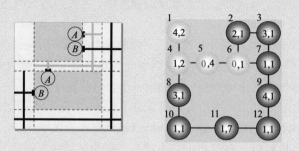

例：确定可布性。

给定：（1）线网 A 和 B，（2）具有布线区域和障碍的版图区域（左图）和（3）对应的连接图（右图）。

任务：确定 A 和 B 的可布性。

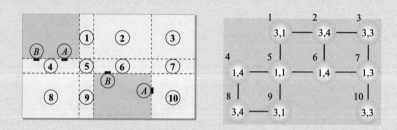

解：线网 A 通过节点（区域）4-5-6-7-10 首先布线，它是一条最短通路。在这个分配后，节点 4-5-6-7 的水平容量耗尽，即每个水平容量 = 0。

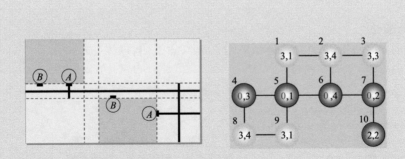

线网 *B* 的最短通路预先穿过节点 4-5-6，但是这个通路会使这些节点的水平容量变为负。节点 4-8-9-5-1-2-6 之间存在着一条较长的（但可行的）通路。因此，这个特殊的布局被认为是可布线的。

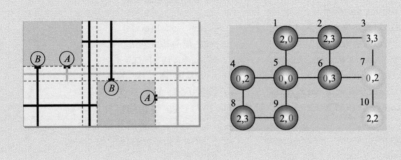

5.6.3 用 Dijkstra 算法找最短路径

Dijkstra 的算法 [6] 用于找到从指定的源节点到图中所有其他节点的最短路径，其中边的权重为非负值。这个最短路径是基于路径的不同代价，例如在布线图中两个特定节点之间的边权重，即从源节点到特定目标节点。当找到到达目标节点的最小路径代价时，算法终止。由于布线空间被表示为（图）网格，这种类型的路径搜索通常被称为迷宫布线。

Dijkstra 的算法使用一种数据结构来存储和查询从起点按路径代价排序的部分解，通过这种方式，它属于最佳搜索算法的类别。这些算法通过按照特定的代价计算来扩展最有可能的节点来探索图。

Dijkstra 算法把这些作为输入，即非负边权重 *W* 的图 *G(V, E)*，一个源（开始）节点 *s* 和一个目标（结束）节点 *t*。算法保持三组节点，即未访问的、考虑的和已知的。组 1 包含还没访问的节点。组 2 包含访问过的节点，但是从开始节点的最短路径代价还未找到。组 3 包括访问过的节点，并且从起始节点的最短路径代价已经找到。

Dijkstra 算法

输入：具有边权重 W 的权重图 $G(V, E)$，源节点 s，目标节点 t

输出：从 s 到 t 的最短路径

```
1   group₁ = V                                    // 初始化组 1, 2, 3
2   group₂ = group₃ = path = ∅
3   foreach (node node ∈ group₁)
4     parent[node] = UNKNOWN                       // 节点的父节点是未知的，初始
5     cost[s][node] = ∞                            // 花费从 s 到任何节点是最大的
6   cost[s][s] = 0                                 // 除了 s-s 的花费 = 0
7   curr_node = s                                  // s 是起点
8   MOVE(s, group₁, group₃)                        // 将 s 从 Group1 移动到 Group3
9   while (curr_node != t)                         // 当不在目标节点 t 时
10    foreach (neighboring node node of curr_node)
11      if (node ∈ group₃)                         // 最短路径是已知的
12        continue
13      trial_cost = cost[s][curr_node] + W[curr_node][node]
14      if (node ∈ group₁)                         // node 没有被访问过的
15        MOVE(node, group₁, group₂)               // 被标记为访问过的
16        cost[s][node] = trial_cost               // 设置从 s 到 node 的花费
17        parent[node] = curr_node                 // 设置 node 的父节点
18      else if (trial_cost < cost[s][node])       // node 被访问过且从 s 到
                                                      node 的新的花费更少
19        cost[s][node] = trial_cost               // 更新 s 到 node 的花费和 node
20        parent[node] = curr_node                 // 的父节点
21    curr_node = BEST(group₂)                     // 找出 Group2 中的最小花费点
22    MOVE(curr_node, group₂, group₃)              // 然后移动到 Group3
23  while (curr_node != s)                         // 从 t 回溯到 s
24    ADD(path, curr_node)                         // 将 curr_node 添加到 path 中
25    curr_node = paren[curr_node]                 // 将下个节点设置为 curr_node
                                                      的父节点
26  ADD(path, s)                                   // 把 s 加到 curr_node 中
```

首先，所有节点移动到 Group1（行 1），而 Group2 和 Group3 为空（行 2）。对于 Group1 中的每个节点 node，从源节点 s 到 node 的代价初始化为无穷大（∞），也就是说，s 本身除外，代价为 0。Group1 中的每个节点 node 的父节点初始未知，因为没有节点被访问过（行 3 ~ 6）。源节点 s 设为当前节点 curr_node（行 7），然后移动到 Group3 中（行 8）。当目标节点 t 还没有到达（行 9），算法计算出从 s 开始，到达 curr_node 的每个邻接节点 node 的代价。从 s 到达 node 的代价定义为从 s 到达 curr_node 的代价加上 curr_node 到 node 的边代价（行 13）。前一个值通过算法来保持，而后一个值则是由边权重来定义。

如果邻接节点 node 的最短路径代价已经计算出来，然后移动到其他邻接节点（行 11 ~

12）。如果 node 还没被访问，即在 Group1 中，从 s 到达 node 的代价被记录下来，且 node 的父节点设置为 curr_node（行 14 ~ 17）。否则，从 s 到 node 的当前代价与新的 trial_cost 代价比较。如果 trial_cost 比从 s 到 node 的代价低，那么 node 的代价和父节点更新（行 18 ~ 20）。在所有邻居都被考虑过后，算法选择最好的或者代价最低的节点，并将它设置为新的 curr_node（行 21 ~ 22）。

一旦 t 找出，算法通过回溯找出最短路径。从 t 开始，算法访问 t 的父节点和那个节点的父节点，直到到达 s（行 23 ~ 26）。

在第一次迭代过后，Group3 包含了到 s 最近（相对于代价）的非源节点。经过第二次迭代后，Group3 包含从 s 出发存在第二最小最短路径代价的节点等。不论什么时候，新节点 node 加到 Group3 中，从 s 到 node 的最短路径必须只经过已经在 Group3 中的节点。这个不变的条件保证了一个最短的路径代价。

Dijkstra 算法效率的关键是代价更新少。在每次迭代中，只有最近添加到 Group3（curr_node）中节点的邻居需要考虑。邻近 curr_node 的节点，如果还不在 Group2 中，将添加到 Group2。然后，在 Group2 中具有最小最短路径代价的节点移到 Group3。一旦目标节点，即终止点，已经加到 Group3，算法将从目标节点回溯到起始节点，找出最优（最小代价）路径。

Dijkstra 算法不仅保证基于给定非负边权重的最小（最优）路径，而且也能优化各种各样的目标，只要它们能表示为边权重。这些目标的例子包括几何距离、电气性能、布线拥塞和线密度。

例：Dijkstra 算法。

给定： 具有九个节点 $a \sim i$ 的图和边权重（w_1，w_2）（右图）。

任务： 用 Dijkstra 算法找出从源 s（节点 a）到目标 t（节点 h）的最短距离，其中从节点 A 到节点 B 的路径代价是

$$\cos t[A][B] = \sum w_1(A,B) + \sum w_2(A,B)$$

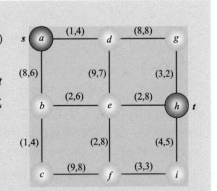

解： 只有 Group2 和 Group3 列出，Group1 直接编码在图中。每个节点 node 的父节点 [node] 是它从 s 出发的最短路径中的前一个。每个节点，除了 s，都有下面的公式。

$$<节点的父节点>[节点名]\left(\sum w_1(s,\mathrm{node}), \sum w_2(s,\mathrm{node})\right)$$

例如，$<a>[b]$（8，6）表示节点 a 是节点 b 的父节点，并有代价（8，6）。

迭代 1：curr_node = a

将起始节点 s = a 添加到 Group3 中。

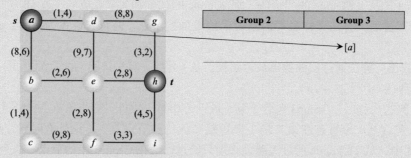

找出经过当前节点 a 到所有它的邻接节点（b 和 d）的累计路径代价。将每个邻接节点添加到 Group2 中，跟踪它的代价和父节点。

b：cost[s][b] = 8 + 6 = 14，parent[b] = a

d：cost[s][d] = 1 + 4 = 5，parent[d] = a

在 b 和 d 之间，d 有较低的代价。因此，d 被选择作为从 Group2 移动到 Group3 的节点。

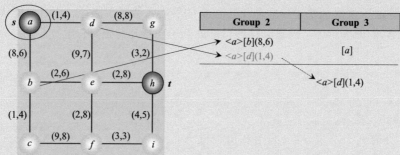

迭代 2：curr_node = d

计算所有与 d 邻接但不在 Group3 中的节点代价。如果邻接节点 node 是未访问的（node 在 Group1 中），那么将它添加到 Group2 中，并设置它的代价和父节点。否则（node 在 Group2 中），如果它的当前代价比现存的代价更低，更新它的代价和父节点。node 的代价定义为以下两点的最小值：1）现存路径代价，2）从 s 到 d 的路径代价加上 d 到 node 的边代价。从 Group2 中，选择具有最小代价的节点，并移动到 Group3 中。

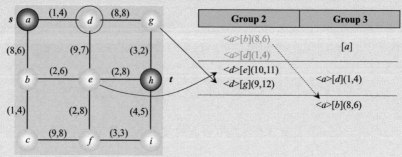

迭代 3～6：类似于迭代 2。在迭代 3 中，输入 <b> [e](10，12) 被拒绝，因为前一个输入 <d> [e](10，11) 更少。迭代 5 中的 <c>[f](18，18) 和迭代 6 中的 <e>[h](12，19) 也是如此。最终的结果如下所示。

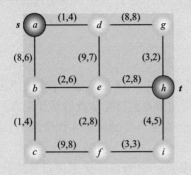

Group 2	Group 3
<a> [b] (8,6)	[a]
<a> [d] (1,4)	
<d> [e] (10,11)	<a> [d] (1,4)
<d> [g] (9,12)	
<b> [c] (9,10)	<a> [b] (8,6)
<b> [e] (10,12)	<b> [c] (9,10)
<e> [f] (18,18)	
<e> [f] (12,19)	<d> [e] (10,11)
<e> [h] (12,19)	
<g> [h] (12,14)	<d> [g] (9,12)
	<g> [h] (12,14)

从 t 到 s 追溯。

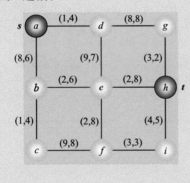

Group 2	Group 3
<a> [b] (8,6)	[a]
<a> [d] (1,4)	
<d> [e] (10,11)	<a> [d] (1,4)
<d> [g] (9,12)	
<b> [c] (9,10)	<a> [b] (8,6)
<b> [e] (10,12)	<b> [c] (9,10)
<e> [f] (18,18)	
<e> [f] (12,19)	<d> [e] (10,11)
<e> [h] (12,19)	
<g> [h] (12,14)	<d> [g] (9,12)
	<g> [h] (12,14)

结果： 从 s = a 到 t = h 的最优路径 a-d-g-h，累计代价为 [a](12，14)。

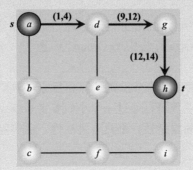

Dijkstra 算法可以应用到图，其节点也有遍历的成本。为了使上面这个实现，每个具有度 d 的节点用 d-clique（具有 d 个节点的完全子图）代替，每个全连通子图边有权重，等于初始节点代价。与初始节点关联的 d 条边重新连接，每个 d 全连通子图节点中有一条这样的边。因此，任何遍历初始节点的路径转化为遍历两个全连通子图节点和一条全连通子图边的一个通路。

5.6.4　用 A* 搜索算法找最短路径

A* 搜索算法 [9] 可以看作是 Dijkstra 算法的扩展。因此，A* 搜索通过使用启发式来引导搜索以实现更好的性能，它扩展了代价函数，包括从当前节点到目标节点的估计距离。与 Dijkstra 算法类似，A* 保证在估计距离从未超过实际距离的情况下，找到最短（代价最小）路径（即距离函数的可接受性或下界标准）。

如图 5.19 所示，A* 搜索也仅扩展最有前途的节点；它的最佳优先搜索策略比 Dijkstra 算法消除了更大的解空间。一个紧密（准确）的实际距离下界的距离估计可以导致相对广度优先搜索（BFS）及其变种和 Dijkstra 最短路径算法（最佳优先搜索）的运行时改进。

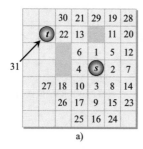 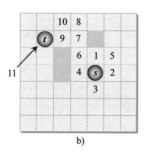 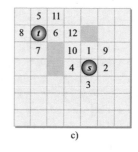

图 5.19　带源 s、目标 t 和障碍（有 'O' 的黑色方块）的最短路径布线实例。a）BFS 和 Dijkstra 算法向外扩充节点，直到 t 被找到，总共探索到 31 个节点。b）A* 搜索在 t 的方向考虑 11 个节点。当 A* 搜索结束后，只会考虑到 Dijkstra 算法中四分之一的节点（在这个例子中，11/31）。c）双向 A* 搜索从 s 和 t 中双向扩充节点。在这个例子中，双向 A* 搜索和无双向 A* 搜索的性能一样

A* 搜索实现可以从 Dijkstra 算法衍生得到，通过加入距离到目标的估计：A* 搜索节点扩充的优先级是基于（在 Dijkstra 算法中的 Group2 标签）+（到目标节点的距离估计）的最小和。

常见的变体是双向 A* 搜索，其中节点是从源和目标双向扩充，直到两个扩充区域相互交叉。应用这个技术，考虑到节点数可以通过一个小的要素来减少。但是，记录的开销，例如跟踪节点访问的顺序和高效实现的复杂性，都具有挑战性。在实际中，这个可以否定双向搜索的潜在优势。

5.7 全网表布线

与逐个线网布线的单线网布线相反（例如，一次布一个线网，见 5.6 节），全网表布线同时考虑所有网路。这只有在全局路由器能够将网路与布线资源正确匹配，并且不会在芯片的任何部分超额分配资源的情况下才能实现。一种有希望的同时对所有线网布线的方法是（整数）线性规划。在这里，全局布线问题被建模为以最大化已布线网数量为目标的整数线性规划（ILP）问题（见 5.7.1 节）。

单线网布线可能也需要一次考虑多个线网。首先，通过允许临时违规来对所有线网布线，然后一些线网会被迭代性地撤销。这是对于那些导致布线边缘资源争用或溢出的网路的情况。这些网路稍后会被重新布线，违规情况较少或没有违规。撤销和重新布线的迭代将继续，直到所有线网在不违反布线网格边缘容量或超时时限的情况下完成布线（见 5.7.2 节）。

5.7.1 整数线性规划布线

线性规划（LP）由约束条件和可选的目标函数的集合构成。这个函数根据约束条件来判断是最大或者最小。约束条件和目标函数都必须是线性的。特别地，这些约束形成一个线性等式和线性不等式的系统。整数线性规划（ILP）是每个变量只能是整数值的线性规划。在 ILP 中，所有变量是二进制的，称为 0-1 ILP。（整数）线性规划可以用很多可用的软件工具来解决，例如 GLPK[7] 和 MOSEK[16]。有几种方法将全局布线问题构建为一个 ILP，其中一种方法会在下面进行阐述。

ILP 有三个输入，即一个 $W \times H$ 的布线网格 G、布线边容量和网表 Netlist。对于开发目标，考虑到水平边是从左到右延伸，即 $G(i, j) \sim G(i + 1, j)$，而垂直边是从底向上延伸，即 $G(i, j) \sim G(i, j + 1)$。

ILP 使用两个变量集。第一个集合包含 k 个布尔变量 x_{net1}, x_{net2}, $\cdots$, x_{netk}，每个变量作为一个指示符，对应 k 个具体路径或者布线选项中的一个，每个线网 net∈Netlist。如果 $x_{netk} = 1$（或 = 0），那么，布线选项 net_k 可用（或不可用）。第二个集合包括 k 个实变量 w_{net1}, w_{net2}, $\cdots$, w_{netk}，每个变量表示具体布线选项的线网权重，每个线网 net∈Netlist。这个线网权重反映了 net 每个布线选项的愿望（较大的 w_{netm} 意味着布线选项 netm 的较大意愿——例如，有更少的布线拐弯）。对于 |Netlist| 线网，已知每个线网 net∈Netlist 的 k 个可用布线，每个集合中的变量总数是 $k \cdot$ |Netlist|。

下一步，ILP 公式化依赖于两种类型的约束。首先，每个线网必须选择一个单独的布线（互斥）。其次，为了防止溢出，许多布线分配到每个边，总用量不能超过它的容量。ILP 最大化布线网的总数，但可能留下一些未布线网。也就是说，如果可选布线导致存在解的溢出，那么这个布线不会被选择。如果对于一个特殊线网，所有布线引起溢出，那么不会选择任何布线，因此这个线网不会布线。

整数线性规划（ILP）全局布线规划

输入：

W,H	：	布线网格 G 的宽度 W 和高度 H
$G(i,j)$	：	在布线网格 G 位置 (i,j) 的网格单元
$\sigma(G(i,j)\sim G(i+1,j))$	：	水平边容量 $G(i,j)\sim G(i+1,j)$
$\sigma(G(i,j)\sim G(i,j+1))$	：	垂直边容量 $G(i,j)\sim G(i,j+1)$
$Netlist$	：	网表

变量：

$x_{net1},\ \cdots,\ x_{netk}$　：对于每个线网 $net \in Netlist$ ， k 个布
尔路径变量

$w_{net1},\ \cdots,\ w_{netk}$　：线网 $net \in Netlist$ 的每个路径, k 线网权重

最大化：

$$\sum_{net \in Netlist} w_{net1} \cdot x_{net1} + \cdots + w_{netk} \cdot x_{netk}$$

满足：

变量范围：

$$x_{net1},\ \cdots,\ x_{netk} \in [0,\ 1] \qquad \forall net \in Netlist$$

线网约束：

$$x_{net1} + \cdots + x_{netk} \leq 1 \qquad \forall net \in Netlist$$

容量约束：

$$\sum_{net \in Netlist} x_{net1} + \cdots + x_{netk} \leq \sigma(G(i,j)\sim G(i,j+1)) \qquad \forall net_k \text{ 使用 } G(i,j)\sim G(i,j+1),$$
$$0 \leq i < W, 0 \leq j < H-1$$

$$\sum_{net \in Netlist} x_{net1} + \cdots + x_{netk} \leq \sigma(G(i,j)\sim G(i+1,j)) \qquad \forall net_k \text{ 使用 } G(i,j)\sim G(i+1,j),$$
$$0 \leq i < W-1, 0 \leq j < H$$

在实践中，绝大多数引脚对引脚的连接是用 L 形或者直线来布线（没有布线拐弯的连接）。在这个规划中，直线连接可以用一个直线路径或者 U 形路径来布线；非直线连接可以用 L 形来布线。对于未布线网，其他拓扑结构可以使用迷宫布线（见 5.6.3 节）。

基于 ILP 的全局布线器包括 Sidewinder[12] 和 BoxRouter[4]。它们都利用 FLUTE[5] 将多引脚线网分解成双引脚线网，且每个线网的布线是从两个备选方案中选择或者不选择。如果对于一个线网的两个可行的布线都不能选择，则 Sidewinder 执行迷宫布线来寻找一个备用布线，并在 ILP 规划中代替不能用的布线。此外，成功布线的线网和未布线网没有冲突，能从 ILP 规划中删掉。因此，Siderwinder 解决了多重 ILP，直至观察到没有进一步提升时。与此相反，BoxRouter1.0 对用迷宫布线技术实现 ILP 的结果进行后处理。

例：应用整数线性规划的全局布线。

给定：（1）线网 $A \sim C$，（2）$W \times H = 5 \times 4$ 的布线网格 G，（3）对于所有 $e \in G$，$\sigma(e) = 1$，（4）L 形权重为 1.00，Z 形权重为 0.99。左下角是（0，0）。

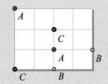

任务：写出 ILP 来布右图中的线网。

解：对于线网 A，可能的布线是两个 L 形（A_1，A_2）和两个 Z 形（A_3，A_4）。

线网约束：$x_{A1} + x_{A2} + x_{A3} + x_{A4} \leq 1$

变量约束：$0 \leq x_{A1} \leq 1$，$0 \leq x_{A2} \leq 1$，$0 \leq x_{A3} \leq 1$，$0 \leq x_{A4} \leq 1$

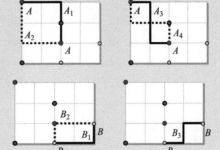

对于线网 B，可能的布线是两个 L 形（B_1，B_2）和一个 Z 形（B_3）。

线网约束：$x_{B1} + x_{B2} + x_{B3} \leq 1$

变量约束：$0 \leq x_{B1} \leq 1$，$0 \leq x_{B2} \leq 1$，$0 \leq x_{B3} \leq 1$

对于线网 C，可能的布线是两个 L 形（C_1，C_2）和一个 Z 形（C_3，C_4）。

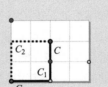

线网约束：$x_{C1} + x_{C2} + x_{C3} + x_{C4} \leq 1$

变量约束：$0 \leq x_{C1} \leq 1$，$0 \leq x_{C2} \leq 1$，$0 \leq x_{C3} \leq 1$，$0 \leq x_{C4} \leq 1$

每条边必须满足容量约束。只有非平凡约束会显示。

水平边容量约束：
$G(0, 0) \sim G(1, 0)：x_{C1} + x_{C3} \leq \sigma(G(0, 0) \sim G(1, 0)) = 1$
$G(1, 0) \sim G(2, 0)：x_{C1} \leq \sigma(G(1, 0) \sim G(2, 0)) = 1$
$G(2, 0) \sim G(3, 0)：x_{B1} + x_{B3} \leq \sigma(G(2, 0) \sim G(3, 0)) = 1$
$G(3, 0) \sim G(4, 0)：x_{B1} \leq \sigma(G(3, 0) \sim G(4, 0)) = 1$
$G(0, 1) \sim G(1, 1)：x_{A2} + x_{C4} \leq \sigma(G(0, 1) \sim G(1, 1)) = 1$
$G(1, 1) \sim G(2, 1)：x_{A2} + x_{A3} + x_{C4} \leq \sigma(G(1, 1) \sim G(2, 1)) = 1$
$G(2, 1) \sim G(3, 1)：x_{B2} \leq \sigma(G(2, 1) \sim G(3, 1)) = 1$
$G(3, 1) \sim G(4, 1)：x_{B2} + x_{B3} \leq \sigma(G(3, 1) \sim G(4, 1)) = 1$
$G(0, 2) \sim G(1, 2)：x_{A4} + x_{C2} \leq \sigma(G(0, 2) \sim G(1, 2)) = 1$
$G(1, 2) \sim G(2, 2)：x_{A4} + x_{C2} + x_{C3} \leq \sigma(G(1, 2) \sim G(2, 2)) = 1$
$G(0, 3) \sim G(1, 3)：x_{A1} + x_{A3} \leq \sigma(G(0, 3) \sim G(1, 3)) = 1$
$G(1, 3) \sim G(2, 3)：x_{A1} \leq \sigma(G(1, 3) \sim G(2, 3)) = 1$

垂直边容量约束：

$G\,(0,0) \sim G\,(0,1) : x_{C2} + x_{C4} \leqslant \sigma\,(G\,(0,0) \sim G\,(0,1)) = 1$

$G\,(1,0) \sim G\,(1,1) : x_{C3} \leqslant \sigma\,(G\,(1,0) \sim G\,(1,1)) = 1$

$G\,(2,0) \sim G\,(2,1) : x_{B2} + x_{C1} \leqslant \sigma\,(G\,(2,0) \sim G\,(2,1)) = 1$

$G\,(3,0) \sim G\,(3,1) : x_{B3} \leqslant \sigma\,(G\,(3,0) \sim G\,(3,1)) = 1$

$G\,(4,0) \sim G\,(4,1) : x_{B1} \leqslant \sigma\,(G\,(4,0) \sim G\,(4,1)) = 1$

$G\,(0,1) \sim G\,(0,2) : x_{A2} + x_{C2} \leqslant \sigma\,(G\,(0,1) \sim G\,(0,2)) = 1$

$G\,(1,1) \sim G\,(1,2) : x_{A3} + x_{C3} \leqslant \sigma\,(G\,(1,1) \sim G\,(1,2)) = 1$

$G\,(2,1) \sim G\,(2,2) : x_{A1} + x_{A4} + x_{C1} + x_{C4} \leqslant \sigma\,(G\,(2,1) \sim G\,(2,2)) = 1$

$G\,(0,2) \sim G\,(0,3) : x_{A2} + x_{A4} \leqslant \sigma\,(G\,(0,2) \sim G\,(0,3)) = 1$

$G\,(1,2) \sim G\,(1,3) : x_{A3} \leqslant \sigma\,(G\,(1,2) \sim G\,(1,3)) = 1$

$G\,(2,2) \sim G\,(2,3) : x_{A1} \leqslant \sigma\,(G\,(2,2) \sim G\,(2,3)) = 1$

目标函数：

最大化 $x_{A1} + x_{A2} + 0.99 \cdot x_{A3} + 0.99 \cdot x_{A4} + x_{B1} + x_{B2} + 0.99 \cdot x_{B3} + x_{C1} + x_{C2} + 0.99 \cdot x_{C3} + 0.99 \cdot x_{C4}$

5.7.2 拆线重布（RRR）

现代 ILP 解决程序帮助先进的基于 ILP 全局布线器数小时内成功完成成千上万的布线[4, 12]。但是，商业 EDA 工具需要更好的扩展性和更少的运行时间。拆线重布（RRR）框架针对有问题的线网，采用它常可满足这些性能需求。如果一个线网不能布线，这常常是因为物理障碍或者其他布线网占据它的路线。关键的思想是允许暂时的违反规则，以便所有线网得到布线，但是紧接着会迭代地删除一些线网（拆开），并将它们以与之前不同的方式布线（重布线），从而减少违规的布线数。与此相反，推挤（push-and-shove）策略[15]将当前的布线网移动到新的位置（没有拆开），来减少布线拥塞或者使以前不可布线网变得可布。

直观贪婪的布线方法会顺序布线网，并在可能的布线中坚持无违规布线，即使以大量的绕道作为代价。此外，RRR 框架允许线网（临时地）通过超额容量区域来布线⊖。这样有助于决定哪些线网应该绕道，而不是将最近的网绕道。

在图 5.20a 的例子中，假设线网以基于线网宽高比和 MBB(A-B-C-D) 的顺序布线。如果每个线网布线都没有违反规则（见图 5.20b），那么线网 D 被迫严重绕道。然而，如果线网不允许违规布线，那么一些线网会被拆开重布，使 D 能够使用更少的布线段（见图 5.20c）。

传统的 RRR 策略依赖于拆开重布违规的所有线网，并选择一个有效的线网顺序。也就是，线网布线顺序会严重影响最终解的质量。例如，对每个违反规则的线网, Kuh 和 Ohtsuki 在参考文献 [13] 中定义了 RRR 成功的量化概率（成功率），且只将最有希望的线网拆开重布。然而，每当线网不能违规布线时，这些成功率都会被计算，因此招致运行时间惩罚，特别是对于大规模设计。

⊖ 允许临时违规是一种常见的策略，用来处理大规模现代设计（ASIC）的布线，而对 PCB 而言，常用未违规布线。

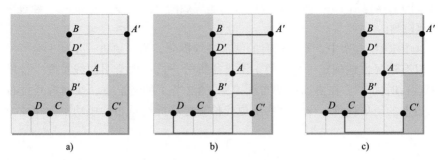

图 5.20 没有违反规则的布线和拆线重布。设置线网的顺序为 A-B-C-D。a）线网 A-D 的布线实例；b）如果所有线网在不允许违规的情况下布线，线网 D 被迫严重绕道，产生的线长度是 21；c）如果允许违规布线，那么所有违规的线网可以拆开重布，产生一个更小的线长度。在这个例子中，线网 A 是用一条最短路径构造重布，线网 B 和 C 则有些绕道，而线网 D 保持同样的最短路径配置，产生的线长度是 19

全局布线框架（重点是拆线重布）

输入： 未布线网 Netlist，布线网格 G

输出： 已布线网 Netlist

```
1   v_nets = ∅
2   foreach (net net ∈ Netlist)        //将违规网的列表排序
3     ROUTE(net,G)                      //初始化布线
4     if (HAS_VIOLATION(net,G))         //布线允许违规
5       ADD_TO_BACK(v_nets,net)         //如果 net 具有违规，则将 net 添加
                                        //到排序的表中，开始 RRR 框架
6   while (v_nets ≠ ∅ || !OUT())        //如果网仍然有违规或者终止条件没
                                        //有达到
7     v_nets = REORDER(v_nets)          //随意地改变网顺序
8     for (i = 1 to |v_nets|)
9       net = FIRST_ELEMENT(v_nets)     //处理第一个元素
10      if (HAS_VIOLATION(net,G))       //网仍然有违规
11        RIP_UP(net,G)                 //分裂网
12        ROUTE(net,G)                  //重布网
13        if (HAS_VIOLATION(net,G))     //如果仍然有违例，加入
14          ADD_TO_BACK(v_nets,net)     //违规网的列表中
15      REMOVE_FIRST_ELEMENT(v_nets)    //删除第一个元素
```

为了提升计算的可扩展性，现代的全局布线器跟踪所有违规布线的线网，线网经过至少一条超过容量的边。所有这些线网添加到顺序表 v_nets（行 1 ~ 5）。或者，v_nets 能进行排序来适应不同的顺序（行 7）。对于在 v_nets 中的每个线网 net（行 8），布线器首先检验 net 是否有违规（行 10）。如果 net 没有违规，即一些其他线网已经重布，远离 net 使用的拥塞边，然后跳过 net。否则，布线器拆线重布 net（行 11 ~ 12）。如果 net 仍然有违规，那么布线器将 net 增加

到 v_nets 中。这个过程持续到所有线网都被处理或者达到一个终止条件（行 6 ~ 15）。

这个框架的变体包括 1）一次性拆开所有的违规线网，然后逐一重布；2）经过重布所有线网后进行违规检测。

注意在这个 RRR 框架中，不是所有的网都必须拆分。为了更进一步减少运行时间，一些违规线网可以有选择性地确定（暂时的）不进行拆分。这一般会引起线长度少量增加，但是会大量减少运行时间[11]。在协商拥塞布线（见 5.8.2 节）的情况下，线网拆开重布，并建立适当的拥塞边上的历史代价。保持这些历史代价会提高拆线重布的成功率，并减少排序的重要性。

5.8 现代全局布线

随着芯片复杂度的增长，布线器必须限制布线连接长度和数量，因为这严重影响芯片的性能、动态功率消耗和产量。无违规的全局布线解决方案促进顺利过渡到可制造性设计（DFM）优化。没有违规地完成全局布线允许物理设计过程移到详细布线以及随后的流程步骤。然而，如果布局设计不可避免地产生不能布线，或者布线设计存在违规，那么第二个步骤必须隔离有问题的区域。在发现众多违规的情况下，常常通过反复执行全局布局或者详细布局，并插入空白空间到拥塞区域来修复。

几个著名的全局布线器包括 MiniDeviation[24]、SPRoute[25]、FGR[22]、MaizeRouter[15]、BoxRouter[4]、NTHU-Route 2.0[2]、NTUgr[2-3] 和 FastRoute 4.0[23]。图 5.21 展示了几个全局布线器的一般流程，其中每个布线器采用了一个独特的最优化集合，将权衡运行时间和解质量作为目标。

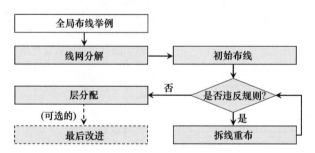

图 5.21　标准全局布线流程

给定一个全局布线实例，一个网表和一个有容量的布线网格，全局布线器首先将有三个以上引脚的线网分成双引脚子网。然后，生成一个在 2D 网格上的初始布线解。如果设计没有违规，全局布线器执行层分配，将 2D 布线映射到一个 3D 网格中。否则，导致违规的线网进行拆线重布。这个迭代过程持续到设计没有违规或者达到终止条件（如 CPU 限制）。

经过拆线重布后，一些布线器执行可选的清理通道来进一步最小化线长。其他全局布线器直接在 3D 网格上布线；这个方法趋向于改善线长度，但是比较慢且可能完成布线失败。更多关于全局布线流程、最优化和实现的内容可以在参考文献 [11] 中找到。

独立线网通过构造点对点连接来进行布线，采用迷宫布线（例如 Dijkstra 算法，见 5.6.3

节）和模式布线（见 5.8.1 节）。控制每个线网代价的流行方法是协商拥塞布线（NCR）（见 5.8.2 节）。

5.8.1　模式布线

给定一个双引脚（子）线网的集合，一全局布线器必须找出每个线网的通路，并且遵守容量约束。大多数线网用短通路来最小化线长度。迷宫布线技术，例如 Dijkstra 算法和 A* 搜索，可以用来保证在两个点之间有一条最短通路。但是，这些技术可能会导致不必要的变慢，尤其是当产生的拓扑结构是由边（点对点连接）组成，并用非常少的通孔来布线，例如 L 形。在实践中，许多线网的布线不仅短而且很少有拐弯。因此，很少有线网需要迷宫布线器。

为了改善运行时间，模式布线通过少量的布线模式来进行搜索。常常找出不能改善的通路，使迷宫布线变得非必要。给定一个 $m \times n$ 的边界盒，其中 $n = k \cdot m$ 且 k 是常量，模式布线花费 $O(n)$ 时间，而迷宫布线需要 $O(n^2 \log n)$ 时间。常常用在模式布线中的拓扑结构包括 L 形、Z 形和 U 形（见图 5.22）。

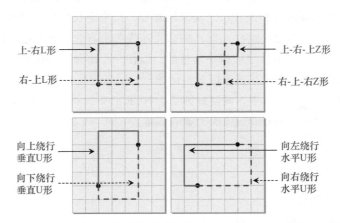

图 5.22　用来布双引脚线网的常用模式，例如 L 形、Z 形和 U 形

5.8.2　协商拥塞布线

有些布线器通过谈判拥塞布线（NCR）来执行撤销和重新布线，以控制每个网路的成本。通过强制线网争夺资源，从而确定哪个线网最需要该资源，以实现可布线性。在这种谈判中，通过优先考虑更关键的网路来最小化延迟[14]。

每条边 e 分配一个代价值 cost(e)，用来反映边 e 的需求。线网 net 通过 e 布线的线段代价 cost(e)。net 的总代价是 net 使用到的所有边的 cost(e) 总和。

$$\text{cost(net)} \sum_{e \in \text{net}} \text{cost}(e)$$

较高 cost(e) 价值不鼓励线网使用 e，并隐含地鼓励线网寻求其他较少使用的边。迭代布线方法使用诸如 Dijkstra 算法或者 A* 搜索之类的方法来找出最小代价的布线，同时遵守了边容量。也就是说，在当前的迭代中，所有线网根据当前边代价来进行布线。如果任何线网引起违规，例如某些边 e 拥塞，那么 1）拆开线网；2）这些线网穿过的边代价得到更新来反映它们的拥塞；3）线网在下一次迭代中重布。这个过程持续直到所有线网布好线或者符合部分终止条件。

边代价 cost(e) 是根据边拥塞 $\varphi(e)$ 增长，定义为通过 e 的线网总数除以 e 的容量。

$$\varphi(e) = \frac{\eta(e)}{\sigma(e)}$$

如果 e 不拥塞，即 $\varphi(e) \leqslant 1$，那么 cost(e) 不改变。如果 e 拥塞，即 $\varphi(e) > 1$，那么 cost(e) 会增长，以用来惩罚在后面迭代使用 e 的线网。在 NCR 中，cost(e) 只能增长或者维持不变[○]。在实际中，经过初始布线后，以及在每个后续布线迭代之后，边代价会更新。因为这样，对于每个线网，有着相同代价的不同布线数会减少，线网排序在全局布线中的重要性会降低。

cost(e) 增长率 Δcost(e) 必须被控制。如果 Δcost(e) 太高，那么整组线网会同时从一条边推向另一条边。这能引起线网的布线在边之间来回跳变，产生更长的运行时间和更长的布线，并可能危害成功的布线；如果 Δcost(e) 太低，那么无违规布所有线网需要很多次迭代，引起运行时间的增加。理想地，代价增长率应该是渐进的，以便一小部分线网在每次迭代中进行不同的布线。在不同的布线器中，增长率建模成线性函数[2]、动态改变的逻辑函数[15]以及具有缓慢增长常量的指数函数[1, 22]。在实际中，调整好的基于 NCR 的布线器可以有效地减少拥塞，并保持少的线长，其中总线长定义为布线长度加上通孔数量。

第 5 章练习

练习 1：Steiner 树布线

给定布线网格上六引脚线网（右图）。

（a）标记所有的 Hanan 点并画出 MBB。

（b）用 5.6.1 节中的启发式算法生成 RSMT。写出所有的中间步骤。

（c）对于给定线网，确定 RSMT 中的每个 Steiner 点的度。

（d）确定三引脚 RSMT 中可能有的 Steiner 点最大数。

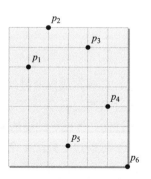

练习 2：在一个连接图中的全局布线

给定两个线网 A 和 B，以及带容量的连接图。确定这个布局是否可布线。如果布局不可布线，解释为什么。在可布线或者不可布线的一种情况下，计算出所有线网被布线后的剩余容量。

○ 如果 cost（e）减小，那么事先惩罚用 e 的线网不再有那个代价，而且在事先迭代中尝试布这些线网将是徒劳无益的，因为这些线网将用之前一样的边。

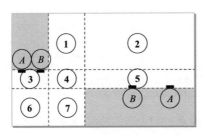 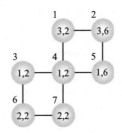

练习 3：Dijkstra 算法

带权重 (w_1, w_2) 图如下所示，用 Dijkstra 算法找出从起始节点 $s = a$ 到目标节点 $t = i$ 的最小代价通路。按照 5.6.3 节中的例子，生成 Group2 和 Group3 的表。

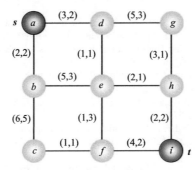

练习 4：基于 ILP 的全局布线

用不允许的 Z 形布线来修改 5.7.1 节给出的例子。给出全部的 ILP 实例和状态，不管它是否可行，即是否有效解。如果一个解存在，那么阐述网格上的布线。否则，解释为什么没有解存在。

练习 5：利用 A* 搜索的最短路径

通过移除一个障碍，修改图 5.19 所示的例子。对图 5.19b 中的 A* 搜索节点进行编号。

练习 6：拆线重布

考虑有 n 个线网的 $m \times m$ 网格上的拆线重布。估算所需的内存使用情况。从以下进行选择：

$$O(m^2) \qquad O(m^2+n) \quad O(m^2 \cdot n^2)$$
$$O(m^2 \cdot n) \quad O(n^2) \qquad O(m \cdot n) \qquad O(m \cdot n^2)$$

参 考 文 献

1. S. Batterywala, N. Shenoy, W. Nicholls and H. Zhou, "Track Assignment: A Desirable Intermediate Step Between Global and Detailed Routing", *Proc. Int. Conf. on CAD*, 2002, pp. 59–66. https://doi.org/10.1109/ICCAD.2002.1167514

2. Y. Chang, Y. Lee, J. Gao, P. Wu and T. Wang, "NTHU-Route 2.0: A Robust Global Router for Modern Designs," *IEEE Trans. on CAD* 29(12) (2010) pp. 1931–1944. https://doi.org/10.1109/TCAD.2010.2061590.

3. H.-Y. Chen, C.-H. Hsu and Y.-W. Chang, "High-Performance Global Routing with Fast Overflow Reduction", *Proc. Asia and South Pacific Design Autom. Conf.*, 2009, pp. 582–587. https://doi.org/10.1109/ASPDAC.2009.4796543.

4. M. Cho and D. Pan, "BoxRouter: A New Global Router Based on Box Expansion", *IEEE Trans. on CAD* 26(12) (2007), pp. 2130–2143. https://doi.org/10.1109/TCAD.2007.907003.

5. C. Chu and Y. Wong, "FLUTE: Fast Lookup Table Based Rectilinear Steiner Minimal Tree Algorithm for VLSI Design", *IEEE Trans. on CAD* 27(1) (2008), pp. 70–83. https://doi.org/10.1109/TCAD.2007.907068

6. E. W. Dijkstra, "A Note on Two Problems in Connexion with Graphs", *Num. Math.* 1 (1959), pp. 269–271. https://doi.org/10.1007/BF01386390

7. GLPK, https://www.gnu.org/software/glpk/. Accessed 1 Jan 2022.

8. M. Hanan, "On Steiner's Problem with Rectilinear Distance", *SIAM J. on App. Math.* 14(2) (1966), pp. 255–265. https://doi.org/10.1137/0114025

9. P. E. Hart, N. J. Nilsson and B. Raphael, "A Formal Basis for the Heuristic Determination of Minimum Cost Paths", *IEEE Trans. on Sys. Sci. and Cybernetics* 4(2) (1968), pp. 100–107. https://doi.org/10.1109/TSSC.1968.300136

10. J.-M. Ho, G. Vijayan and C. K. Wong, "New Algorithms for the Rectilinear Steiner Tree Problem", *IEEE Trans. on CAD* 9(2) (1990), pp. 185–193. https://doi.org/10.1109/43.46785

11. J. Hu, J. Roy and I. Markov, "Completing High-Quality Global Routes", *Proc. Int. Symp. on Physical Design*, 2010, pp. 35–41. https://doi.org/10.1145/1735023.1735035

12. J. Hu, J. Roy and I. Markov, "Sidewinder: A Scalable ILP-Based Router", *Proc. Sys. Level Interconnect Prediction*, 2008, pp. 73–80. https://doi.org/10.1145/1353610.1353625

13. E. S. Kuh and T. Ohtsuki, "Recent Advances in VLSI Layout", *Proc. IEEE* 78(2) (1990), pp. 237–263. https://doi.org/10.1109/5.52212

14. L. McMurchie and C. Ebeling, "Pathfinder: A Negotiation-Based Performance-Driven Router for FPGAs", *Proc. Int. Symp. on FPGAs*, 1995, pp. 111–117. https://doi.org/10.1109/FPGA.1995.242049

15. M. Moffitt, "MaizeRouter: Engineering an Effective Global Router", *IEEE Trans. on CAD* 27(11) (2008), pp. 2017–2026. https://doi.org/10.1109/TCAD.2008.2006082

16. MOSEK, https://www.mosek.com. Accessed 1 Jan 2022.

17. G.-J. Nam, C. Sze and M. Yildiz, "The ISPD Global Routing Benchmark Suite", *Proc. Int. Symp. on Physical Design*, 2008, pp. 156–159. https://doi.org/10.1145/1353629.1353663

18. R. Fischbach, J. Lienig, T. Meister "From 3D Circuit Technologies and Data Structures to Interconnect Prediction," *Proc. Sys. Level Interconnect Prediction*, 2009, pp. 77–84. https://doi.org/10.1145/1572471.1572485

19. J. Lienig, J. Scheible, *Fundamentals of Layout Design for Electronic Circuits*. Springer, 2020. ISBN 978-3-030-39,283-3. https://doi.org/10.1007/978-3-030-39284-0

20. R. C. Prim, "Shortest Connection Networks and Some Generalizations", *Bell Sys. Tech. J.* 36(6) (1957), pp. 1389–1401. https://doi.org/10.1002/j.1538-7305.1957.tb01515.x

21. H.-J. Rothermel and D. Mlynski, "Automatic Variable-Width Routing for VLSI", *IEEE Trans. on CAD* 2(4) (1983), pp. 271–284. https://doi.org/10.1109/TCAD.1983.1270045

22. J. A. Roy and I. L. Markov, "High-Performance Routing at the Nanometer Scale", *IEEE Trans. on CAD* 27(6) (2008), pp. 1066–1077. https://doi.org/10.1109/TCAD.2008.923255

23. Y. Xu, Y. Zhang and C. Chu, "FastRoute 4.0: Global Router with Efficient Via Minimization", *Proc. Asia and South Pac. Design Autom. Conf.*, 2009, pp. 576–581. https://doi.org/10.1109/ASPDAC.2009.4796542

24. W. Zhu, X. Zhang, G. Liu, W. Guo and T. -C. Wang, "MiniDeviation: An Efficient Multi-Stage Bus-Aware Global Router," *Proc. Int. Symp. on VLSI Design, Automation and Test*, 2020, pp. 1–4, https://doi.org/10.1109/VLSI-DAT49148.2020.9196219.

25. J. He, M. Burtscher, R. Manohar and K. Pingali, "SPRoute: A Scalable Parallel Negotiation-based Global Router," *Proc. Int. Conf. on CAD*, 2019, pp. 1–8, https://doi.org/10.1109/ICCAD45719.2019.8942105

第 6 章

详 细 布 线

回顾第 5 章，在全局布线中，版图区域表示成粗略网格，包括全局布线单元（gcell）或者更一般的布线区域（通道、开关盒）。在全局布线之后，每个线网都要进行详细布线，这也是本章的主题。

详细布线的目标是采用与全局布线一致的方式，分配信号线网的布线段到具体的布线轨道、通孔以及金属层。这些布线分配必须遵守所有设计规则。

每个 gcell 量级小于整个芯片，例如 10 × 10 的布线轨道，不论实际的芯片尺寸。只要布线穿过所有相邻的 gcell 并保持适当连接，就能独立于其他 gcell 的布线来执行一个 gcell 的详细布线。这样促成一个有效率的分而治之框架，并使并行算法成为可能。并且，详细布线运行时间（理论上）能以版图的大小线性缩放。

传统的详细布线技术应用在布线区域，例如通道（见 6.3 节）和开关盒（见 6.4 节）。对于现代设计，单元上（OTC）布线（见 6.5 节）允许在标准单元上布线。由于技术扩展，现代详细布线器必须考虑额外的制造规则（除最小宽度 / 间距和重叠规则外）以及制造故障和分辨率的影响（见 6.6 节）。

6.1 术语

通道布线是详细布线的一种特殊情况，其中终端引脚之间的连接是在一个没有障碍的布线区域（通道）中布置。引脚是位于通道的相对两侧（见图 6.1 左图）。按照惯例，通道是水平取向，引脚在通道的顶端和底部。在较旧的、可变密度布线环境中，例如双层标准单元布线，通道高度（即布线轨道的数量）是灵活的，也就是说，通道的容量可以根据需要进行调整，以容纳必要的布线量。

当引脚位置在一个固定大小布线区域（开关盒，见图 6.1 右图）中的所有四边时，执行**开关盒布线**。这样使详细布线比通道布线困难得多。开关盒布线会在 6.4 节中进行更深入的讨论。

OTC 布线使用额外的金属层轨道，例如在 Metal3 和 Metal4 上，这些轨道不会被单元格所阻挡，允许布线路径跨越单元格和通道。如图 6.2 展示的例子，OTC 布线只使用单元格未占用的金属层和轨道。当单元格仅利用多晶硅和 Metal1 层时，布线可以在剩余的金属层（Metal2、Metal3 等）以及未使用的 Metal1 资源上进行。OTC 布线在 6.5 节中进一步讨论。

在经典的通道布线中，布线区域是一个矩形网格，引脚位于顶端和底部边界（见图 6.3）。

并且，引脚位于垂直网格线或者列。通道高度取决于需要布所有线网的轨道数量。在两层布线中，一层是专为水平轨道，而另一层则是为垂直轨道。每个布线层的优先方向是由布图规划和标准单元行的方向来确定的。在水平单元行中，多晶硅层（晶体管门）线段一般是垂直的（V），而 Metal1 层线段是水平的（H）。金属层的优先方向会在 H 和 V 之间交替。为了连接 Metal1 层上的单元引脚，布线器会从一个 Metal2 层布线段中钻一个或者更多的孔。

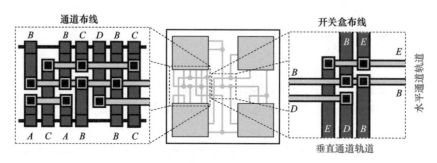

图 6.1 双层通道布线和开关盒布线的示例。每个线网 $A \sim D$ 的引脚都垂直放置在通道上。每个层有一个首选方向，其中一层仅有水平轨道（粉色），而另一层仅有垂直轨道（蓝色）。如果布线一个线网需要同时使用水平和垂直轨道，则会使用通孔

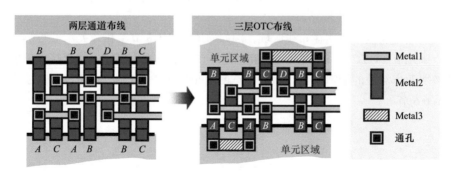

图 6.2 OTC 布线的一个示例。注意到，就像右侧展示的三层 OTC 布线一样，如果将一些线网布线经过单元格区域，则需要较少的布线轨道

给定一个通道，它的上界和下界定义为线网 ID 的向量，分别表示为 TOP 和 BOT。这里，每列表示为两个线网 ID（见图 6.3），一个从顶部轨道边界，另一个是从底部轨道边界。未连接引脚的线网 ID 是 0。在图 6.3 的例子中，TOP = [$B\,0\,B\,C\,D\,B\,C$] 和 BOT = [$A\,C\,A\,B\,0\,B\,C$]。

水平约束存在两个线网之间，如果它们的水平线段布置在相同轨道时交叠。图 6.4 中的例子包括一个水平布线层和一个垂直布线层，其中线网 B 和 C 是水平约束。如果两个线网的水平线段没有重叠，那么它们无水平约束，都能分配到相同的轨道，例如图 6.4 中的线网 A 和 B。

垂直约束存在两个线网中，如果它们的引脚在相同列。换句话说，在同一列中，来自顶端的垂直线段必须在一短距离中"停止"，以便和来自底部的垂直段交叠（见图 6.5）。如果每个线网分配到一个单独的水平轨道中，那么来自顶端线网的水平线段必须放在相同列中来自底端线

网的水平线段之上。在图 6.5a 中，这个垂直约束将线网 A 的水平片段分配到位于线网 B 水平片段上方的轨道。垂直约束也可以暗示垂直冲突，如图 6.5b 所示。

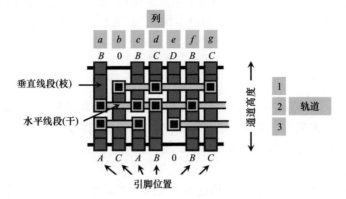

图 6.3　关于通道布线的水平通道的术语。列是垂直网格线而轨道是水平网格线

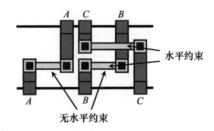

图 6.4　水平约束和无水平约束线网的例子。线网 B 和 C 是水平约束，因此需要不同的水平轨道

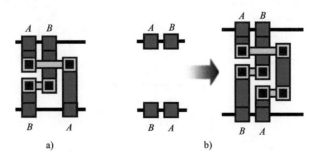

图 6.5　垂直约束线网的例子。a）线网 A 和 B 没有垂直冲突；b）线网 A 和 B 有一个垂直冲突。这两个线网可以通过分开一个线网的垂直线段和使用额外的第三条轨道来进行布线

　　尽管垂直约束隐含水平约束，但是反过来并不成立。然而，当在通道中分配线段的时候，两种类型的约束必须满足。

6.2 水平和垂直约束图

在通道布线实例中，线网的相对位置用水平和垂直约束编码，能分别建模成水平和垂直约束图。这些图用来初始预算所需轨道的最小数量，以及检测潜在的布线冲突。

6.2.1 水平约束图

1. 重叠区表示

在通道中，所有的水平线段必须最少跨越它们各自线网的最左和最右的引脚。让 $S(col)$ 表示穿过列 col 的线网集合。换句话说，$S(col)$ 包含所有线网或连接到列 col 中的一个引脚，或有引脚连接到 col 的左边和右边。因为水平线段不能重叠，$S(col)$ 中的每个线网必须分配到列 col 中的不同轨道。

只有所有列中的一个子集需要描述整个通道。如果存在列 i 和 j，满足 $S(i)$ 是 $S(j)$ 的子集，那么 $S(i)$ 可以被忽略掉，因为它在布线解上的约束比 $S(j)$ 更少。

在图 6.6 中，每个 $S(col)$ 是 $S(c)$、$S(f)$、$S(g)$ 或者 $S(i)$ 中至少一个的子集。而且，最大列 c、f、g 和 i 包括最小的一组此性质的列。注意到这些列一起包含所有线网。

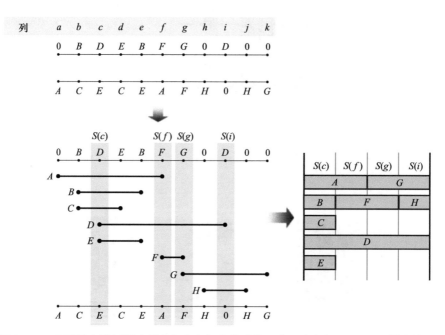

图 6.6　一个通道布线问题（顶上）和它相应的重叠区表示（右）。只展示了最大的列

2. 图表示

通道中的线网也能表示成水平约束图 HCG(V, E)，其中节点 $v \in V$ 对应于网表中的线网，无向边 $e(i, j) \in E$ 存在于节点 i 和 j 之间，如果对应线网都是某集合 $S(col)$ 中的成员。换句话说，如果对应线网是水平约束的，那么 $e \in E$。图 6.7 展示了图 6.6 中通道布线实例的 HCG。

通道布线所需轨道数的下界能从 HCG 或者重叠区表示中得到。这个下界限是用任何 $S(\text{col})$ 的最大基数给出的。

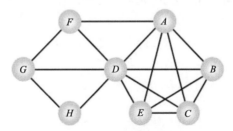

图 6.7 图 6.6 中通道布线实例的 HCG。在 HCG 或者重叠区表示中，轨道数量的下界是 5

6.2.2 垂直约束图

垂直约束是用垂直约束图 VCG(V, E) 表示的。节点 $v \in V$ 表示一个线网。如果线网 i 一定位于线网 j 上面，那么有向边 $e(i, j) \in E$，连接节点 i 和 j。然而，通过传递导出的边不被包括。例如，在图 6.8 中，边 (B, C) 没有包括进去，因为它能从边 (B, E) 和 (E, C) 导出。

VCG 中的环表明一个冲突，即两个线网的垂直线段在一个特定列重叠。也就是说，两个线网的水平线段同时在上或者下。这种矛盾能通过切分线网和使用一个额外的轨道来解决（见图 6.9）。

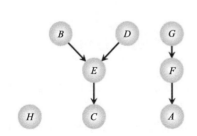

图 6.8 图 6.6 中通道布线实例的 VCG

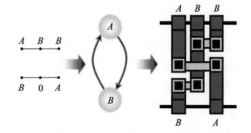

图 6.9 通道布线问题（左），它的 VCG 有一个环或者冲突（中），以及用线网切分和额外第三轨道解决的一个可能解（右）

如果在 HCG 的最大基数集合 $S(\text{col})$ 中出现循环，则基于 $S(\text{col})$ 中网络数量的所需轨道数量的下界将不再紧密。必须将线网切分，并且必须调整所需的最小轨道数量，来处理 HCG 和 VCG（垂直约束图）的冲突。

例：垂直和水平约束图。

给定：通道布线实例（右图）。

任务：找出线网 $A \sim F$ 的水平约束图（HCG）和垂直约束图（VCG）。

a	b	c	d	e	f	g
0	B	D	B	A	C	E

D	C	E	F	0	A	F

解：

TOP 和 BOT 向量：TOP = [0 B D B A C E]，BOT = [D C E F 0 A F]

确定 col = a···g 的 $S(col)$。

$S(a) = \{D\}$　$S(b) = \{B, C, D\}$　$S(c) = \{B, C, D, E\}$

$S(d) = \{B, C, E, F\}$　$S(e) = \{A, C, E, F\}$

$S(f) = \{A, C, E, F\}$　$S(g) = \{E, F\}$

找出最大的 $S(col)$。

$S(a) = \{D\}$ 和 $S(b) = \{B, C, D\}$ 都是 $S(c) = \{B, C, D, E\}$ 的子集。

$S(f) = \{A, C, E, F\}$ 和 $S(g) = \{E, F\}$ 都是 $S(e) = \{A, C, E, F\}$ 的子集。

最大 $S(col)$：$S(c) = \{B, C, D, E\}$　$S(d) = \{B, C, E, F\}$

$S(e) = \{A, C, E, F\}$

找出 HCG 和 VCG。

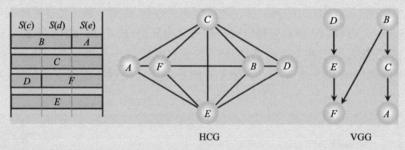

HCG　　　　　VGG

因为 VCG 中没有环，所以不需要将线网切分（见 6.2.2 节）。因此，每个线网只需要一个水平线段用来布线。

轨道分配基于 VCG 和 HCG。例如，根据 VCG，线网 D 会分配到最顶上的轨道。根据 HCG，在 VCG（线网 B）顶级上的其他线网分配到其他轨道上。

HCG 确定了所需轨道数量的低界。因为 VCG 中没有环（冲突），轨道的最小数量等于最大 $S(col)$ 的基数，这里 $|S(c)| = |S(d)| = |S(e)| = 4$。

6.3　通道布线算法

通道布线寻求最小化轨道数用来完成布线。在门阵列设计中，通道高度一般是固定的，而算法是旨在设计实现 100% 布线的完成。

6.3.1　左边算法

早期的通道布线算法由 Hashimoto 和 Stevens[8] 开发。他们简单且广泛使用的左边算法，基于 VCG 和区域表示，贪心地最大化每条轨道的使用。前者确定将线网分配到轨道的顺序，而后者确定哪些线网可以共享同一条轨道。每个线网只使用一个水平段（主干）。

　　左边算法的工作原理如下。从最顶部的轨道开始（第 1 行）。对于所有未分配的线网 nets_unassigned（行 3），生成 VCG 和区域表示（行 4 ~ 5）。然后，在从左到右的顺序中（行 6），对于每个未分配的线网 n，如果 n 在 VCG 中没有前置节点且它不与之前已分配的任何线网冲突，则将其分配到当前轨道（行 7 ~ 11）。一旦 n 被分配，将其从 nets_unassigned 中移除（行 12）。在考虑所有未分配的线网后，增加轨道索引（行 13）。继续这个过程，直到所有线网都被分配到布线轨道（行 3 ~ 13）。

左边算法
输入： 通道布线实例 CR
输出： 对于每个线网进行轨道分配

```
1    curr_track = 1                        // 从最顶上的轨道开始
2    nets_unassigned = Netlist
3    while (nets_unassigned != ∅)         // 如果线网仍然是未分配的
4      VCG = VCG(CR)                       // 生成 VCG 和区表示
5      ZR = ZONE_REP(CR)                   //
6      SORT(nets_unassigned,
           (start column)                  // 找出所有未被分配线网的从左到右的顺序

7      for (i =1 to |nets_unassigned|)
8        curr_net = nets_unassigned[i]
9        if (PARENTS(curr_net) == ∅ &&    // 如果 curr_net 没有父节点且不
10          (TRY_ASSIGN(curr_net,               会在 curr_net 中导致冲突
             curr_track))

11         ASSIGN(curr_net, curr_track)    // 分配 curr_net
12         REMOVE(nets_unassigned, curr_net)
13     curr_track = curr_track + 1         // 考虑下一个轨道
```

　　左边算法找到具有最少轨道数量的解决方案，或者如果在 VCG 中没有循环，则找到 $S(\text{col})$ 的最大基数。Yoshimura[21] 通过将网长纳入 VCG 中，增强了轨道选择。Yoshimura 和 Kuh[22] 在构建 VCG 之前通过线网切分改进了轨道利用率。

　　例： 左边算法。
　　给定： 通道布线实例（右图）。
　　任务： 用左边算法来布通道中的线网 A ~ J。

```
0   A   D   E   A   F   G   0   D   I   J   J
●———●———●———●———●———●———●———●———●———●———●———●

●———●———●———●———●———●———●———●———●———●———●———●
B   C   E   C   E   B   F   H   I   H   G   I
```

　　解： curr_track = 1，VCG 和重叠区表示为

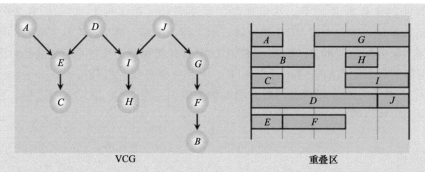

VCG 　　　　　　　　　　重叠区

　　线网 A、D 和 J 在 VCG 中没有前驱，而且可以分配到 curr_track = 1。线网 A 首先分配，因为它在最左边。线网 D 不再分配到 curr_track，因为会和线网 A 有冲突。然而，线网 J 能分配到 curr_track，因为没有冲突。从 VCG 和重叠区表示中移除线网 A 和 J。

curr_track = 2，VCG 和重叠区表示为

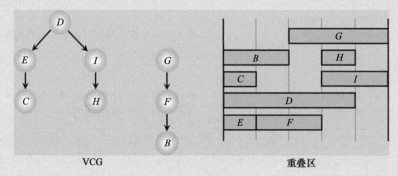

VCG 　　　　　　　　　　重叠区

　　线网 D 和 G 在 VCG 中没有前驱且能分配到 curr_track = 2。线网 D 首先分配，因为它在最左边。线网 G 不再分配到 curr_track，因为会和线网 D 冲突。从 VCG 和重叠区表示中移除线网 D。

curr_track = 3，VCG 和重叠区表示为

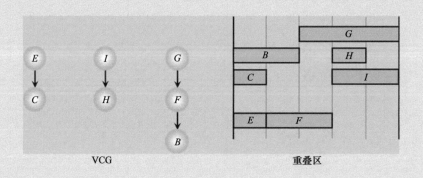

VCG 　　　　　　　　　　重叠区

线网 E、G 和 I 在 VCG 中没有前驱且能分配到 curr_track = 3。线网 E 首先分配，因为它在最左边。线网 G 分配到 curr_track，因为它不会和任何线网冲突。线网 I 不能分配，因为会和线网 G 冲突。从 VCG 和重叠区表示中移除线网 E 和 G。

curr_track = 4 和 curr_track=5 和前面的迭代相似。线网 C、F 和 I 分配到轨道 4。线网 B 和 H 分配到轨道 5。

已布线的通道：

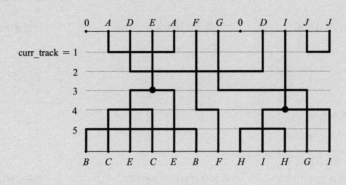

6.3.2　Dogleg 布线

为了处理 VCG 中的环，可以引入 Dogleg（L 形）。Dogleg 算法不仅可以减缓 VCG 中的冲突（见图 6.10），而且有助于减少轨道的总数量（见图 6.11）。

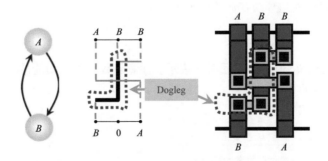

图 6.10　引入 Dogleg 在线网 B 冲突周边进行布线

Dogleg 算法由 Deutsch[6] 在 20 世纪 70 年代提出，可以消除 VCG 中的环并减少布线轨道的数量（见图 6.11）。该算法扩展了左边算法，通过将 p 引脚线网（$p>2$）切分成 $p-1$ 水平线段。线网切分引入 Dogleg，在额外垂直轨道不可用的假设下，只发生在包含了给定线网的一个引脚列中。经过线网切分，该算法遵循左边算法（见 6.4.1 节）。子线网用 VCG 和重叠区来表示。

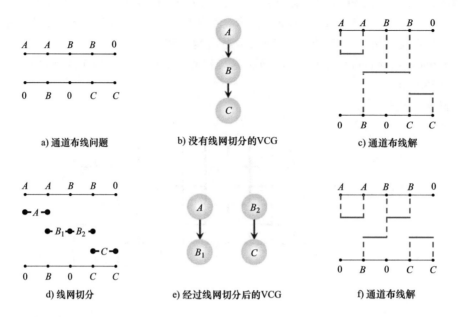

a) 通道布线问题   b) 没有线网切分的VCG   c) 通道布线解

d) 线网切分   e) 经过线网切分后的VCG   f) 通道布线解

图 6.11 怎样进行线网切分来减少所需轨道数的例子。a）通道布线实例；b）没有线网切分的常见 VCG；c）用三个轨道且没有线网切分的通道布线解；d）线网切分应用到图 c 中的通道布线解；e）经过线网切分后的新 VCG；f）只用两个轨道的带线网切分的新通道布线解

例：Dogleg 左边算法。

给定：通道布线实例（右图）。

任务：用 Dogleg 左边算法在通道中布线网 $A \sim D$。

列	a	b	c	d	e	f
	C	D	0	D	A	A
	B	B	C	0	C	D

解：

切分线网，找出 S(col) 并确定重叠区表示。注意：线网的子网能放在同一个轨道上，不用考虑重叠区表示中的重叠。

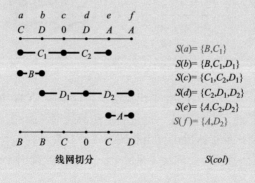

$S(a)= \{B, C_1\}$
$S(b)= \{B, C_1, D_1\}$
$S(c)= \{C_1, C_2, D_1\}$
$S(d)= \{C_2, D_1, D_2\}$
$S(e)= \{A, C_2, D_2\}$
$S(f)= \{A, D_2\}$

线网切分 $S(col)$

找出 VCG。

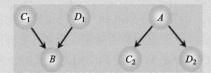

轨道分配：

curr_track=1

考虑线网 C_1、D_1 和 A。首先分配 C_1，因为它在重叠区表示中的最左边。剩余线网中，只有线网 A 不会导致冲突。因此，分配线网 A 到 curr_track 中。从 VCG 中删除线网 C_1 和 A。

curr_track=2

考虑线网 D_1、C_2 和 D_2。首先分配线网 D_1，因为它在重叠区表示中的最左边。剩余线网中，只有线网 D_2 不会引起冲突。因此，分配线网 D_2 到 curr_track。从 VCG 中移除线网 D_1 和 D_2。

curr_track=3

考虑线网 B 和 C_2。首先分配线网 B，因为它在重叠区表示中的最左边。线网 C_2 不会引起冲突。因此，分配线网 C_2 到 curr_track。

已布线的通道：

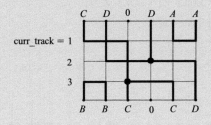

6.4 开关盒布线

回顾 6.1 节，开关盒具有固定的尺寸，并在四个方向上包含引脚连接。开关盒布线的目标是连接每组具有相同标签的引脚。线网可以在特定的水平轨道或垂直列上进行布线，并且当轨道和列位于多个层时允许交叉。与通道布线相比，由于开关盒的路由器无法插入新的轨道，四个方向上的引脚导致更多的交叉和更大的复杂性。如果开关盒布线失败，可以向开关盒和相邻通道添加新的轨道，然后再次尝试开关盒布线。

在本节中，由于不考虑布线障碍物，因此算法描述得以简化。然而，所有算法都可以相应地进行扩展。

6.4.1 术语

开关盒定义为 $(m+1) \times (n+1)$ 区域，具有 $0 \cdots (m+1)$ 列和 $0 \cdots (n+1)$ 行。第 0 列和第 $(m+1)$ 列是开关盒的左右边界，而第 0 行和第 $(n+1)$ 行是开关盒的上下边界。第 $1 \sim m$ 列用小写字母标记，例如 a 和 b；第 $1 \sim m$ 轨道用数字标记，例如 1 和 2。

开关盒是由 LEFT、RIGHT、TOP 和 BOT 四个向量定义的，其中它们分别定义了在左右上下边界的引脚顺序。因为引脚位于四周，所以使用这些边布线是严格受限的。

6.4.2 开关盒布线算法

开关盒布线的算法可以由通道布线算法派生而来。Luk[17] 将 Rivest 和 Fiduccia[19] 的贪婪通道路由器扩展，提出了一个带有以下关键改进的开关盒布线算法：

1）引脚分配在四边。

2）水平轨道自动分配到左边的引脚。

3）跳动（Jog）用在顶端和底端引脚上，以及连接到最右边引脚的水平轨道。

这种算法的性能与来自参考文献 [19] 的贪婪通道路由器类似，但由于开关盒的尺寸是固定的，因此它不能保证完全可布线性。

例：开关盒布线。

给定：图 6.12 中 $8 \times 7 (m=7，n=6)$ 的开关盒布线实例。

TOP[0 $D F H E C C$]　　LEFT = [A 0 $D F G$ 0]

BOT[0 0 $G H B B H$]　　RIGHT = [$B H A C E C$]

任务：在开关盒中布线网 $A \sim H$。

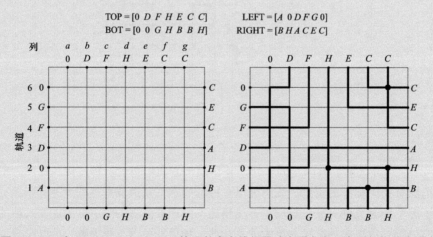

图 6.12　一个 $8 \times 7 (m=7，n=6)$ 的开关盒布线问题（左图）和一个可行解（右图）

解：

列 a：分配线网 A 到轨道 2。分配线网 D 到轨道 6。延伸线网 A（轨道 2）、F（轨道 4）、G（轨道 5）和 D（轨道 6）。

列 b：在轨道 6 中连接顶部引脚 D 到线网 D。用轨道 1 分配线网 G。延伸线网 G（轨道 1）、A（轨道 2）和 F（轨道 4）。

列 c：在轨道 4 中连接顶部引脚 F 到线网 F。在轨道 1 中连接底部引脚 G 到线网 G。分配线网 A 到轨道 3。延伸线网 A（轨道 3）。

列 d：将底部引脚 H 连接到顶部引脚 H。延伸线网 H（轨道 2）和 A（轨道 3）。

列 e：用轨道 1 连接底部引脚 B。用轨道 5 连接顶部引脚 E。延伸线网 B（轨道 1）、H（轨道 2）、A（轨道 3）和 E（轨道 5）。

列 f：在轨道 1 上连接顶部引脚 B 到线网 B。用轨道 6 连接顶部引脚 C。延伸线网 B（轨道 1）、H（轨道 2）、A（轨道 3）、E（轨道 5）和 C（轨道 6）。

列 g：在轨道 2 上用线网 H 连接底部引脚 H。在轨道 6 上用线网 C 连接顶部引脚 C。将线网 C 分配到轨道 4 上。延伸轨道 1、2、3、4、5 和 6 上的线网到它们对应的引脚。

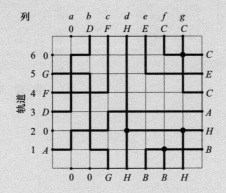

Ousterhout 等人开发了一个考虑障碍物（如预布线网络）的通道和开关盒路由器[18]，其基于参考文献 [19] 中的贪婪通道路由器。Cohoon 和 Heck 开发了开关盒路由器 BEAVER，该算法考虑了 v 过渡层（vias）并最小化总布线面积[3]。BEAVER 允许在各个层面上有额外的首选布线方向灵活性，采用以下策略：1）拐角布线，即水平和垂直片段形成弯曲；2）线扫描布线用于简单的连接和直线段；3）线程布线，可以实现任意类型的连接；4）层分配。

另一个众所周知的开关盒路由器 PACKER，由 Gerez 和 Herrmann[7] 开发，包含三个主要步骤。首先，每个线网都独立地进行布线，忽略容量约束。其次，使用保持连通性的局部转换（CPLT）来解决任何剩余的冲突。最后，对线网片段进行局部修改（重新布线），以缓解布线拥塞。

6.5 OTC 与全局单元布线算法

在 6.3 ~ 6.4 节中大多数布线算法主要处理两层布线。但是，现代标准单元设计超过两层，因此，这些算法必须相应地进行扩展。一个常用的策略是通道间的单元背靠背地放置，或者不使用通道。单元主要只使用 Poly 和 Metal1 层进行内部布线。更高的金属层，例如 Metal2 和 Metal3 层，不会被标准单元阻碍，且一般会使用 OTC 布线。这些金属层常常表示成由 gcell（全局单元）组成的粗略布线网格。线网利用 Steiner 树（见 5.6.1 节）进行全局布线，然后再进行详细布线（见 6.5.2 节）。

在另一种方法中，在单元之间建立通道，但是受限于内部单元层，例如 Poly 和 Metal1 层。布线一般会在较高金属层上实现，例如 Metal2 和 Metal3。因为标准单元不会在这些较高层形成布线障碍，布线通道的概念和这里的条件无关。因此，布线是在整个芯片区域进行的，而不是在单独的通道或者开关盒（见图 6.13 和图 6.14）。

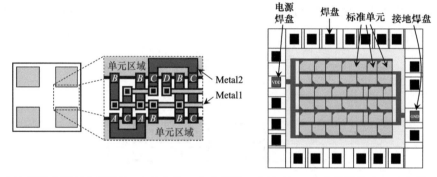

图 6.13 左边是具有两层金属层的 OTC 布线。右边则是一个使用 OTC 布线的具有两层金属层的标准单元布局。其中，单元行共享电源和接地轨，不为通道留出空间；注意这种情况下所需的交替单元格方向

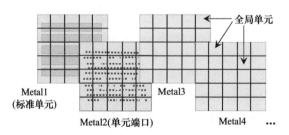

图 6.14 设计的布线（金属）层划分成全局单元。在 Metal1 层中的标准单元区域用深灰色表示

对于多于三层的设计，布局区域内的全局单元会被分解并延伸到单元格边界（见图 6.14）。此外，电源（VDD）和地（GND）线网需要交替的单元格方向（见图 6.13 右图）。

有时候，OTC 布线和通道布线共存。例如，IP 模块一般在几个最低的金属层上进行模块布线，这样 IP 模块之间的空间能细分成通道或者开关盒。此外，FPGA 结构常常使用非常少的金属层来减少制造成本，因此集群可编程互联成为逻辑单元之间的通道。FPGA 也可以包括预先

设计好的乘法器、数字信号处理（DSP）模块和内存，它们使用 OTC 布线。最近的 FPGA 还包括快速线，安排到较高的金属层，可能跨越逻辑元件。

6.5.1 OTC 布线方法

OTC 布线分三个步骤执行：1）选择线网布在通道外；2）在 OTC 区域布这些线网；3）在通道中布剩余线网。Cong 和 Liu[4] 解决了步骤 1 和 2，最佳时间是 $O(n^2)$，其中 n 是线网的数量。

图 6.15 展示了一个三层标准单元设计的片段。Metal3 层既用于通道内的水平轨道，也用于 OTC 布线。尽管早期的 OTC 布线应用中使用了三层金属层，但现代集成电路采用了六层或更多金属层。

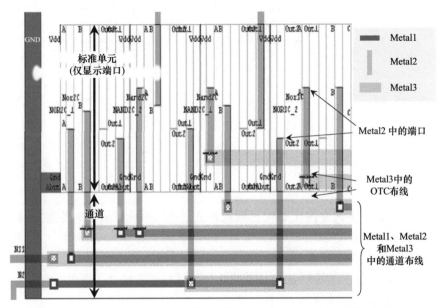

图 6.15　三层版图的一部分，只显示了布线和引脚连接。Metal2 层线段主要是垂直的。Metal1 和 Metal3 层线段主要是水平的；Metal3 比其他线段要宽（不包括左边的表示地的条纹）

6.5.2 OTC 布线算法

本节介绍了一些历史上的和较新的 OTC 和全局单元布线算法。有关更多详细信息可以在各自的出版物中找到。

Chameleon OTC 布线器 [2] 是由 Braun 等提出的，首次生成在两个或者三个金属层中线网的拓扑结构，从而最小化总的布线区域，然后分配这些线网段到轨道中。Chameleon 的关键创新点是它能在每层基础上考虑工艺参数。例如，设计者可以指定每层每个线网段之间的线宽度和最小距离。

Cong 等人在参考文献 [5] 中选择了一个不同的方法来进行 OTC 布线。所有线网首先布在二层，然后再映射成三层。应用最短路径和平面化布线算法将二层布线映射成具有最小接线区域的三层布线。作者假设一个 H-V-H 三层模型，其中在第一层和第三层采用水平轨道，在第二层采用垂直轨道。这个方法可以延伸到四层布线。

Ho 等人在参考文献 [9] 中开发了另一种 OTC 布线技术，该技术使用一组简单的启发式算法进行贪婪式布线，并进行迭代应用。它在解决 Deutsch Difficult Example[6] 通道布线实例时获得了认可，使用了二层金属层上的 19 个轨道，与区域表示中最大的 $S(col)$ 的大小相匹配。

Holmes 等人提出了 WISER[10]，使用了空闲引脚位置和单元区域来增加 OTC 布线的数量（见图 6.16），并仔细选择线网来进行 OTC 布线。

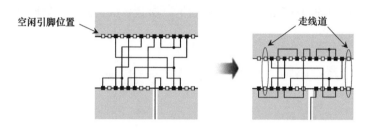

图 6.16　WISER 用空闲引脚位置来减少通道轨道的数量，从四个变成了两个 [10]。走线道是从一个单元的顶端到底部的空闲的垂直布线轨道，确保了邻近通道之间的连接。当未使用的引脚位置位于通道上顶部和底部上相对位置时，垂直 Metal2 层上的走线道连接邻近的通道。一个未使用的引脚位置意味着在标准单元内部的位置没有 Metal1 层的特征（引脚），因此不需要 Metal2 来连接任何标准单元引脚。所以，Metal2 资源可用

近期的详细路由器不再专注于 OTC，而是着重于现代布线挑战中的特定方面，主要是为了解决在先进技术节点下出现的问题。其中两个著名的例子是 "BonnRoute" [11-12] 和 "Regular-Route" [13]，它们提供了完整且考虑制造可行性的详细布线解决方案。

Gonçalves 等人在参考文献 [14-15] 中提出了一种针对纳米尺度详细布线的隧道感知 A* 下界和设计规则感知的路径搜索算法。

Kahng 等人发表了 "TritonRoute"[16]，这是一个开源的端到端详细布线方案。他们的基于 A* 的布线算法能够理解连通性约束（如开路和短路）和设计规则约束，如间距表、线末间距（EOL）、最小面积和切割间距。

6.6　详细布线的现代挑战

自从 20 世纪 60 年代，低成本、高性能和低功耗的 IC 需求驱动技术发展 [23]。现代技术发展的重要方面是在不同金属层中使用不同宽度的布线。一般地，在较高金属层中的较宽布线使信号的速度比在较低金属层的细布线中要快得多。这样有助于适应性能变化，但是以更少的布线轨道为代价。更粗布线一般用于时钟（见 7.5 节）和电源布线（见 3.7 节），以及全局互联 [24]。

如今，制造商使用不同的金属层和宽度配置来适应高性能设计。然而，这种多样化的布线资源使得详细布线更具挑战性。连接不同宽度的导线的过渡层将阻塞较小线距层上的额外布线

资源。例如，一些 IBM 的 130～32nm 技术设计中的层叠配置如图 6.17 所示 [1]。M 层的导线具有最小可能的宽度 λ，而 C 层、B 层、E 层、U 层和 W 层上的导线较宽，分别为 1.3λ、2λ、4λ、10λ 和 16λ。

90nm 工艺节点（商业化时间在 2003—2005 年之间）是首次引入的不同的金属层厚度，其中前两层采用较厚的导线。更先进的 3～5nm 金属层堆叠通常包含至少六种不同的导线厚度。在制造过程中使用的先进光刻技术导致对每一层中首选布线方向的严格执行。

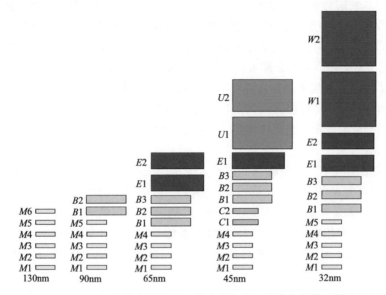

图 6.17　130～32nm 工艺节点的代表层叠（在每个工艺节点缩放到最小特征尺寸）

在详细布线中，半导体制造产量是一个关键问题。为了预防制造缺陷，通孔双置和非树布线插入冗余通孔和布线段作为备份，以防止电气连接的丢失。在先进的工艺节点中，可制造性约束（设计规则）使详细布线更严格和更复杂。例如，设计规则根据布线和通孔之间的宽度和邻近布线拐角，指定最小允许间距。更新的间距规则考虑了多个邻近的多边形。禁用间距规则禁止相隔一定距离的布线，但是允许更小或者更大的间距。

1. 通孔缺陷

回顾（单独的）通孔，它连接不同金属层的两条布线。然而，在制造过程中通孔可能会错位，并且在芯片的寿命期间容易受到电迁移效应的影响 [25-26]。一个有缺陷的通孔会增加电阻，可能引起电路中的时序错误。制造完全失败的通孔，可能不会连接线网，并改变电路的功能。为了避免通孔的失效，现代 IC 设计常常使用双通孔。这样的保护需要额外的资源（区域），而且必须遵守所有的设计规则。这些资源可能在一些通孔周边不可用。在一些拥塞区域内，只有小部分通孔可以翻倍 [20]。在详细布线之后，冗余通孔能用在现代商业布线器或者独立的良率增加工具。

2. 互连缺陷

在布线中，两个最常见的制造缺陷是短路（没有达到预期连接）和开路（断开连接）。为了解决短路问题，邻近布线可以进一步分开，这样也减少了电磁干扰。然而，分开布线太远会增加总线长，因此增加设计形成开路的可能程度。为了解决开路问题，非树布线 [27] 添加冗余布线到已经布好的线网。然而，因为线长增长直接违背了传统的布线目标（见第 5、6 章），这个步骤常常作为详细布线之后的后处理步骤。冗余布线增加设计短路的影响，但是使设计免于形成开路。

3. 天线诱导缺陷

另外一种制造缺陷会影响晶体管，但是可以用约束布线拓扑结构来缓和。它常常发生在晶体管和一个或者多个金属层制造出来以后，但是在其他层完成之前。在等离子蚀刻中，金属线没有连接到 PN 结节点，可能聚集了显著的电荷，通过栅极电介质来放电（旧的工艺节点会用 SiO_2，新的工艺节点会用高 k 电介质），会不可逆地损害晶体管门。为了防止这些天线效应，详细布线器限制了每个金属层中金属占栅极区域的比率。特别地，它们限制金属多边形连接到栅极的区域，没有连接到源 / 漏极注入区。当违背这些天线规则时，最简单的修复方法是将布线的一部分通过新的或者重定位通孔转移到一个更高的层。

4. 分辨率增强约束

现今，在尖端制程中，光刻曝光的波长大于被曝光的最小结构。为了克服这种逆转（和"物理矛盾"），需要复杂的分辨率增强技术（RET），以确保即使小尺寸的结构也能被准确地解析 [24]。其中一种技术是光学近距离修正（OPC），通过改变布局结构，使光线照射到光刻胶上的强度分布尽量接近原始布局中所绘制的结构。其他常用的工业部署选项包括使用相移掩膜和多次曝光技术 [24]。RET 可能会导致多种布局约束，例如前面提到的禁止间距规则，在本书范围之外 [28]。

第 6 章练习

练习 1：左边算法

给定一个具有以下引脚连接的通道（从左到右的顺序）：

TOP = [A B A 0 E D 0 F]　　BOT = [B C D A C F E 0]

（a）找出列 a ~ h 的 S(col) 和最小布线轨道数。

（b）画出 HCG 和 VCG。

（c）用左边算法来将这个通道进行布线。对于每个轨道，标记安置线网且画出从（b）中更新的 VCG。画出具有完整布线网的通道。

练习 2：Dogleg 左边算法

给定一个具有以下引脚连接的通道（从左到右顺序）：

TOP = [A A B 0 A D C E]　　BOT = [0 B C A C E D D]。

（a）在不切分线网的情况下画出垂直约束图（VCG）。

（b）确定线网 A ~ E 的重叠区表示。找出列 a ~ h 的 S(col)。

（c）在切分线网的情况下画出垂直约束图（VCG）。

（d）在切分线网和不切分线网条件下，找出所需最小轨道数。

（e）用 Dogleg 左边算法来布这个通道。对每个轨道，声明哪些线网被分配。画出最后的布线通道。

练习 3：开关盒布线

给定开关盒每边线网：

（从下至上顺序）LEFT = [0 *G A F B* 0]　　　　RIGHT = [0 *D C E G* 0]

（从左到右顺序）BOT = [0 *A F G D* 0]　　　　TOP = [0 *A C E B D*]

用 6.4.2 节中所示的方法来进行开关盒布线。对于每列，标记已布线网和它们相应的轨道。画出所有线网都布线好的开关盒。

练习 4：制造缺陷

考虑一个具有高布线拥塞的区域和一个布线可以全部简单完成的区域。对于 6.6 节中讨论的每种制造缺陷，是否在一个拥塞的区域中更容易出现？给出解答并解释。可用小例子来可视化拥塞和不拥塞的区域，会发现这很有用。

练习 5：详细布线中的现代挑战

开发一种算法来进行双通孔插入。

练习 6：非树布线

讨论非树布线的优点和缺点（见 6.6 节）。

参 考 文 献

1. C. J. Alpert, Z. Li, M. D. Moffitt, G.-J. Nam, J. A. Roy and G. Tellez, "What Makes a Design Difficult to Route", *Proc. Int. Symp. on Physical Design*, 2010, pp. 7-12. https://doi.org/10.1145/1735023.1735028

2. D. Braun et al., "Techniques for Multilayer Channel Routing", *IEEE Trans. on CAD* 7(6) (1988), pp. 698-712. https://doi.org/10.1109/43.3209

3. J. P. Cohoon and P. L. Heck, "BEAVER: A Computational-Geometry-Based Tool for Switchbox Routing", *IEEE Trans. on CAD* 7(6) (1988), pp. 684-697. https://doi.org/10.1109/43.3208

4. J. Cong and C. L. Liu, "Over-the-Cell Channel Routing", *IEEE Trans. on CAD* 9(4) (1990), pp. 408-418. https://doi.org/10.1109/ICCAD.1988.122467

5. J. Cong, D. F. Wong and C. L. Liu, "A New Approach to Three- or Four-Layer Channel Routing", *IEEE Trans. on CAD* 7(10) (1988), pp. 1094-1104. https://doi.org/10.1109/43.7808

6. D. N. Deutsch, "A 'Dogleg' Channel Router", *Proc. Design Autom. Conf.*, 1976, pp. 425-433. https://doi.org/10.1145/800146.804843

7. S. H. Gerez and O. E. Herrmann, "Switchbox Routing by Stepwise Reshaping", *IEEE Trans. on CAD* 8(12) (1989), pp. 1350-1361. https://doi.org/10.1109/43.44515

8. A. Hashimoto and J. Stevens, "Wire Routing by Optimizing Channel Assignment within Large Apertures", *Proc. Design Autom. Workshop*, 1971, pp. 155-169. https://doi.org/10.1145/800158.805069

9. T.-T. Ho, S. S. Iyengar and S.-Q. Zheng, "A General Greedy Channel Routing Algorithm", *IEEE Trans. on CAD* 10(2) (1991), pp. 204-211. https://doi.org/10.1109/43.68407

10. N. D. Holmes, N. A. Sherwani and M. Sarrafzadeh, "Utilization of Vacant Terminals for Improved Over-the-Cell Channel Routing", *IEEE Trans. on CAD* 12(6) (1993), pp. 780-792. https://doi.org/10.1109/43.229752

11. M. Ahrens et al., "Detailed Routing Algorithms for Advanced Technology Nodes", *IEEE Trans. Comput.-Aided Design Integr. Circuits Syst.*, vol. 34, no. 4, pp. 563-576, Apr. 2015. https://doi.org/10.1109/TCAD.2014.2385755

12. M. Gester et al., "BonnRoute: Algorithms and Data Structures for Fast and Good VLSI

Routing", *ACM Trans. Design Automat. Electron. Syst.*, vol. 18, no. 2, pp. 1-24, 2013. https://doi.org/10.1145/2442087.2442103

13. Y. Zhang and C. Chu, "RegularRoute: An Efficient Detailed Router Applying Regular Routing Patterns", *IEEE Trans. Very Large Scale Integr. (VLSI) Syst.*, vol. 21, no. 9, pp. 1655-1668, Sep. 2013. https://doi.org/10.1109/TVLSI.2012.2214491

14. S. M. M. Gonçalves, L. S. da Rosa and F. S. de Marques, "An Improved Heuristic Function for A*-based Path Search in Detailed Routing", *Proc. IEEE Int. Symp. Circuits Syst. (ISCAS)*, pp. 1-5, 2019. https://doi.org/10.1109/ISCAS.2019.8702460

15. S. M. M. Gonçalves, L. S. da Rosa and F. de S. Marques, "DRAPS: A Design Rule Aware Path Search Algorithm for Detailed Routing", *IEEE Trans. Circuits Syst. II Exp. Briefs*, 2019. https://doi.org/10.1109/TCSII.2019.2937893

16. A. B. Kahng, L. Wang and B. Xu, "TritonRoute: The Open-Source Detailed Router," *IEEE Trans. on CAD of Integrated Circuits and Systems*, vol. 40, no. 3, pp. 547-559, 2021. https://doi.org/10.1109/TCAD.2020.3003234.

17. W. K. Luk, "A Greedy Switchbox Router", *Integration, the VLSI J.* 3(2) (1985), pp. 129-149. https://doi.org/10.1016/0167-9260(85)90029-X

18. J. K. Ousterhout et al., "Magic: A VLSI Layout System", *Proc. Design Autom. Conf.*, 1984, pp. 152-159. https://doi.org/10.1109/DAC.1984.1585789

19. R. Rivest and C. Fiduccia, "A 'Greedy' Channel Router", *Proc. Design Autom. Conf.*, 1982, pp. 418-424. https://doi.org/10.1109/DAC.1982.1585533

20. G. Xu, L.-D. Huang, D. Pan and M. Wong, "Redundant-Via Enhanced Maze Routing for Yield Improvement", *Proc. Asia and South Pacific Design Autom. Conf.*, 2005, pp. 1148-1151. https://doi.org/10.1109/ASPDAC.2005.1466544

21. T. Yoshimura, "An Efficient Channel Router", *Proc. Design Autom. Conf.*, 1984, pp. 38-44. https://doi.org/10.1109/DAC.1984.1585770

22. T. Yoshimura and E. S. Kuh, "Efficient Algorithms for Channel Routing", *IEEE Trans. on CAD* 1(1) (1982), pp. 25-35. https://doi.org/10.1109/TCAD.1982.1269993

23. *Int. Roadmap for Devices and Systems (IRDS)*, 2021 Edition. https://irds.ieee.org/editions. Accessed 1 Jan. 2022.

24. J. Lienig, J. Scheible, *Fundamentals of Layout Design for Electronic Circuits*. Springer, 2020. ISBN 978-3-030-39283-3, 2020. https://doi.org/10.1007/978-3-030-39284-0

25. J. Lienig, M. Thiele, *Fundamentals of Electromigration-Aware Integrated Circuit Design*, Springer, 2018. ISBN 978-3-319-73557-3. https://doi.org/10.1007/978-3-319-73558-0

26. J. Lienig, M. Thiele, "The Pressing Need for Electromigration-Aware Integrated Circuit Design", *Proc. Int. Symp. on Phys. Design,* 2018, pp. 144-151. https://doi.org/10.1145/3177540.3177560

27. A. Kahng, B. Liu and I. Măndoiu, "Non-Tree Routing for Reliability and Yield Improvement", *Proc. Int. Conf. on CAD*, 2002, pp. 260-266. https://doi.org/10.1109/ICCAD.2002.1167544

28. N. Dhumane, S. K. Srivathsa and S. Kundu, "Lithography Constrained Placement and Post-Placement Layout Optimization for Manufacturability," 2011 *IEEE Computer Society Annual Symposium on VLSI*, 2011, pp. 200-205. https://doi.org/10.1109/ISVLSI.2011.32

特 殊 布 线

在本章中，将考虑集成电路布线的几种特殊情况。正如在前几章中所见，对于数字集成电路，首先进行全局布线（见第 5 章），然后进行详细布线（见第 6 章）。全局布线首先将芯片划分为布线区域，并为所有信号线网搜索区域之间的路径；然后进行详细布线，确定这些线网的精确轨迹和通孔位置。

然而，某些类型的设计，例如模拟电路和印制电路板（PCB），不需要将布线分为全局布线和详细布线。在这种情况下，采用区域布线，只考虑可用于互连的区域，而不考虑几何约束，如全局布线单元。因此，区域布线器直接构建信号连接的金属路径，无需分开进行全局和详细布线步骤（见 7.1 节）。非 Manhattan 布线在 7.2 节中介绍。时钟布线及相关的时钟树合成在 7.3 节和 7.4 节中进行讨论。

需要注意的是，电源和地线的布线在第 3 章的 3.7 节中已经涵盖，因为它是在芯片规划过程中执行的。

7.1　区域布线

7.1.1　简介

区域布线的目的是将设计中符合下列条件的线网进行布线：①没有进行全局布线；②属于给定的版图范围；③符合所有几何和电子设计规则。区域布线将实现下列最优化目标：

1）最小化布线总长和所有线网的通孔总数。

2）最小化线网的总面积和布线层数。

3）最小化电路时延并确保线网密度的均匀性。

4）排除邻近线网之间的有害容性耦合。

区域布线的进行需遵守**工艺约束**（布线层的数量、最小线宽度）、**电子约束**（信号完整性、耦合）和**几何约束**（优先布线方向、线间距）。工艺约束和电子约束一般是由几何规则表示的，在现代布线中需直接解决以提升建模准确度。然而，减少总线长将减小电路面积，增加产量，并提升信号完整性。例如，图 7.1 中左边的结构是较优的，因为它的总长度是最小的。

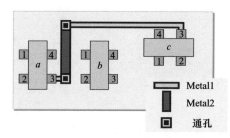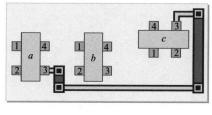

图 7.1　连接引脚 a_3 和 c_3 的两引脚线网的两种不同区域布线可能性。左侧的布线配置可以得到更短的线长，而右侧的配置为后续布线的网路，比如连接引脚 c_4 的网路，提供了较少的阻塞

为了测量线长，一般使用（直线的）Euclidean 距离 d_E 和（直线的）Manhattan 距离 d_M。对于平面上的两点 $P_1(x_1, y_1)$ 和 $P_2(x_2, y_2)$，Euclidean 距离等于

$$d_E(P_1, P_2) = \sqrt{(x_2 - x_1)^2 + (y_2 - y_1)^2} = \sqrt{(\Delta x)^2 + (\Delta y)^2}$$

而 Manhattan 距离则等于

$$d_M(P_1, P_2) = |x_2 - x_1| + |y_2 - y_1| = |\Delta x| + |\Delta y|$$

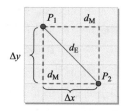

根据定义，Manhattan 路径只包括垂直和水平段。模拟电路和部分 PCB 可以使用无限制的 Euclidean 布线（非 Manhattan 布线），而数字电路通常使用基于轨迹的 Manhattan 布线。以下事实和属性与这两种布线方案相关。

考虑到平面内 P_1 和 P_2 之间的所有最短路径。Euclidean 最短路径是唯一的，但是 Manhattan 最短路径可以是多个。在没有障碍的情况下，在一个 $\Delta x \times \Delta y$ 区域的 Manhattan 最短路径数量等于

$$\binom{\Delta x + \Delta y}{\Delta x} = \binom{\Delta x + \Delta y}{\Delta y} = \frac{(\Delta x + \Delta y)!}{\Delta x! \Delta y!}$$

这个例子（右图）有 35 条路径（$\Delta x = 4$，$\Delta y = 3$）。

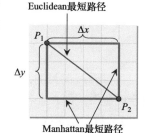

两对节点可能允许两个非交叉的 Manhattan 最短路径，而它们的 Euclidean 最短路径是交叉的。

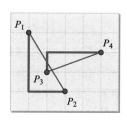

如果两对节点间所有 Manhattan 最短路径对都是两两交叉的，那么
它们的 Euclidean 最短路径也是交叉的。

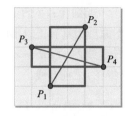

对于一条水平或垂直线段来说，其 Manhattan 距离等于 Euclidean 距离，其他情况下 Manhattan 距离都大于 Euclidean 距离：

$$\frac{d_M}{d_E} = \begin{cases} 1.41 & \text{最坏情形：} \Delta x = \Delta y \text{的方块} \\ 1.27 & \text{无障碍时的均值} \end{cases}$$

7.1.2 线网顺序

区域布线的结果和运行时间对线网布线的顺序非常敏感。Euclidean 布线尤其如此，Euclidean 布线要求尽量少用最短路径，所以该算法将更多地倾向于沿着区域的轮廓进行布线。如果采用贪婪算法，它将每次优化一个线网长度来对多个线网进行布线，这样将会产生一个不良布线结构，其中包含大量的布线失败（见图 7.2），并且总线长也不满足要求（见图 7.3）。此外，在将多引脚线网转换为双引脚分支线网时，线网排序的复杂性也将增加。因此，此算法在布线之前就确定好了线网和引脚的顺序。

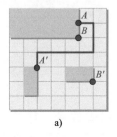 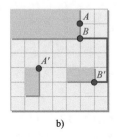 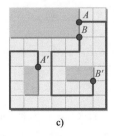

a)　　　　　　　　　　b)　　　　　　　　　　c)

图 7.2　线网顺序对可布线性的影响。a）线网 A 的某个最优布线妨碍了线网 B 的布线；b）线网 B 的某个最优布线妨碍了线网 A 的布线；c）如果两线网长度都允许超过最小线长，那么线网 A 和 B 可以同时布线成功

线网和引脚顺序的选择取决于所采用的布线算法的类型。引脚顺序可以通过几种算法进行优化，例如基于 Steiner 树的算法（见 5.6 节）、其他将多引脚线网分解成双引脚线网的方法，以及几何准则。引脚位置可以通过 x 轴排序，然后从左到右进行连接。给定已完成连接的引脚，下一个引脚的连接将采用最短路径算法。

对于 n 个线网，有 $n!$ 种可能的线网顺序。在缺乏明确准则和多项式时间算法的情况下，将使用构造式启发式算法。这些启发式算法可以对线网进行定量的排序或将线网成对地排序，具体算法原理如下所述。对于一个线网 net，令 MBB（net）为包含 net 引脚位置的最小边界框，$AR(net)$ 为 MBB(net) 的纵横比，$L(net)$ 为 net 的长度。

规则 1：对于两个线网 i 和 j，如果 $AR(i) > AR(j)$，那么 i 将在 j 之前布线（见图 7.4）。基本原理为具有正方形的 MBB 的线网相对于其他高或宽的边框的线网具有更好的布线灵活性（所有直线网的 $AR = \infty$）。而当 $AR(i) = AR(j)$ 时，布线顺序取决于线长情形，即如果 $L(i) < L(j)$，i 将在 j 之前布线。

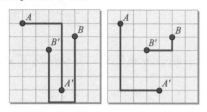

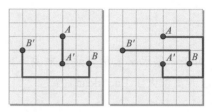

图 7.3　线网顺序对总线长的影响。图中，首先进行线网 A（左图）的布线结果劣于首先对线网 B（右图）进行布线

图 7.4　根据线网边框纵横比确定线网顺序。线网 A 具有更高的纵横比（$AR(A) = \infty$），这样先布线网 A 将得到较短的总线长（左图），而先布线网 B 则会产生较大的总线长（右图）

规则 2：对于两个线网 i 和 j，如果 i 的引脚包含在 MBB(j) 中，那么 i 将在 j 之前布线（见图 7.5）。如果未完全包含在 MBB 中的已布线网数超过一定限制，则这种布线方法不成立。

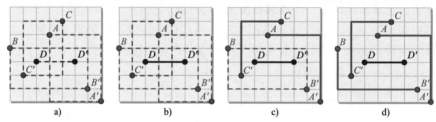

图 7.5　根据线网边框内引脚位置确定线网顺序。最先布线的线网没有引脚包含在 MBB 中。从线网 D 开始，共有两种可能的线网顺序：D-A-C-B 和 D-A-C-B。a）线网 A ~ D 及其 MBB；b）首先布线 D；c）先布线 C 再布线 A 或者先布线 A 再布线 C；d）布线 B

规则 3：令 Π（net）为线网 net 的 MBB（net）中的引脚数量。对于两个线网 i 和 j，如果 Π（i）< Π（j），那么 i 将在 j 之前布线，即边框中包含最少引脚数的线网将优先布线（见图 7.6）。

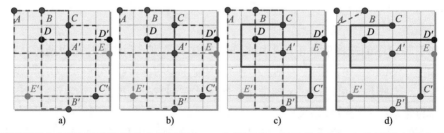

图 7.6　根据线网中 MBB 引脚数量确定线网顺序。a）线网 A ~ E 及其 MBB；b）线网 D 首先布线，因为它的 MBB 中没有引脚；c）随后布线 C，因为它只包含了一个引脚。而因为 E 包含两个引脚，所以将在线网 C 后布线；d）随后对线网 B 和 A 布线，所以布线顺序是 D-C-E-B-A。可以看到，该例不能在 Manhattan 网格上根据顺序线序进行布线

7.2　非 Manhattan 布线

由 7.1 节可知，传统的 Manhattan 布线只允许垂直和水平线段。较短的路径可能含有对角线段。不过，半导体工艺不能有效地制造任意对角线段。一个可行的妥协方案是允许 45° 或者 60° 的段添加到水平和垂直段中。这些非正交布线结构常称为 λ 几何结构。这里，λ 表示可能的布线方向⊖，且它们可以被定向的角度为 π/λ。

1）λ = 2（90°）：Manhattan 布线（四个布线方向）。

2）λ = 3（60°）：Y 布线（六个布线方向）。

3）λ = 4（45°）：X 布线（八个布线方向）。

后两个布线方式在基于 Manhattan 布线上的优点是减少了线长度和通孔数量。但是，其他步骤在物理设计流中，例如物理验证，会变得非常长。此外，非 Manhattan 布线会因为光刻的限制而在最近的技术点中变得非常困难。因此，非 Manhattan 布线主要在印制电路板中使用。这些会在 7.2.1 节中的八向路线设计和 7.2.2 节中的八个方向路径搜索中阐述。

7.2.1　八向 Steiner 树

八向 Steiner 最小树（OSMT）允许线段在八个方向延伸，从而将绝对距离 Steiner 最小树一般化。对角线段的支持提高了 Steiner 点放置时的自由度，进而减小总线长度。目前，半导体业界已经提出了若干 OSMT 算法。例如在参考文献 [9，19] 中所讨论的算法。下面将讨论由 Ho 等人 [9] 提出的算法。

八向 Steiner 树算法 [9]

输入： 所有引脚 P 的集合以及它们的坐标

输出： 启发式八向最小 Steiner 树 OST

```
1   OST = ∅
2   T = set of all three-pin nets of P found by Delaunay triangulation
3   sortedT = SORT(T, minimum octilinear distance)
4   for (i = 1 to |sortedT|)
5     subT = ROUTE(sortedT[i])    // 生成 subT 和布线最小树
6     ADD(OST, subT)              // 添加路径到已有树中
7     IMPROVE(OST, subT)          // 根据 subT 局部改善 OST
```

首先，找出目标线网中最短的三引脚分支线网。为了确定三引脚集合，在所有的引脚进行 Delaunay 三角划分⊖（行 2）。然后，按它们的最小八向布线长度进行升序排列（行 3）。随后，集成这些三引脚分支网成为总体的 OSMT。对于所有已排序好的集合 subT（行 4），首先对最小八向长度的 subT 进行布线（行 5），其次将 subT 和当前的八向 Steiner 树 OST 合并（行 6），最后根据 subT 局部最优化 OST（行 7）。

⊖ 别将它与版图缩放系数 λ 相混淆。

⊖ 平面上点集 P 的 Delaunay 三角划分是一个三角划分 DT(P)，使得点集 P 中任意点都不在 DT(P) 中的任意三角形的外接圆内。三角形的外接圆可定义为通过三角形所有顶点的圆。

例：八向 Steiner 树。

给定：引脚 $P_1 \sim P_{12}$。

$P_1(2, 17)$ $P_2(1, 14)$ $P_3(11, 15)$ $P_4(4, 11)$

$P_5(14, 12)$ $P_6(2, 9)$ $P_7(11, 9)$ $P_8(12, 6)$

$P_9(16, 6)$ $P_{10}(7, 4)$ $P_{11}(3, 1)$ $P_{12}(14, 1)$

任务：求解启发式八向 Steiner 最小树。

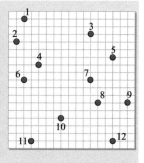

解：

采用 Delaunay 三角划分算法求出所有三引脚分支线网。求出所有分支线网的最小八向 Steiner 树代价，并将这些线网以代价的升序进行排序。

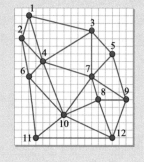

$L(T_{2,4,6}) \approx 7.1$ $L(T_{7,8,9}) \approx 7.4$ $L(T_{1,2,4}) \approx 7.7$

$L(T_{3,5,7}) \approx 8.5$ $L(T_{8,9,12}) \approx 8.7$ $L(T_{7,8,10}) \approx 8.7$

$L(T_{5,7,9}) \approx 9.7$ $L(T_{4,6,10}) \approx 9.9$ $L(T_{8,10,12}) \approx 10.7$

$L(T_{6,10,11}) \approx 11.9$ $L(T_{3,4,7}) \approx 12.7$ $L(T_{4,7,10}) \approx 12.7$

$L(T_{10,11,12}) \approx 13.5$ $L(T_{1,3,4}) \approx 13.8$

将 $T_{2,4,6}$ 加到 OST 中。不需要最优化目标，因为它是第一个合并的子树。树 $T_{7,8,9}$、$T_{1,2,4}$ 和 $T_{3,5,7}$ 的情况也与此相同。合并 $T_{8,9,12}$ 时，新加入的 Steiner 节点与 P_8 和 P_9 之间形成了一个环。

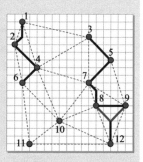

要解决该问题，首先需要求出连接这三点所需的最小八向长度。最小树使用了两个对角线，其长度为 $2\sqrt{2^2 + 2^2} \approx 5.7$。该长度优于用水平线将 P_8 和 P_9 相连，随后再用垂线与 P_{12} 相连所产生的线长，即 $4 + 2 = 6$。

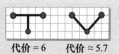

代价 = 6   代价 ≈ 5.7

继续合并剩余的子树。当所有子树合并完成后，可得最终的启发式八向最小 Steiner 树。

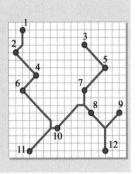

7.2.2 八向迷宫搜索

基于 OSMT 的布线算法的前提是可以进行八个方向的详细布线。一个常用的布线方法是基于 Lee 的波传播算法[13]，其采用八个方向（包括了对角线）以取代原来的四个方向。波传播从 s 开始，所有之前未访问过的邻近节点标记为 1（见图 7.7a）。随后，波传播将从所有具有标志 1 的节点开始进行，所有之前未访问过的邻近节点标志为 2（见图 7.7b）。以此类推，对各节点进行迭代标记直到波传播到达目标 t 或者不能再进行传播为止。当到达 t 后，从 t 开始从大到小回溯标志产生一个路径，直到到达 s（见图 7.7c）为止。

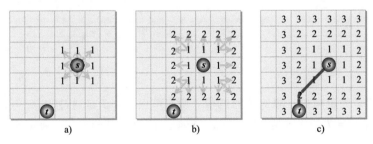

图 7.7 使用 Lee 算法的八向迷宫搜索。a）从 s 开始的初始的向外方向；b）第二次传播，在所有八个方向延伸；c）第三次传播，其中目标节点 t 被找到，并能得到从 t 到 s 的一条回溯路径

7.3 时钟布线

大多数数字设计是**同步**的，即当前内部状态变量和输入变量输入组合逻辑网络中，然后产生输出和状态变量新值。所有发生在芯片中（可能是偏外）的计算需要一个时钟信号或者"心跳"来保持同步性，或者通过特殊的模拟电路，例如锁相回路或者延迟锁相环。根据各模块的需要，时钟频率将进行分频或倍频。给定时钟信号源和汇（触发器和门闩线路），**时钟树布线**将使电路中每个时钟域都生成一棵时钟树。

时钟信号在同步芯片上的所有计算中所扮演的特殊角色，使得时钟布线与其他类型的布线有着明确的区别（见第 5、6 章）。时钟布线问题的关键是时钟信号从源开始必须同时到达其他所有目的地，即汇。时钟布线的先进算法可参阅参考文献 [1] 的第 42 ~ 43 章，或者参阅参考文献 [15] 和 [18]。

7.3.1 术语

时钟布线问题实例（时钟线网）可用 $n + 1$ 个端点来表示，其中 s_0 为源，而 $S = \{ s_1, s_2, \cdots, s_n \}$ 则为汇。令 s_i，$0 \leq i \leq n$，表示一个端点及其位置。

时钟布线方案由一个连接了时钟线网所有端点的线段的集合组成，这样在源产生的一个信号可以传播到所有的汇。时钟布线方案有两个方面，即它的拓扑结构和嵌入。

时钟树拓扑结构（时钟树）是一个具有 n 个叶子的有根二叉树 G，n 个叶子相当于汇的集合。拓扑结构内部的节点相当于时钟布线中的源和任意 Steiner 点。

给定时钟树拓扑结构的**嵌入**提供了拓扑结构边和内部节点的准确物理位置。图 7.8a 展示了一个六汇的时钟树实例。图 7.8b 展示了一个连接拓扑结构，图 7.8c 展示了一个可能嵌入了拓扑结构的时钟树解。

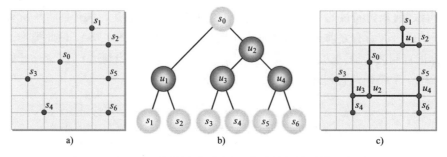

图 7.8　a）一个时钟树布线实例；b）连接拓扑结构；c）嵌入

假设时钟树 T 为定向树，源 s_0 为树的根。所有节点 $v \in T$ 是通过边 (p, v) 连接到它的父节点 $p \in T$。所有边 $e \in T$ 的代价是它的线长，由 $|e|$ 表示。T 的代价则由 $\mathrm{cost}(T)$ 表示，是它的（嵌入的）边代价之和。

信号时延是指信号跃迁（低到高，或者高到低）从一个节点传播到另一个节点（例如在一个布线树中）所需的时间。信号跃迁的初始化一般发生在逻辑门的输出处。而逻辑门一般由具有高度非线性行为的晶体管构成。信号跃迁将在具有寄生电阻、电容和电感的复杂金属线和通孔结构进行传播。因此，很难准确地计算出信号时延。在电路设计投产之前的成品检验步骤中，可以使用电路模拟器，比如 SPICE，或者商业时序分析工具，比如 PrimeTime，来准确计算的"签核延迟"。但是，为了指导布置和布线算法，只需要相当低的准确性即可。在时序驱动布线中使用的两个常见的信号时延评估模型是线性时延模型和 Elmore 时延模型。下面将摘录参考文献 [11] 中相应模型的论述。

在线性时延模型中，从 s_i 到 s_j 的信号时延与布线树中 $s_i \sim s_j$ 路径的长度成正比，并且与其他的连接拓扑结构无关。因此，在一个源到汇的路径中两个节点 u 和 w 归一化的线性时延等于 $u \sim w$ 路径中边长度 $|e|$ 之和：

$$t_{\text{LD}}(u,w) = \sum_{e \in (u \sim w)} |e|$$

芯片上的金属线是无源的、阻容性（RC）结构。其中电阻（R）和电容（C）一般都将随线长度的增加而增加。因此，线性时延模型不能准确地获得线时延的"平方增长"RC 元件。当然，线性近似法为设计工具提供了一个合理的导向，特别是对于那些以前常用的具有较小驱动电阻晶体管和更大线宽度（小的线电阻）的工艺而言更是如此。实际上，由于线性时延模型评估的易用性，在 EDA 软件工具中使用将获得很多便利。

在 Elmore 时延模型中，给出具有根（源）s_0 的布线树 T：

1）(p, v) 表示了在 T 中节点 v 连接到它的父节点 p 的边。

2）$R(e)$ 和 $C(e)$ 表示了边 $e \in T$ 的电阻和电容。

3）T_v 表示以 v 为根的 T 的子树。

4）$C(v)$ 表示了 v 的汇电容。

5）$C(T_v)$ 表示了 T_v 的树电容，即 T_v 中边和汇电容的总和。

如果节点 v 是一个端点，那么 $C(v)$ 一般是输入引脚电容，是由连接到该引脚的时钟信号所产生的。如果节点 v 是一个 Steiner 节点，那么 $C(v) = 0$。如果 T_v 是一个单独（叶子）节点，$C(T_v)$ 等于 v 的汇电容 $C(v)$。

根据以上说明，边 (p, v) 的 Elmore 时延的近似值为

$$t_{\text{ED}}(p,v) = R(p,v) \cdot \left(\frac{C(p,v)}{2} + C(T_v) \right)$$

这个可以视作 RC 时延乘积之和，二分之一相当于一个约 63% 的阈值时延。最后，如果 R_d 表示输出晶体管在源的导通电阻（"较强"的驱动门会有更小的导通电阻值 R_d），汇 s 的 Elmore 时延 $t_{\text{ED}}(s)$ 为

$$t_{\text{ED}}(s) = R_d C(T_{s_0}) + \sum_{e \in (s_0, s)} t_{\text{ED}}(e)$$

物理设计工具因为三个原因而使用 Elmore 时延近似值：首先，它说明了反常路径电容对汇时延的影响，即布线树的边并不是直接在起点到终点的路径上；其次，相对于电路仿真器精确度延迟计算，它提供了合理准确性以及较好的保真度（相关性）；最后，它可以根据树的大小线性（边的数量）评估一棵树的所有节点。线性评估是通过两个**深度优先遍历**来实现：先计算出树中各节点下面的电容，并最终得到树电容 $C(T_v)$，第二个遍历则计算出从源到所有节点的时延[11]。

时钟**偏斜**是汇之间时钟信号到达时间之差（最大差值）。该参数对时钟树设计而言极其重要，因为时钟信号必须在同一时间传输到所有汇。如果 $t(u, v)$ 表示节点 u 和 v 之间的信号时延，那么时钟树 T 的偏斜为

$$\text{skew}(T) = \max_{s_i, s_j \in S} \left| t\left(s_0, s_i\right) - t\left(s_0, s_j\right) \right|$$

如果在一个汇的（数据）输出引脚到另一个汇的（数据）输入引脚之间存在组合逻辑路

径，那么这两个汇可以称为**关联邻接或者顺序邻接**。否则，这两个汇是无关的。

局部偏斜是时钟信号到达两个或两个以上关联汇的时钟引脚的时间最大差。

全局偏斜是时钟信号到达任意两个（关联或者无关）汇的时钟引脚的时间最大差，即时钟分布网络中，最短和最长源到汇路径的时延之差。实际上，偏斜一般指的是全局偏斜。

7.3.2　时钟树布线问题的提出

本节将讨论若干时钟布线基本规则。最基础的问题是**零偏斜树**问题。实际中，该问题演变为有界偏斜树问题和有效偏斜树问题。在现代低功耗时钟网络设计流程中零偏斜树的综合也将在 7.4.2 节中进一步讨论，更详细的讨论见参考文献 [14]。可以使用 SPICE 电路仿真工具来获得更高的精确度。

1. 零偏斜

如果一个时钟树没有表现出偏斜，那么这是一棵零偏斜树（ZST）。定义良好的偏斜，隐含包括了时延估计（例如，线性方法或者 Elmore 时延估计方法）。

零偏斜树（ZST）问题。给出一个汇位置的集合 S，构造了一个具有最小代价的 ZST $T(S)$。在某些情况下，也会给出连接的拓扑结构 G。

2. 有界偏斜

研究 ZST 问题可以找到优良的物理设计方法，从而产生商业解决方案。但在实际问题中，时钟树布线通常不可能做到精确的零偏斜。

在实际问题中，一个"真正的 ZST"并不是有效的解决方案。ZST 将使用大量的线长，增加了网络的总电容。而且，一个真正的 ZST 在实际中也是不可实现的，因为晶体管和互连线制造的可变性将导致各层金属互连线段 RC 常数的差异。因此，基于非零偏斜界限的签核时序分析必须通过时钟布线工具来实现。

有界偏斜树（BST）问题。给定汇位置集合 S 和偏斜界限 $UB > 0$，构造具有偏斜 skew（$T(S)$）$\leq UB$ 的时钟树 $T(S)$，并使其代价最小。正如 ZST 问题一样，在某些情况下可能指定了拓扑结构 G。注意到当偏斜无界（$UB = \infty$）时，BST 问题变成了经典 RSMT 问题（见第 5 章）。

3. 有效偏斜

时钟树并非总需要有界全局偏斜。芯片时序的校准只需控制相关触发器对和门闩线路对之间的局部偏斜即可。虽然时钟树布线问题可以很方便地表示为全局偏斜问题，但是事实上很容易产生过约束。目前，增长显著的有效偏斜规则也是基于局部偏斜约束分析的。

在同步电路中，从一个触发器（汇）输出端传播到下一个触发器输入端的数据信号，不应该到达太迟或者太早。前者的失效（较晚到达）为零时钟，而后者的失效（较早到达）为双重时钟 [7]。对照全局最小化偏斜或者有界全局偏斜，Fishburn[7] 提出了一个时钟偏斜最优化手段，引进了有效偏斜（即扰动汇时钟到达时间）到时钟树中，来最小化时钟周期或者最大化时钟安全裕度。选择合适的汇到达时间可以降低时钟周期 P（见图 7.9）。

为了防止零时钟，FF_i 在时钟边缘产生的数据边到达 FF_j 的时间必须不迟于 t_{setup}，而且必须在下一条数据边的最早到达时间之前。用公式表示时，必须满足 $x_i + t_{\text{setup}} + \max(i, j) \leq x_j + P$，

其中 P 为时钟周期，其他变量分别为：

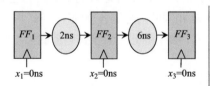 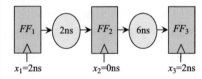

a）根据零偏斜确定最小时钟周期 P 为6ns　　　b）根据2ns的(有效)偏斜确定最小时钟周期 P 为4ns

$FF_1 \rightarrow FF_2$：$P \geqslant 2\text{ns}-(0\text{ns}-0\text{ns})=2\text{ns}$　　　$P \geqslant 2\text{ns}-(0\text{ns}-2\text{ns})=4\text{ns}$

$FF_2 \rightarrow FF_3$：$P \geqslant 6\text{ns}-(0\text{ns}-0\text{ns})=6\text{ns}$　　　$P \geqslant 6\text{ns}-(2\text{ns}-0\text{ns})=4\text{ns}$

图 7.9　降低时钟周期的有效偏斜实例。a）零偏斜产生 6ns 的时钟周期；b）在 x_1，x_2，x_3 的有效偏斜 2ns、0ns、2ns 将时钟周期降低到 4ns

1）x_i 是数据边可以到达 FF_i 的最迟时间。

2）$\max(i, j)$ 是 FF_i 到 FF_j 的最慢（最长）信号传播。

3）$x_j + P$ 是下一条时钟边到达 FF_j 的最早时间。

为了防止两个触发器 FF_i 和 FF_j 之间的双时钟，在 FF_i 根据一个时钟边产生的数据边必须不能快于 t_{hold} 到达 FF_j，且要在最新的可能到达的相同时钟边之后。用公式表示时，必须满足 $x_i + \min(i, j) \geqslant x_j + t_{hold}$，其中

1）x_i 是时钟边可以到达 FF_i 的最早时间。

2）$\min(i, j)$ 表示了从 FF_i 到 FF_j 的最快信号传播。

3）x_j 是时钟到达 FF_j 的最晚时间。

Fishburn[7] 观察到线性规划可以用来求取所有汇的最优时钟到达时间 x_i，从而实现最小化时钟周期（LP_SPEED）和最大安全裕度（LP_SAFETY）。

（1）有效偏斜问题（LP_SPEED）。给定常量 t_{setup} 和 t_{hold}，关联汇之间的所有对 (i, j) 的最大和最小信号传播时间 $\max(i, j)$ 和 $\min(i, j)$，以及最小源-汇时延 t_{min}，在满足以下约束的情况下，可以确定所有汇的时钟到达时间 x_i，从而最小化时钟周期 P。

$$x_i - x_j \geqslant t_{hold} - \min(i, j) \qquad\qquad \text{对所有关联 } (i, j)$$

$$x_j - x_i + P \geqslant t_{setup} + \max(i, j) \qquad\qquad \text{对所有关联 } (i, j)$$

$$x_i \geqslant t_{min} \qquad\qquad \text{对所有 } i$$

（2）有效偏斜问题（LP_SAFETY）。给定常量 t_{setup} 和 t_{hold}，关联汇之间的所有对 (i, j) 的最大和最小信号传播时间 $\max(i, j)$ 和 $\min(i, j)$，以及最小源-汇时延 t_{min}，在满足以下约束的情况下，可以确定所有汇的时钟到达时间 x_i，从而最大化安全裕度 SM。

$$x_i - x_j - SM \geqslant t_{hold} - \min(i, j) \qquad\qquad \text{对于所有关联 } (i, j)$$

$$x_j - x_i - SM \geqslant t_{setup} + \max(i, j) - P \qquad\qquad \text{对于所有关联 } (i, j)$$

$$x_i \geqslant t_{min} \qquad\qquad \text{对于所有 } i$$

7.4 现代时钟树综合

时钟树在现代同步设计中扮演了一个至关重要的角色，很大地影响了电路的性能和功率消耗。一个时钟树应该具有较低的偏斜，并能同时传输相同的信号到各个顺序逻辑门中。在初始化树结构后（见 7.4.1 节），根据需要进行时钟缓冲插入，随后将进行若干偏斜最优化（见 7.4.2 节）。

7.4.1 构建全局零偏移时钟树

本节将介绍五个早期的时钟树构造算法，它们的基本概念在今天的商业 EDA 工具中仍然适用。本节讨论将涉及若干情形，包括构造一个独立于时钟汇位置的时钟树，构造时钟树拓扑结构并同时进行嵌入，以及给出一个时钟树拓扑结构作为输入，只进行嵌入。

1. H 树

H 树是一个自相似的、不规则的结构（见图 7.10）。由于它具有对称性，所以偏斜为零。这种结构是由 Bakoglu 提出的 [2]。在单位方块中，一个线段穿过中心的根节点，然后两个较短的线段与第一个线段垂直相连，并连接到四个象限的中心；持续递归这个过程直到到达所有汇。H 树常用在顶层时钟分布网络中，但是不能直接应用在整个时钟树中，其原因为堵塞、不规则放置的时钟汇以及过多的布线代价。也就是说，为使所有 $n = 4^k$ 个汇均匀分布到单位方块中，H 树的线长度增长率为 $3\sqrt{n}/2$，其中 $k \geq 1$ 是 H 树中层数。为使分支节点的信号反射最小化，线段可以逐渐变窄，即从源开始，每遇到一个分支节点可将线宽减半。

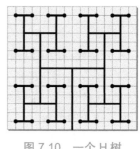

图 7.10 一个 H 树

2. 平均值与中位值方法（MMM）

平均值与中位值方法是由 Jackson 等人 [10] 在 1990 年提出的，用来克服 H 树的拓扑结构限制。即使在时钟线网端点任意分布的情况下，MMM 方法也是适用的。其基本的思想是递归地将端点集合分割为两个基数相等的子集（中位值）。然后，集合的质心连接到两个子集的质心（平均）（见图 7.11）。MMM 基本算法如下面所述。

平均值与中位值的基本方法（BASIC_MMM（S，T））

输入：汇集合 S，空树 T

输出：时钟树 T

```
1  if (|S| ≤ 1)
2      return
3  (x₀,y₀) = (xc(S),yc(S))      // S 的质心
4  (SA,SB) = PARTITION(S)       // 中位数来确定 SA 和 SB

5  (xA,yA) = (xc(SA),yc(SA))    // SA 的质心
6  (xB,yB) = (xc(SB),yc(SB))    // SB 的质心
```

```
7   ROUTE(T,x_0,y_0,x_A,y_A)          // 连接 S 的质心到
8   ROUTE(T,x_0,y_0,x_B,y_B)          // S_A 和 S_B 的质心
9   BASIC_MMM(S_A,T)                  // 递归布线 S_A
10  BASIC_MMM(S_B,T)                  // 递归布线 S_B
```

令（$x_c(S)$，$y_c(S)$）表示集合 S 质心的 x 轴和 y 轴的坐标值，如下所定义：

$$x_c(S) = \frac{\sum_{i=1}^{n} x_i}{n}, \quad y_c(S) = \frac{\sum_{i=1}^{n} y_i}{n}$$

S_A 和 S_B 是两个等基数子集，是用中位值将 S 进行划分获得的。

MMM 策略可以简化为一个自顶向下的 H 树结构，而时钟偏斜只有通过启发式算法最小化。最坏情况下，两个源到汇路径长度之差可以很大。因此，算法的效率直接取决于中位值计算中划分方向的选择。

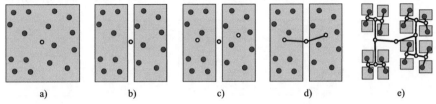

图 7.11　MMM 的主要步骤说明。a）找出点集合 S（黑色 'o'）的质心（白色 'o'）；b）用中位值划分 S；c）找出 S 的左边线网和右边线网的质心；d）连接 S 的左右分支线网的质心到 S 的质心；e）在所有分支线网上递归执行 MMM 的最终结果

3. 递归几何匹配（RGM）

递归几何匹配（RGM）算法是在 1991 年提出的 [12]。相对于 MMM 算法的自顶向下，RGM 为自底向上。其基本思想是递归寻找一个 n 个汇的最小代价几何匹配，即连接 n 个端点对的 $n/2$ 个线段的集合，两个线段不能共享端点，从而使总段长最小化。每完成一次匹配后，在匹配段中寻找一个平衡点或者抽头点用来保证关联汇的零偏斜。$n/2$ 个抽头点的集合将作为下一匹配步骤的输入。算法的具体细节在图 7.12 中进行了阐述。

形式上，令 T 表示一个有根二叉树，S 表示点的集合，M 表示 S 上匹配对 $<P_i, P_j>$ 的集合。时钟入口点（CEP）表示时钟树的根，即时钟信号开始传播的位置。

递归几何匹配算法（RGM(S, T)）
输入：汇 S 的集合，树 T
输出：时钟树 T

```
1  if (|S| ≤ 1)
2      return
3  M = min-cost geometric matching over S
4  S' = ∅
```

```
5  foreach (<P_i, P_j> ∈ M)
6     T_Pi = subtree of T rooted at P_i
7     T_Pj = subtree of T rooted at P_j
8     tp = tapping point on (P_i, P_j)   // 最小化偏斜树
                                          T_tp = T_Pi ∪ T_Pj ∪ (P_i, P_j) 的点
9     ADD(S', tp)                         // 添加 tp 到 S'
10    ADD(T, (P_i, P_j))                  // 添加合适的段 (P_i, P_j) 到 T 中
11 if (|S| % 2 == 1)                      // 如果 |S| 是奇数，增加未匹配的点
12    ADD(S', unmatched node)
13 RGM(S', T)                             // 递归调用 RGM
```

在实际中，RGM 提高时钟树平衡和线宽度的程度要优于 MMM。图 7.13 在四个汇的集合上比较了 MMM 和 RGM。该例中，MMM 选择较差划分方向（中位值计算）时，使用 RGM 可以降低 2 倍线长。但是，与 MMM 算法比较，RGM 不能保证零偏斜。尤其是，如果两棵子树的源 - 汇时延有着很大不同而它们的根匹配良好时，在匹配线段上不可能找出一个零偏斜抽头点。

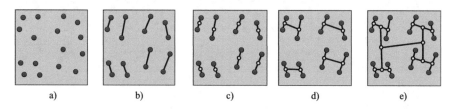

图 7.12　递归几何匹配（RGM）算法的说明。a）n 个汇的集合 S；b）n 个汇上的最小代价几何匹配；c）找出所有 $n/2$ 个线段的平衡点或者抽头点（白色 "o"），注意到所有抽头点并不一定需要匹配线段的中点，而是在子树中实现零偏斜的点；d）在 $n-2$ 个抽头点上的最小代价几何匹配；e）在每个新产生的抽头点集合上递归执行 RGM 后的最终结果

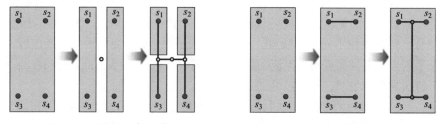

图 7.13　使用四个汇对 MMM（左）和 RGM（右）的线长进行比较

4. 精确零偏斜

精确零偏斜算法于 1991 年提出 [17]，它采用了一个自底向上匹配子树根的过程且合并了相应的子树，类似于 RGM。不过，该算法有两个突出提升。首先，它找出了准确的零偏斜抽头点并符合 Elmore 时延模型而不是线性时延模型。这种方法产生的结果更加有效，在实际设计中具有更小的时钟偏斜。其次，即使在匹配源 - 汇时延非常不同的两棵子树时，它也能保持精确时延平衡。

当两棵子树的根匹配良好且子树被合并后，就可以确定一个零偏斜合并（抽头）点（见图 7.14）。在图中，tp 表明在节点 s_1 和 s_2 之间长度为 $L(s_1, s_2)$ 的匹配段上的零偏斜抽头点的位置。

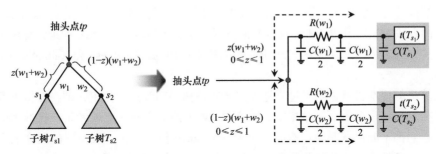

图 7.14　找出两棵子树可被合并的零偏斜抽头点。抽头点 tp 位于连接两棵子树的段上，该点处汇的 Elmore 时延是均衡的

为了实现零偏斜，抽头点 tp 到 T_{s1} 的汇的时延，以及抽头点 tp 到 T_{s2} 的汇的时延，必须是相同的。因此，

$$t_{ED}(tp) = R(w_1) \cdot \left(\frac{C(w_1)}{2} + C(T_{s1}) \right) + t_{ED}(T_{s1})$$

$$= R(w_2) \cdot \left(\frac{C(w_2)}{2} + C(T_{s2}) \right) + t_{ED}(T_{s2})$$

式中，w_1 是连接 s_1 到 tp 的线段；w_2 是连接 tp 到 s_2 的线段；$R(w_1)$ 和 $C(w_1)$ 分别表示了 w_1 的电阻和电容；$R(w_2)$ 和 $C(w_2)$ 分别表示了 w_2 的电阻和电容；$C(T_{s1})$ 是 T_{s1} 的电容，$C(T_{s2})$ 是 T_{s2} 的电容，$t_{ED}(T_{s1})$ 是子树 T_{s1} 的 Elmore 时延，而 $t_{ED}(T_{s2})$ 则是子树 T_{s2} 的 Elmore 时延。

w_1 的线电阻和电容是通过电阻 α 和电容 β 以及 s_1 到 tp 的距离相乘所得的：

$$R(w_1) = \alpha \cdot z \cdot L(s_1, s_2) \text{ 和 } C(w_1) = \beta \cdot z \cdot L(s_1, s_2)$$

类似地，w_2 的线电阻和电容是通过电阻 α 和电容 β 以及 s_2 到 tp 的距离相乘所得的：

$$R(w_2) = \alpha \cdot (1-z) \cdot L(s_1, s_2) \text{ 和 } C(w_2) = \beta \cdot (1-z) \cdot L(s_1, s_2)$$

结合以上等式可得零偏斜抽头点的位置：

$$z = \frac{(t(T_{s2}) - t(T_{s1})) + \alpha \cdot L(s_1, s_2) \cdot \left(C(T_{s2}) + \frac{\beta \cdot L(s_1, s_2)}{2} \right)}{\alpha \cdot L(s_1, s_2) \cdot (\beta \cdot L(s_1, s_2) + C(T_{s1}) + C(T_{s2}))}$$

式中，$0 \leq z \leq 1$，抽头点是位于连接两棵子树根之间的线段上。否则，必须延长线段以满足零偏斜要求。

5. 延后合并嵌入（DME）

延后合并嵌入（DME）算法延后了对时钟树子树的合并点的选择。DME 将所有在汇集合 S 上的拓扑结构进行最优嵌入：嵌入有着可能的最小源到汇的线性时延，以及可能的最小树代价。然而前述的方法 MMM 和 RGM 都只需要汇位置的集合作为输入，DME 的延伸算法则需要一个树拓扑结构作为输入。算法是由若干研究团队独立提出的，即 Boese 和 Kahng[3]、Chao 等人[4]和 Edahiro[6]。

前述算法的根本弱点是它们过早地确定了时钟树内部节点的位置，即在能做出智能决策之前。一旦在 MMM 中确定了一个中心，或者 RGM 上的一个抽头点或者是一棵准确的零偏斜树被确定，它们都不能再做变动。然而，在 Manhattan 几何中，在一般位置的两个汇上存在无限个中点，可用来创建一个斜线段或者 Manhattan 弧（见图 7.15）；所有这些中点都对应着相同的最小线长和精确零偏斜。理想情况下，内部节点嵌入点的选择将尽可能地推迟。

DME 分两步来嵌入给定拓扑结构 G 的内部节点。在第一步中，DME 自底向上确定 G 中组成最小代价 ZST T 的内部节点的所有可能位置。第一步的输出是一个"线段的树"，所有线段是 T 中一个内部节点可能的布局点。DME 的第二步是自顶向下选择 T 中所有内部节点的精确位置。第二步的输出是一个完整的嵌入拓扑结构为 G 的最小代价 ZST。

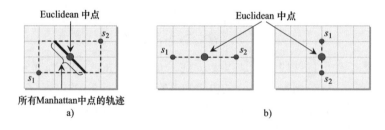

图 7.15　在 Manhattan 几何中，两个汇 s_1 和 s_2 之间的所有中点都对应一个 Manhattan 弧。此外，在 Euclidean 几何中中点是唯一的。a）汇 s_1 和 s_2 没有水平对齐，因此，Manhattan 弧具有非零长度；b）汇 s_1 和 s_2 是水平（左）和垂直（右）对齐的，因此，这两种情况下的 Manhattan 弧长为零

接下来，令 S 表示汇 $\{s_1, s_2, \cdots, s_n\}$ 的集合，s_0 表示时钟源。用 $pl(v)$ 表示输出时钟树 T 中的一个节点 v 的位置。Manhattan 几何有若干专用术语。前面已经提到过，一个 **Manhattan 弧**是一个斜率为 ±1 的倾斜线段。如果图 7.15 中的两个汇是水平或者垂直对齐的，那么只有一个可能的中点，即一个零长度 Manhattan 弧。

一个**倾斜矩形区域（TRR）**是在 Manhattan 弧的固定距离范围内的点的集合（见图 7.16）。TRR 的核心是距离边界最大的点子集，而 TRR 半径是核心和边界之间的距离。

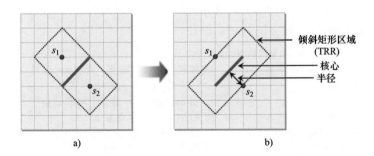

图 7.16 a）汇 s_1 和 s_2 形成了一个 Manhattan 弧；b）半径为两个单位的汇 s_1 和 s_2 的 Manhattan 弧对应的倾斜矩形区域（TRR）

节点 v 在拓扑结构中的**合并段**，用 $ms(v)$ 表示，是 v 的可行位置的轨迹，具有精确的零偏斜和最小线长（见图 7.17）。下面将讨论 DME 的子算法。

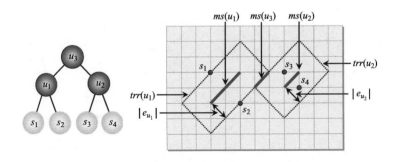

图 7.17 节点 u_3 的合并段 $ms(u_3)$ 的一个自底向上结构，u_3 是节点 u_1 和 u_2 的父节点，左边给出了相应的拓扑结构。汇 s_1 和 s_2 形成了合并段 $ms(u_1)$，汇 s_3 和 s_4 形成了合并段 $ms(u_2)$。两个段 $ms(u_1)$ 和 $ms(u_2)$ 共同形成了合并段 $ms(u_3)$

DME 的自底向上阶段（构造线段树的算法）由给定的汇位置集合 S 开始。所有汇位置被视作一个（0 长度）Manhattan 弧（行 2 ~ 3）。如果两个汇具有相同的父节点 u，那么 u 的可能布局轨迹是一个合并段（Manhattan 弧）$ms(u)$。通常，给定节点 a 和 b 的合并段构成的 Manhattan 弧，根据最小代价原则，它们父节点的合并段能够唯一确定，且自身是另一个 Manhattan 弧（见图 7.17）。边长度 $|e_a|$ 和 $|e_b|$ 是根据最小长度和零偏斜需求来唯一确定的（行 5 ~ 11）。从而，合并段构成的总树可以在一个线性时间内自底向上构造出来（见图 7.18）。

构造线段树的算法（DME 自底向上阶段）

输入：汇集和树的拓扑结构 $G(S, Top)$

输出：合并段 $ms(v)$ 和边长 $|e_v|$，$v \in G$

```
1  foreach (node v ∈ G, in bottom-up order)
2      if (v is a sink node)              // 如果 v 是一个端点，那么 ms(v) 是
3          ms[v] = PL(v)                   // 一个零长度 Manhattan 弧
4      else                                // 否则，如果 v 是一个内部节点
5          (a,b) = CHILDREN(v)             // 找出 v 的子节点并
6          CALC_EDGE_LENGTH(e_a, e_b)      // 计算边的长度
7          trr[a][core] = MS(a)            // 创建 trr(a)，找出合并段
8          trr[a][radius] = |e_a|          // 以及 a 的半径
9          trr[b][core] = MS(b)            // 创建 trr(b)，找出合并段
10         trr[b][radius] = |e_b|          // 以及 b 的半径
11         ms[v] = trr[a] ∩ trr[b]         // v 的合并段
```

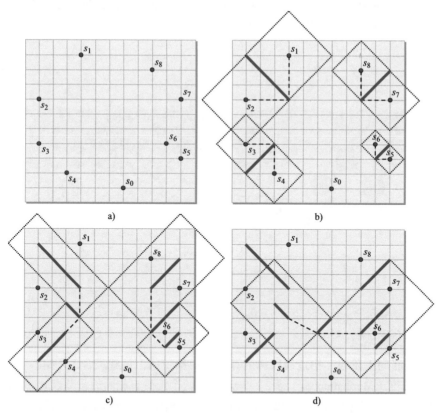

a)   b)

c)   d)

图 7.18　一棵合并段的树的构造（DME 自底向上阶段）。实线是合并段，点线矩形为倾斜矩形区域（TRR），虚线是合并段之间的边；s_0 是时钟源，而 $s_1 \sim s_8$ 是汇。a）8 个汇和时钟源；b）8 个汇构造合并段；c）构造 b 中产生的段的合并段；d）构造根的段，即连接所有时钟源的合并段

寻找精确位置（DME 自顶向下阶段）

输入：汇集 S，树形拓扑结构 G，DME 自底向上阶段的输出

输出：具有拓扑结构 G 的最小代价零偏斜树 T

```
1  foreach (non-sink node v ∈ G in top-down order)
2    if (v is the root)
3      loc = any point in ms(v)
4    else
5      par = PARENT(v)            // par 是 v 的父节点
6      trr[par][core] = PL(par)   // 创建 trr(par)，
                                     找出合并段
7      trr[par][radius] = |eᵥ|    // 和 par 的半径
8      loc = any point in ms[v] ∩ trr[par]
9    pl[v] = loc
```

在 DME 自顶向下阶段（寻找精确位置算法），从根开始确定 G 中内部节点的精确位置。从自底向上阶段中获得的根合并段上的任意节点都是一个最小代价 ZST（行 2～3）。假设在自顶向下过程中已确定了父节点 par 的位置，则它的子节点 v 的位置可以根据两个已知量来计算：$|e_v|$，即从 v 到它的父节点 par 的边长度和 $ms(v)$，即 v 的布局轨迹，是一个最小代价 ZST（行 6～8）。v 的位置 $pl(v)$ 的计算方法在图 7.19 中给出了详细说明。

这样，拓扑结构中所有内部节点的嵌入都可以自顶向下地确定，并且能在线性时间内完成（见图 7.20）。

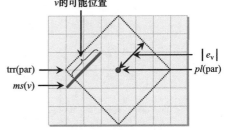

图 7.19　给定父节点 par 的位置计算子节点 v 的位置

若将线段的合并泛化为区域的合并，则 DME 算法也可以应用到有界偏斜树问题中[5]。有界偏斜 DME 结构中的每个合并区域最多可由六个具有斜度 +1、0、−1 或者 + ∞（四分之一的可能）的线段来界定。本章末尾的习题中给出了相应的内容。

7.4.2　含扰动时钟树缓冲插入

高性能设计需要较低的时钟偏斜，不过时钟网络将大量增加功耗。因此，权衡偏斜和总电容是非常重要的。偏斜优化需要高精度的时序分析，而基于仿真的时序分析通常是极为耗时的，但解析式时延模型通常精度偏低。常使用的妥协方案是首先根据 Elmore 时延模型来实现最优化，然后用更精确的优化模型来优化时钟树。例如，一个 5ps 的延迟对于 500ps 的汇来说仅为 1% 的误差，却是相同时钟树中的 10ps 偏斜的 50%。为了完美解决偏斜约束，时钟树须经历几个最优化步骤，包括几何时钟树构造（见 7.4.1 节）、初始时钟缓冲插入、时钟缓冲大小调整、金属线宽调整以及金属线蜿蜒化。考虑到工艺、电压和温度（PVT）偏差，时钟树的优化需要精确模型以对应这些偏差的影响。

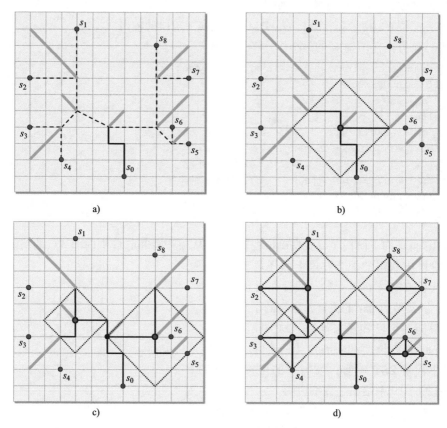

图 7.20　在 DME 自顶向下阶段中嵌入时钟树。灰色的线表示合并段，虚线表示合并段之间的连接，黑线表示布线段。a）连接时钟源到根合并段；b）连接根合并段到它的子合并段；c）连接合并段到它们的子节点上；d）连接合并段到汇

1. 高级偏斜优化

在 20 世纪 80 年代，整个时钟树可以用一个单独的缓冲器来驱动。但是，随着技术的扩展，互连线阻性增强，如今的时钟树不能只用一个单独的缓冲器来驱动。因此，将时钟缓冲器嵌入树中多个位置来确保时钟信号有足够的能力以便传播所有汇（时序点）。缓冲器的位置和大小可用来控制时钟树中所有分支的传播时延。van Ginneken[8] 曾提出一个优化算法，其目的不是为了时钟树的优化。不过，可以使用该算法对时钟树进行优化使得源和所有汇之间的 Elmore 时延最小，并在 $O(n^2)$ 时间内完成，其中 n 是可以插入缓冲的位置的总数。参考文献 [16] 中提出的 $O(n\log n)$ 的改进型算法则更具扩展性。这些算法也可以避免快速路径中不必要的缓冲插入，如果初始时钟树是均衡的，那么这些算法能实现更低的偏斜。初始缓冲插入完成后，优化目标是最小化偏斜、减少功率损耗以及提升时钟树的鲁棒性，从而将无法预料的情况转化为缓冲器特征，例如制造工艺偏差等。

2. 时钟缓冲大小调整

初始缓冲插入的缓冲大小将影响时钟树下游的优化，因为多数缓冲的大小和位置都不大可能改变。但是，适当的缓冲大小是很难事先确定的。所以，通常使用试验和错误来确定，例如用一个二叉搜索。进而，时钟缓冲的大小可以通过以下步骤来调整。对于具有很大偏斜的汇对 s_1 和 s_2，找出连接 s_1 和 s_2 的树中唯一的路径 π。根据一个预先计算出来符合所有路径长度和扇出的合适的缓冲大小列表（随后讨论）来扩大 π 上的缓冲规模。实际上，较大的缓冲提高电路的鲁棒性的同时，将带来更多的功率损耗以及额外的时延。

3. 线宽调整

线宽的选择影响着功率损耗和受工艺缺陷影响的敏感性。较大的线宽对于偏差更具抵抗性，但是相对于较细的金属线它有更大的电容和更高的功率损耗。宽线（线间距也更宽）多用于高性能设计，而细线则多用于低功耗或低辐射设计。初始线宽确定之后，也可以根据时序要求动态调整此线段的线宽。

4. 低级偏斜优化

与高级偏斜优化的全局影响相比，低级偏斜优化的影响较小，是对局部的影响。低级偏斜优化的精确度一般比高级偏斜优化要高得多。低级优化，例如调整线宽和蜿蜒线生成，在微调偏斜中使用较多。为了降低快速汇的速度，可以通过故意地将线绕行来增加路径的长度。这样增加了电路的总电容和总电阻，因此增加了传播时延。

5. 偏差建模

因为在半导体制造过程中的随机性，每个芯片中的各个晶体管都有着轻微的差异。此外，每个芯片都可能工作在不同的外界温度环境下，可能局部加热或冷却。供电电压也可能随制造工艺偏差和芯片其他部分功率拉伸而变化。然而，不论环境如何，时钟树必须正确运行。为了确保这样的鲁棒性，需要使用有效精确的**偏差模型**，它将元件库中元件不同的参数（例如线宽和厚度）封装成明确定义了的随机值。但是，预知工艺偏差的影响是很困难的。比较经典的方法之一是运行大量的具有不同参数设定的单体仿真（Monte-Carlo 模拟），但是这样比较慢且在最优化流程中不太现实。

第二种选择则是生成一个查找表，根据工艺节点、时钟缓冲和互连线库、树路径长度、偏差模型以及期望的成品率等，可以查得汇对之间最坏情况的偏斜变化。尽管创建这个表需要大量的模拟，但在应用时根据给定工艺只需要执行一次即可。生成的表可以用到任何兼容的时钟树最优化中，例如对时钟树缓冲大小的调整，我们前面讨论过这个问题。一般情况下，这种查找表方法是一个快速和准确的优化方法。

更多的时钟网络设计技术在参考文献 [1] 的第 42 ~ 43 章中进行了详细的讨论，包括了有源偏差消除和时钟网格，是现代 CPU 设计中的常用技术，另外还有用来减少时钟功率损耗的时钟门控。参考文献 [18] 从一个设计者的观点讨论了现代 VLSI 系统中的时钟问题，并且推荐了一系列技术用以最小化工艺偏差的影响。参考文献 [15] 讨论了高性能和低功耗应用中的时钟网络设计。

第 7 章练习

练习 1：线网顺序

回忆第 5 章中协商拥塞布线（NCR）允许临时布线违规，并保存了每个布线线段的历史代价。这些历史代价可以减少线网顺序的重要性。假定 NCR 可用于基于轨道的详细布线，请给出若干理由说明为什么线网顺序在区域布线中仍然是重要的。

练习 2：八向迷宫搜索

根据输入的数据、输出以及运行时间来比较八向迷宫搜索（见 7.2.2 节）、宽度优先搜索（BFS）以及 Dijkstra 算法的结果。BFS 或者 Dijkstra 算法是否可以用来代替八向迷宫搜索？

练习 3：平均值与中位值方法（MMM）

根据以下给出的时钟源 s_0 和八个汇 $s_1 \sim s_8$ 的位置：

（a）画出 MMM 生成的时钟树。

（b）画出 MMM 生成的时钟树拓扑结构。

（c）用线性时延模型来计算总线长（根据网格单元）和时钟偏斜。

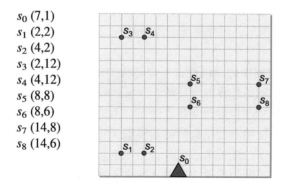

$s_0 \ (7,1)$
$s_1 \ (2,2)$
$s_2 \ (4,2)$
$s_3 \ (2,12)$
$s_4 \ (4,12)$
$s_5 \ (8,8)$
$s_6 \ (8,6)$
$s_7 \ (14,8)$
$s_8 \ (14,6)$

练习 4：递归几何匹配（RGM）算法

根据练习 3 中给出的时钟源 s_0 和八个汇 $s_1 \sim s_8$ 的坐标：

（a）画出由 RGM 生成的时钟树。用线性时延模型构造抽头点时，让所有汇都没有时延，即 $t_{LD}(s_i) = 0$，其中 $1 \leq i \leq 8$。

（b）画出由 RGM 生成的时钟树拓扑结构。

（c）用线性时延模型计算总线长（根据网格单元）和时钟偏斜。

练习 5：延后合并嵌入（DME）算法

给定以下源 s_0 和四个汇 $s_1 \sim s_4$（左图）以及以下的连接拓扑结构（中图），依照 7.4.1 节中讨论的方法，运行 DME 的自底向上阶段和自顶向下阶段。

（a）自顶向下阶段：画出所有内部节点的合并段，$ms(u_1)$、$ms(u_2)$ 和 $ms(u_3)$。

（b）自底向上阶段：画出从 s_0 到所有四个汇 $s_1 \sim s_4$ 的最小代价嵌入时钟树。

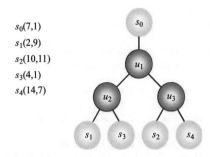

练习 6：精确零偏斜

用时钟树拓扑结构以及练习 5 中生成的时钟树：

（a）确定内部节点 u_1、u_2 和 u_3 的准确位置来获得零偏斜。令单位长度电阻和电容为 $\alpha = 0.1$ 和 $\beta = 0.01$。用 Elmore 时延模型，并使用下列的汇信息。

$$C(s_1) = 0.1 \qquad C(s_2) = 0.2 \qquad C(s_3) = 0.3 \qquad C(s_4) = 0.2$$
$$t_{ED}(s_1) = 0 \qquad t_{ED}(s_2) = 0 \qquad t_{ED}(s_3) = 0 \qquad t_{ED}(s_4) = 0$$

（b）计算在（a）中构造的零偏斜树中从 u_1 到所有汇 $s_1 \sim s_4$ 的 Elmore 时延。

练习 7：有界偏斜 DME

给定以下源 s_0 和四个汇 $s_1 \sim s_4$（左图）的位置，用下面的拓扑结构（中图），用线性时延模型计算内部节点 u_1、u_2 和 u_3 的有界偏斜可行区域。偏斜边界是四个网格边。

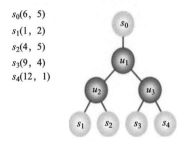
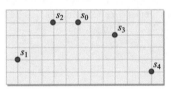

参 考 文 献

1. C. J. Alpert, D. P. Mehta and S. S. Sapatnekar, eds., *Handbook of Algorithms for Physical Design Automation*, Auerbach Publ., 2008, 2019. ISBN 978-0367403478.

2. H. B. Bakoglu, *Circuits, Interconnections and Packaging for VLSI*, Addison-Wesley, 1990. ISBN 978-0201060089.

3. K. D. Boese and A. B. Kahng, "Zero-Skew Clock Routing Trees with Minimum Wirelength", *Proc. Int. Conf. on ASIC*, 1992, pp. 1.1.1-1.1.5. https://doi.org/10.1109/ASIC.1992.270316

4. T.-H. Chao, J.-M. Ho and Y.-C. Hsu, "Zero Skew Clock Net Routing", *Proc. Design Autom. Conf.*, 1992, pp. 518-523. https://doi.org/10.1109/DAC.1992.227749

5. J. Cong, A. B. Kahng, C.-K. Koh and C.-W. A. Tsao, "Bounded-Skew Clock and Steiner Routing", *ACM Trans. on Design Autom. of Electronic Sys.* 3(3) (1998), pp. 341-388. https://doi.org/10.1145/293625.293628

6. M. Edahiro, "An Efficient Zero-Skew Routing Algorithm", *Proc. Design Autom. Conf.*, 1994, pp. 375-380. https://doi.org/10.1145/196244.196426

7. J. P. Fishburn, "Clock Skew Optimization", *IEEE Trans. on Computers* 39(7) (1990), pp. 945-951. https://doi.org/10.1109/12.55696

8. L. P. P. P. van Ginneken, "Buffer Placement in Distributed RC-Tree Networks for Minimal Elmore Delay", *Proc. Int. Symp. on Circuits and Sys.*, 1990, pp. 865-868. https://doi.org/10.1109/ISCAS.1990.112223

9. T.-Y. Ho, C.-F. Chang, Y.-W. Chang and S.-J. Chen, "Multilevel Full-Chip Routing for the X-Based Architecture", *Proc. Design Autom. Conf.*, 2005, pp. 597-602. https://doi.org/10.1109/DAC.2005.193880

10. M. A. B. Jackson, A. Srinivasan and E. S. Kuh, "Clock Routing for High-Performance ICs", *Proc. Design Autom. Conf.*, 1990, pp. 573-579. https://doi.org/10.1145/123186.123406

11. A. B. Kahng and G. Robins, *On Optimal Interconnections for VLSI*, Kluwer Academic Publishers, 1995, 2013. ISBN 978-1475723649

12. A. B. Kahng, J. Cong and G. Robins, "High-Performance Clock Routing Based on Recursive Geometric Matching", *Proc. Design Autom. Conf.*, 1991, pp. 322-327. https://doi.org/10.1145/127601.127688

13. C. Y. Lee, "An Algorithm for Path Connection and Its Applications", *IRE Trans. on Electronic Computers* 10 (1961), pp. 346-365. https://doi.org/10.1109/TEC.1961.5219222

14. D. Lee and I. L. Markov, "CONTANGO: Integrated Optimization for SoC Clock Networks", *Proc. Design, Autom. and Test in Europe*, 2010, pp. 1468-1473. https://doi.org/10.1109/DATE.2010.5457043

15. W. Bae, D.-K. Jeong, *Analysis and Design of CMOS Clocking Circuits for Low Phase Noise*, The Institution of Engineering and Technology, 2020. ISBN 978-1785618017. https://doi.org/10.1049/PBCS059E

16. W. Shi and Z. Li, "A Fast Algorithm for Optimal Buffer Insertion", *IEEE Trans. on CAD* 24(6) (2005), pp. 879-891. https://doi.org/10.1109/TCAD.2005.847942

17. R.-S. Tsay, "Exact Zero Skew", *Proc. Int. Conf. on CAD*, 1991, pp. 336-339. https://doi.org/10.1109/ICCAD.1991.185269

18. T. Xanthopoulos, ed., *Clocking in Modern VLSI Systems*, Springer, 2009. ISBN 978-1441902603. https://doi.org/10.1007/978-1-4419-0261-0

19. X. Huang, W.Guo, G. Liu, G. Chen, "FH-OAOS: A Fast Four-Step Heuristic for Obstacle-Avoiding Octilinear Steiner Tree Construction", *ACM Trans. on Design Automation of Electronic Systems*, Vol. 21(3) (2016) pp. 1-31. https://doi.org/10.1145/2856033

第 8 章

时 序 收 敛

集成电路（IC）版图设计不能只满足诸如元件不可重叠、可布线性等几何尺寸的设计要求，也必须满足设计的时序约束，比如建立（长路径）和保持（短路径）约束。同时满足几何尺寸设计要求和时序约束的优化过程，称之为时序收敛。它集合了前面几章讨论过的优化方法，比如在第 4 章的布局、第 5～7 章的布线等问题中，都采用特定的方法来提高电路性能。本章讨论的时序收敛将包含以下内容：

1）时序驱动布局（见 8.3 节）：确定电路元件位置时，需将信号时延做到最小。

2）时序驱动布线（见 8.4 节）：选择布线拓扑和进行布线时，需将信号时延做到最小。

3）物理综合（见 8.5 节）：通过不断改变网表的方法提高时序性能。

① 确定晶体管和门的大小：通过增加晶体管的宽和长之比来降低时延，或者增强门的驱动能力（见 8.5.1 节）。

② 在线网中插入缓冲以减小传输时延（见 8.5.2 节）。

③ 重构关键路径的电路（见 8.5.3 节）。

在 8.6 节中，将讨论性能驱动的物理设计流程。它包含了以上所述的各种方法。

8.1 引言

多年以来，逻辑门中的信号传输时延一直是电路时延的主要原因，而线网时延可被忽略。所以，元件放置和布线不会过多地影响电路性能。然而，从 20 世纪 90 年代中期开始，半导体工艺的发展使线网引起的时延影响增大，使得元件放置和布线成为时序收敛问题中的关键。

为了改善电路时序特性，时序优化引擎必须快速准确地评估电路的时延。一般来说，时序优化器通过调整元件中的传输时延，来达到满足时序约束的要求。这些约束包括：

1）建立（长路径）约束：对于存储元件（例如：触发器和锁存器），当时钟沿到达时，输入信号必须达到稳定（稳态）所需要的时间。

2）保持（短路径）约束：对于存储元件，当时钟沿到达之后，输入信号必须保持稳定的时间。

建立约束确保没有信号传输过迟。时序收敛的初始化阶段，主要关注这些约束，可以用下式表示：

$$t_{\text{cycle}} \geq t_{\text{combDelay}} + t_{\text{setup}} + t_{\text{skew}}$$

式中，t_{cycle} 为时钟周期；$t_{\text{combDelay}}$ 为通过最长路径的组合逻辑所产生的时延；t_{setup} 为接收存储元件（如触发器）的建立时间；t_{skew} 为时钟偏移（见 7.3.1 节）。

确定一个电路是否满足建立约束，需要评估信号从一个存储元件传输到下一个存储元件所用的时间。这种时延评估一般是基于静态时序分析（STA）。STA 将实际到达时间（AAT）和要求到达时间（RAT）传递到每一个门或单元的引脚。STA 能快速确定时序错误，并能快速追踪电路中的关键路径以进行具体分析，因为时序错误一般发生在关键路径上（见 8.2.1 节）。

考虑到效率因素，STA 一般不考虑电路的功能和信号的迁移。相反，STA 假设每个元件将0-1（1-0）信号跃迁从输入端传输到输出端，且传输时延采用最劣值⊖。因此，对于大电路来说，STA 的分析结果通常比较悲观。当然，这种悲观的结果在可接受范围之内，因为对版图优化设计中的每一个可行解决方案，其分析结果都相同，没有特别偏向于哪一个特定版图。当然，在选择最佳版图方案时，也可以用更精确的方法计算备选方案的时序特性。

减轻 STA 悲观性的方法之一是分析电路中的最关键路径。其中一些路径可能是错误路径，即任何输入信号都无法激活这些路径（错误路径是由于用门或元件构成的逻辑电路所实现的功能仅是所有可能的路径的一个子集，这个子集之外的路径可能没有信号传输）。顾及错误路径对时序特性的影响，IC 设计者一般会将错误路径一条一条罗列出来，并在 STA 结果之中将它们排除在外，且在时序优化时将它们忽略。

STA 的分析结果主要用来评估各元件和各线网在特定版图中的重要程度。对于给定时序点 g，即门或元件的引脚，其关键指标是时序松弛，也就是 g 的要求到达时间 RAT 和实际到达时间 AAT 之差：slack(g) = RAT(g) − AAT(g)。正的时序松弛表示满足了时序要求，即信号需要它之前就已到达；而负的时序松弛表明没有达到时序要求，即信号到达时间比要求到达时间晚。时序驱动的版图设计算法主要根据时序松弛来决定布局和布线的情形。

根据松弛值，物理综合可以重构网表使之更适合高性能版图设计。例如，给定一个非均衡的逻辑门树型结构，1）可以加宽处于众多关键路径上的门，加快信号传输；2）在较长的关键线网上，可以插入缓冲；3）重构树以降低总体深度。

保持时间约束可以确保信号跃迁不是太迟。若某条信号路径过短，使得接收触发器在当前时钟周期就完成了信号接收，而正确的接收时间为下一时钟周期，从而违反保持时间约束。保持时间约束可以用下式表示：

$$t_{\text{combDelay}} \geq t_{\text{hold}} + t_{\text{skew}}$$

式中，$t_{\text{combDelay}}$ 为电路中组合逻辑的时延；t_{hold} 为接收存储元件的要求保持时间；t_{skew} 为时钟偏移。由于时钟偏移对保持时间的影响远高于对建立时间的影响，所以一般在时钟网络综合之后，进行时序保持约束的检查（见 7.4 节）。

时序收敛是通过版图优化和网表变动来满足时序约束的过程。若版图设计满足了所有时序约束，一般会用文字表述其状况，比如"版图设计时序已收敛"。

⊖　8.3 节和 8.4 节讨论了基于路径的时序优化方法。

本章主要关注各种时序算法（见 8.2 ~ 8.4 节）及其优化方法（见 8.5 节）。然而，在实际应用中，这些算法可能应用在非常均衡的设计流之中（见 8.6 节）。时序收敛可能要求在一个循环中重复进行若干步的优化和分析，直到不能取得更好的结果。有时，优化步骤取决于上一步是否成功，也可能取决于 STA 计算所得的时序松弛分布。

8.2 时序分析和性能约束

几乎所有的数字集成电路都是同步的有限状态机（Finite State Machine，FSM），或者顺序机（Sequential Machine）。在 FSM 中，迁移发生在一系列时钟频率。图 8.1 展示了一个顺序电路，展示了它在时间上从一个时钟周期到下一个时钟周期的工作情况。该电路中包含两种部件：①时钟驱动的存储元件，比如触发器或锁存器，都是时序元件；②组合逻辑。在顺序机工作的每一个时钟周期中：①保存在时钟驱动的存储元件中的当前状态比特从输出端流出，沿着系统输入端进入组合逻辑；②随后，组合逻辑网络将产生下一状态函数的值，从主输出端流出；③下一状态比特流入时钟驱动的元件的输入引脚，并存储在下一时钟周期。

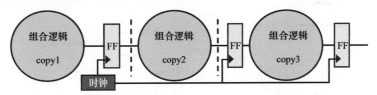

图 8.1 由触发器和组合逻辑组成的顺序电路在时钟轴上的行为

给定版图设计的最大时钟频率取决于：①逻辑门时延，逻辑门迁移所引起的信号时延；②线网时延，信号沿线网传播所引起的时延；③时钟偏移（见 7.3.1 节）。事实上，信号主要的时延源是逻辑门和线网时延。所以，在分析建立约束时，本节将忽略时钟偏移。时钟周期的下限是由时序路径上的逻辑门时延和通过组合逻辑的线网时延之和决定的；组合逻辑是指存储元件的输出端到下一个存储元件的输入端之间的电路。时钟周期的下限决定了时钟周期的上限。

在早期的技术中，门时延占电路时延的大部分，并且时序路径上的顺序门的数量提供了路径时延的合理估计。然而，在最近的技术中，布线时延以及取决于电容负载的栅极时延的分量包括整个路径时延的相当大的一部分。这增加了估计路径时延的任务的复杂性，从而增加了可实现（最大）时钟频率。

为了使芯片正常工作，每当信号转换穿过组合逻辑的路径时，必须满足路径时延约束（见 8.3.2 节）。设计者面临的最关键的验证任务是确认所有路径时延约束都得到满足。这里不太适合使用仿真工具动态执行，其原因有二：第一，在计算上很难枚举状态和输入变量的所有可能的组合，这些组合可以引起转换，即敏感或刺激给定的组合逻辑路径；第二，通过组合逻辑的路径可以是指数级的。因此，设计团队一般是对电路进行静态的时序分析，使用假设所有组合逻辑路径都敏感的方法。该时序闭合框架基于静态时序分析（STA）（见 8.2.1 节），它是一种高效的、能在线性时间内验证关键路径的方法。

在关键路径确定之后，时延预算[⊖]（见 8.2.2 节和 8.3.1 节）可以设定路径长度上限，或者路径的传输时延的上限，例如，可以采用在 8.2.2 节所讨论的零松弛算法[15]。其他时延预算方法见参考文献 [24]。

8.2.1 静态时序分析

回想一下，静态时序分析（STA）是一种模拟方法，用于通过将实际到达时间（AAT）和所需到达时间（RAT）传播到每个门或单元的引脚来计算组合数字电路的预期时序。因此，STA 可以在不需要对整个电路进行模拟的情况下快速识别时序违规。

在 STA 中，组合逻辑网络可以用有向非循环图（DAG）来表示（见 1.7 节）。图 8.2 给出了由四个组合逻辑门 x、y、z 和 w 构成的网络，其输入为 a、b 和 c，输出为 f。三个输入端信号到达的时间值分别为 0、0 和 0.6 单位时间，且在每个时钟周期开始时，信号发生迁移。图 8.2 中也给出了逻辑门和线网时延，例如，反相器 x 输入端到输出端的时延为 1 单位时间，而从输入端 b 到反相器 x 的输入端的时延为 0.1 单位时间。目前的集成电路中，逻辑门和线网时延一般都是 ps 量级的。

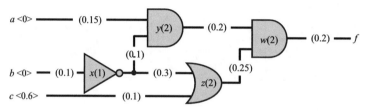

图 8.2　图中标示了输入端 a、b 和 c 信号到达时间，信号在尖括号所表示时间处发生迁移。边和门的时延由圆括号标示

图 8.3 给出了相应的 DAG，输入和输出各用一个节点表示，每个逻辑门也用一个节点表示。为方便起见，从源节点引出有向边分别连接到各个输入端。表示逻辑门的各节点分别标示了各自的时延（例如，节点 y 标示为 2）。从源节点到输入端的各条有向边也标示了各自的信号跃迁时间，而逻辑门之间的有向边标示了线网时延。由于该 DAG 的每个节点对应一个逻辑门，所以它满足了逻辑门节点惯例。而每个节点对应一个门引脚的引脚节点惯例，稍后将在本节进行讨论。

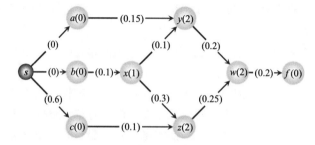

图 8.3　根据图 8.2 所示电路，满足门节点惯例的 DAG

⊖　此方法针对直接由图表示的电路版图，而不是划分为高级模块的电路版图。然而，此方法也可以适用于将预算分配给整个模块而不是电路元件。

1. 实际到达时间

给定电路节点 $v \in V$，某一时钟周期内信号的最晚迁移时间，即为实际到达时间（AAT），记作 $AAT(v)$。根据惯例，它是输出节点 v 的到达时间。例如，在图 8.3 中，$AAT(x) = 1.1$，这是因为从输入端 b 到 x 的时延为 0.1，而反相器 x 的门时延为 1.0。对于节点 y，尽管通过节点 a 的信号将在时刻 2.15 到达，其到达时间将取决于通过 x 的信号跃迁时间。所以，$AAT(y) = 3.2$。

一般而言，节点 v 的 AAT 为

$$AAT(v) = \max_{u \in FI(v)} (AAT(u) + t(u,v))$$

式中，$FI(v)$ 为所有与节点 v 通过有向边相连接的节点的集合；$t(u,v)$ 为边 (u,v) 的时延。这样的递归计算，使得 DAG 中所有的 AAT 值能在 $O(|V| + |E|)$ 或者 $O(|gates| + |edges|)$ 多项式时间内完成计算。STA 正是因为其线性计算复杂度，才得以应用在上百万门的电路设计中。图 8.4 表示了图 8.3 的 DAG 的 AAT 计算。

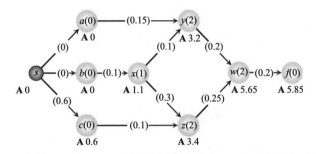

图 8.4 图 8.3 所示 DAG 的实际到达时间（AAT），用 "A" 表示

尽管 STA 的分析结果是悲观的，也就是说电路的 DAG 中最长路径实际上可能不会被激活（没有信号流过整条路径，即错误路径），版图设计必须满足所有的时间约束。Kirkpatrick 在 1966 年提出了寻找从 DAG 的源节点开始的所有最长路径算法[14]。该算法将各节点拓扑排序，若 DAG 中存在边 (u, v)，则 u 的序号在 v 之前。采用深度优先策略以及反向后序标记的方法，拓扑排序可以在线性时间内完成。

最长路径算法 [14]

输入：有向图 $G(V, E)$

输出：基于最坏情况（最长）路径的所有节点 $v \in V$ 的 AAT

```
1 foreach (node v ∈ V)
2     AAT[v] = -∞          // 所有的 AAT 默认值为未知
3 AAT[source] = 0          // 除源之外，其值为 0
4 Q = TOPO_SORT(V)         // 拓扑排序
```

```
5   while (Q != ∅)
6       u = FIRST_ELEMENT(Q)              // u 为 Q 中的第一个元素
7       foreach (neighboring node v of u)
8           AAT[v] = MAX(AAT[v],AAT[u] + t[u][v])  // t[u][v] 为边 (u,v) 的时延

9       REMOVE(Q,u)                        // 从 Q 中删除 u
```

2. 要求到达时间

实际到达时间 (RAT)，记作 RAT(v)，表示某一时钟周期内，为保证电路正常工作，在给定节点 v 处信号必须发生迁移的最晚时间。与 AAT 的由上游输入的多条路径以及触发器输出决定的情形不同，RAT 由产生下游输出的多路径以及触发器的输入所决定。例如，假设图 8.2 所示电路的 RAT(f) 为 5.5，从而 RAT(w) 的值必须为 5.3，而 RAT(y) 为 3.1 等（见图 8.5）。

一般而言，节点 v 的 RAT 可以表示为

$$\text{RAT}(v) = \min_{u \in FO(v)} (\text{RAT}(u) - t(u,v))$$

式中，$FO(v)$ 为所有与节点 v 通过有向边相连的节点的集合。

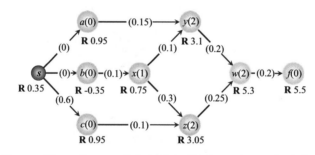

图 8.5　图 8.3 的 DAG 的要求到达时间（RAT），用 "R" 表示

3. 松弛

满足建立约束时，电路才能正常工作。例如，最大路径时延要求各节点的 AAT 不能够超过 RAT，即对所有节点 $v \in V$，必须满足 $\text{AAT}(v) \leqslant \text{RAT}(v)$。

某一节点 v 的松弛，可以定义为

$$\text{slack}(v) = \text{RAT}(v) - \text{AAT}(v)$$

可以用来表示节点 v 的时序约束是否达到要求。关键路径或关键线网具有负的松弛值，而非关键路径或非关键线网的松弛值为正数。

时序优化（见 8.5 节）包含以下处理：1）使负松弛值增加以提高电路的正确性；2）降低正松弛值以最小化过设计，且节省功耗和面积。图 8.6 说明了图 8.3 的 STA 计算的全过程，也包括了松弛。

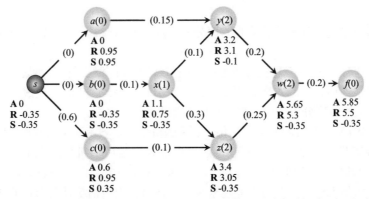

图 8.6 图 8.3 的 DAG 的 STA 分析结果。图中标示了各节点的实际到达时间（A）、要求到达时间（R）以及松弛（S）

根据引脚节点惯例标记的 DAG，易于进行详细准确的时序分析，因为逻辑门输出的时延取决于发生翻转的输入引脚。图 8.7 为图 8.2 的电路采用引脚节点惯例标注的情形。图中，v_i 为 v 的第 i 个输入引脚，而 v_o 为 v 的输出引脚。

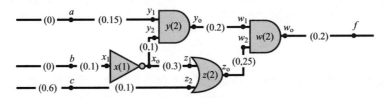

图 8.7 使用引脚节点惯例标注的图 8.2 的电路。对于逻辑门 v，v_i 为 v 的第 i 个输入引脚，而 v_o 为 v 的输出引脚

图 8.8 表示了采用引脚节点惯例构建的 DAG 的 STA 分析结果。

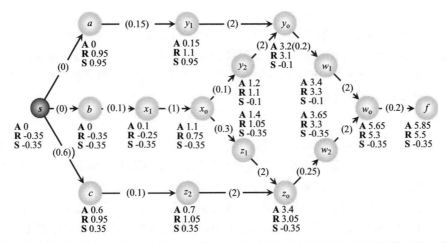

图 8.8 采用引脚节点惯例构建的 DAG 的 STA 分析结果。DAG 中每个节点对应于逻辑门的一个输入或输出引脚

4. 现行方法

在目前的集成电路设计中，普遍将时序分析分成上升沿时延（上升沿迁移）和下降沿时延（下降沿迁移）。

作为 STA 的扩展，信号完整性分析考虑了当前线网受相邻线网信号翻转影响而产生的时延变化。对信号完整性而言，STA 分析引擎不断跟踪分析由 AAT 和 RAT 组成的时序窗（区间），通常要进行若干次的时序分析迭代，直到获得清晰准确的时序窗。

统计 STA（SSTA）是 STA 方法的泛化，它用随机变量来表示逻辑门和线网时延，这些随机变量服从概率分布 [16]。路径上的 AAT、RAT 和时序松弛也用随机变量表示。这样，时序约束要求可以用较高的概率（例如 95%）来表示。SSTA 在前沿电路设计中较为流行且流行度在不断提升，主要原因是现代工艺制造偏差越来越大。在路径中传播统计分布而非区间，可以避免STA 的固有的悲观性。同时，也能降低功耗，减小面积，降低过设计对设计进度的影响。

一直以来，静态时序验证方法受到其两方面弱点的限制：1）时钟假设；2）所有路径都是有效路径的假设。首先，STA 不太适合异步时序分析，而异步时序在现代电路设计中应用得越来越多，例如，SoC 里的异步接口，异步逻辑设计模式以改善速度和功耗等。其次，优化工具浪费了大量的运行时间和芯片资源，例如功耗、面积和速度，而仅满足了"原子级"的约束。实际上，设计者可以手动或半手动指定错误路径和多周期路径，路径上的信号跃迁不要求其在一个时钟周期内完成。目前，业界正在研究和开发全面应用和解决这些时序例外的方法。

8.2.2　使用零松弛算法进行时延预算

在时序驱动的物理设计中，逻辑门和线网时延都须进行优化，最终目的是获得一个时序正确的版图。然而，其中存在一个鸡生蛋还是蛋生鸡的悖论：时序优化时，需要根据容性负载进行计算，即需要线网的长度；然而，只有布局和布线完成，才能知道线网的长度。解决该悖论的方法是进行时序预算。时序预算可以为每个线网预置一个时延和线长约束，从而可以指导布局和布线得到一个时序正确解。实际中广泛使用的最著名的时序预算方法是零松弛算法（ZSA）[15]。

1. 零松弛算法

考虑一个线网，它由逻辑门 v_1, v_2, $\cdots$, v_n 和线网 e_1, e_2, $\cdots$, e_n 组成。其中 e_i 为门 v_i 的输出线网。令 $t(v)$ 表示门 v 的时延，$t(e)$ 表示线网 e 的时延⊖。ZSA 以网表为输入，通过增加 $t(v)$ 和 $t(e)$ 的值来将所有节点的正的松弛值降低到零。所增加的时延值之和将作为节点 v 的时序预算 $TB(v)$，在布局和布线时不能大于这个值：

$$TB(v) = t(v) + t(e)$$

如果大于 $TB(v)$，布局布线工具将通过再布局或再布线来减小 e 的线长，或者改变逻辑门 v 的大小。线长的变化和逻辑门大小的改变对时延的影响，可以用 Elmore 时延模型 [10] 进行估算。若时序路径上的大多数时序弧（分枝）都在预算范围之内，那么该路径应该满足时序约束，尽管该路径上的其他时序弧超过了预算值。这样，可以使用另外一个满足时序预算的方法，即重预算。采用 8.2.1 节的设定，即令 AAT(v)、RAT(v) 和 slack(v) 分别表示时序图 G 中节点 v 的AAT、RAT 和松弛值。

⊖　多扇出的线网具有多源 - 汇时延，所以 ZSA 算法应做相应的调整。

零松弛算法（后期模式分析）

输入： 时序图 $G(V, E)$

输出： 每个节点 $v \in V$ 的时序预算

```
1  do
2    (AAT, RAT, slack) = STA(G)
3    foreach (v_i ∈ V)
4      TB[v_i] = DELAY(v_i) + DELAY(e_i)
5    slack_min = ∞
6    foreach (v ∈ V)
7      if ((slack[v] < slack_min) and (slack[v] > 0))
8        slack_min = slack[v]
9        v_min = v
10     if (slack_min ≠ ∞)
11       path = v_min
12       ADD_TO_FRONT(path, BACKWARD_PATH(v_min, G))
13       ADD_TO_BACK(path, FORWARD_PATH(v_min, G))
14       s = slack_min / |path|
15       for (i = 1 to |path|)
16         node = path[i]            // 均匀分布
17         TB[node] = TB[node] + s   // 沿路径的松弛值
18   while (slack_min ≠ ∞)
```

ZSA 算法主要包括三大步骤。首先，确定所有节点的初始松弛值（行 2 ~ 4），并且选定具有最小正值 $slack_{min}$ 的节点 v_{min}（行 5 ~ 9）。其次，找到节点所属路径 path，它对 slack(v_{min}) 起着主导作用，也就是说，该路径上节点时延的任何变动都将改变 slack(v_{min}) 的值。这一步调用了两个过程 BACKWARD_PATH 和 FORWARD_PATH（行 12 ~ 13）。最后，通过增加路径 path 上各个节点 v 的 $TB(v)$ 值来均匀分布松弛值（行 14 ~ 17）。每次的预算增量 s 将降低节点松弛值 slack(v)。重复该过程（行 1 ~ 18），V 中的各节点的松弛值将降为零。所有节点的时序预算即为最终的 ZSA 结果。关于 ZSA 更详尽的讨论，包括正确性证明以及复杂性分布，见参考文献 [15]。

FORWARD_PATH(v_{min}, G) 将构建一条从节点 v_{min} 开始的路径，随后从先前所添加节点的扇出节点中选择节点 v 添加到该路径，并且重复这种操作（行 2 ~ 10）。各节点 v 都满足第 6 行的条件，即 RAT(v_{min}) 取决于 RAT(v)，而 AAT(v) 取决于 AAT(v_{min})；两节点中任意一个节点时延的改变将同时影响两个节点的松弛值。

正向路径搜索（FORWARD_PATH (v_{min} , G)）

输入： 具有最小松弛 $slack_{min}$ 的节点 v_{min}，时序图 G

输出： 来自 v_{min} 的最大下游路径 path，使得没有节点 $v \in V$ 会影响路径的松弛性

```
1  path = v_min
2  do
3    flag = false
```

```
4   node = LAST_ELEMENT(path)
5   foreach (fanout node fo of node)
6     if ((RAT[fo] == RAT[node] + TB[fo]) and
         (AAT[fo] == AAT[node] + TB[fo]))
7       ADD_TO_BACK(path,fo)
8       flag = true
9       break
10  while (flag == true)
11  REMOVE_FIRST_ELEMENT(path)                // 删除vmin
```

BACKWARD_PATH(v_{min}, G) 重复查找当前节点的某个扇入节点，当前节点或者该扇入节点时延的任何改变将同时影响两个节点的松弛值。

反向路径搜索（BACKWARD_PATH（v_{min}，G））
输入：具有最小松弛 $slack_{min}$ 的节点 v_{min}，时序图 G
输出：来自 v_{min} 的最大上游路径 path，使得没有节点 $v \in V$ 影响路径的松弛性

```
1  path = vmin
2  do
3    flag = false
4    node = FIRST_ELEMENT(path)
5    foreach (fanin node fi of node)
6      if ((RAT[fi] == RAT[node] - TB[fi]) and
          (AAT[fi] == AAT[node] - TB[fi]))
7        ADD_TO_FRONT(path,fi)
8        flag = true
9        break
10   while (flag == true)
11   REMOVE_LAST_ELEMENT(path)                // 删除vmin
```

2. 早期模式分析

ZSA 使用后期模式分析方法以满足建立约束，即能保证电路正常工作的信号跃迁的最晚时间。电路正常工作也取决于是否满足了最早信号跃迁的保持约束。早期模式分析方法主要考虑保持约束。若时序元件的数据输入在时钟信号的触发沿之后跃迁过早，该时序元件输出端的逻辑值在当前时钟周期内可能是不正确的。随着芯片几何尺寸的缩小，早期模式分析也受到了极大的关注。建立违反可以通过降低芯片的工作频率来解决，而对于保持时间约束来说，它不受芯片时钟周期的影响（见 8.1 节）。保持时间约束的违反一般都将导致芯片崩溃。

为能正确分析保持时间约束，必须确定各节点处信号跃迁的最早实际到达时间。而早期模式中时序元件的要求到达时间是最早信号能够到达的时间，仍满足元件库的保持时间要求。

对于每个逻辑门 v，必须满足 $AAT_{EM}(v) \geq RAT_{EM}(v)$。其中 $AAT_{EM}(v)$ 为门 v 最早实际到达时间，而 $RAT_{EM}(v)$ 为早期模式中门 v 的要求到达时间。早期松弛可以定义为

$$\text{slack}_{\text{EM}}(v) = \text{AAT}_{\text{EM}}(v) - \text{RAT}_{\text{EM}}(v)$$

将 ZSA 算法改进之后可以应用到早期模式中，此时算法为近零松弛算法。改进算法通过减小 $t(v)$ 或 $t(e)$ 来减小 $TB(v)$，使每个节点早期模式的时序松弛都达到最小。然而，由于 $t(v)$ 和 $t(e)$ 不可以为负数，节点松弛没必要等于零。

近零松弛算法（早期模式分析）

输入：时序图 $G(V, E)$

输出：每个 $v \in V$ 的时间预算 TB

```
1  foreach (node v ∈ V)
2    done[v] = false
3  do
4    (RAT_EM, AAT_EM, slack_EM) = STA_EM(G)        // 早期模式 STA
5    slack_min = ∞
6    foreach (node v_i ∈ V)
7      TB[v_i] = DELAY(v_i) + DELAY(e_i)
8    foreach (node v ∈ V)
9      if ((done[v] == false) and (slack_EM[v] < slack_min) and (slack_EM[v] > 0))
10       slack_min = slack_EM[v]
11       v_min = v
12   if (slack_min ≠ ∞)
13     path = v_min
14     ADD_TO_FRONT(path, BACKWARD_PATH_EM(v_min, G))
15     ADD_TO_BACK(path, FORWARD_PATH_EM(v_min, G))
16     for (i = 1 to |path|)
17       node = path[i]
18       path_E[i] = FIND_EDGE(V[node], E)          // v_i 的对应边
19     for (i = 1 to |path|)
20       node = path[i]
21       s = MIN(slack_min / |path|, DELAY(path_E[i]))
22       TB[node] = TB[node] - s                    //减少 DELAY(node) 或
                                                    // DELAY(path_E[node])
23       if (DELAY(path_E[i]) == 0)
24         done[node] = true
25   while (slack_min < ∞)
```

相对于 ZSA 的伪代码，过程 BACKWARD_PATH_EM($v_{\min}$, G) 与 BACKWARD_PATH($v_{\min}$, G) 等价，FORWARD_PATH_EM($v_{\min}$, G) 与 FORWARD_PATH($v_{\min}$, G) 等价，不同之处在于到达时间和要求时间都须进行早期模式分析。

与原先的 ZSA 相比，有两处差别：①使用了早期模式时序约束；②对布尔标志 done(v) 的处理。伪代码第 1 ~ 2 行将各节点 $v \in V$ 的 done(v) 设为假。若节点 v_i 的 $t(e_i)$ 接近零，done(v_i) 将设为真（行 23 ~ 24）。在随后的循环里（行 3 ~ 25），若 v_i 是 G 中具有最小松弛值的节点，将跳过不处理（行 9），因 $t(e_i)$ 无法再减小。算法完成后，各节点 v 或者

slack(v) = 0 或者 done(v) = true。

实际上，如果节点时延不满足早期模式时序预算，可以适当给某些部件增加额外的时延（焊盘）来使其达到时延约束的要求。不过，增加的额外时延随时都可能引起后期模式时序违反。所以，先用 ZSA 和后期模式分析方法进行电路设计，随后再用早期模式分析方法确认电路是否违反了早期模式约束，或者通过适当修改使其满足早期模式约束。

8.3 时序驱动布局

时序驱动布局（TDP）将优化电路时延，要么满足所有时序约束，要么得到最大可行的时钟频率。它主要运用 STA 的分析结果（见 8.2.1 节）来确定关键线网，并采用某些策略来改善这些线网的信号传播时延。TDP 一般是求取以下两个公式中一个或两个的最小值。

1）最坏负松弛（WNS）

$$WNS = \min_{\tau \in T}(slack(\tau))$$

式中，T 为时序终止点，例如，触发器的主输出和输入。

2）总体负松弛（TNS）

$$TNS = \sum_{\tau \in T, slack(\tau) < 0} slack(\tau)$$

时序驱动的布局算法可以分为基于线网（见 8.3.1 节）和基于路径或称为综合分析（见 8.3.2 节）。基于线网的布局算法又分两类：①时延预算法，为各个线网预算时序或长度的上限；②线网权重法，给关键线网分配较高的布局优先级。基于路径的布局算法则试图削减或加快整条关键时序路径而不是分别处理各个线网。相对于基于线网的算法而言，基于路径算法的结果更为准确，但它不适合现代大规模集成电路的设计。这是因为在诸如乘法器等电路中，路径的数量以逻辑门指数的级别增长。

基于路径和基于线网的方法都有以下问题：①都需要布局算法内部支持；②需要独立机构进行时序统计和时序参数的计算。某些布局算法综合利用各种时序驱动技术。例如，线网权重法很容易在模拟退火和所有数值算法中实现。线网分割法支持小整数线网权重，而通过缩放或者将桶结构替换为更一般的优先级队列，很容易扩展到非整数权重。

时序驱动的布局算法一般需要多次迭代，每次迭代都会根据 STA 的结果对时延预算和线网权重进行调整。综合算法一般采用约束驱动的数学方程，而 STA 结果则可以作为其目标函数的约束条件。以下将讨论若干 TDP 方法，更先进的方法见参考文献 [6] 和参考文献 [4] 的第 21 章。

在布局确定之前，时序数据准确度很低，所以某些业界的布局流程在初始布局时一般不采用时序驱动方法。而是在随后的布局迭代，尤其是详细布局的时候进行时序优化。业界最常用的方法是综合方法：例如，线性规划方程（见 8.3.2 节）则比线网权重和时延预算更准确，代价是增加运行时间。在 8.6 节将讨论时序收敛的实用设计流程。

8.3.1 基于线网的技术

基于线网的方法给定优先值数据以反映时序关键性（线网权重），或线网时序上限的线网约束（时延预算）。线网权重在设计早期效率较高，而当时序分析结果更准确时，时延预算则更具实际意义。

1. 线网权重

回想一下传统布局工具所完成的工作，它主要优化总线长和线网可布线性。若加时序因素，可以给各线网分配一个线网权重，然后布局工具求取最小加权总线长（见第 4 章）。一般而言，线网权重值越大，表明该线网的时序关键性受到的关注就越大。在布局工具中，线网权重可以是静态分配的，也可以是动态分配的。

静态线网权重是在布局开始之前进行计算，布局过程中保持不变。它主要是基于松弛进行计算的；线网的关键性越高（松弛越小），权重值就越大。静态线网权重可以是离散值。例如

$$w = \begin{cases} \omega_1 & \text{若 slack} > 0 \\ \omega_2 & \text{若 slack} \leqslant 0 \end{cases}, \text{ 其中} \omega_1 > 0, \omega_2 > 0, \omega_2 > \omega_1$$

静态线网权重也可以是连续值，例如

$$w = \left(1 - \frac{\text{slack}}{t}\right)^{\alpha}$$

式中，t 为最长路径时延；α 为关键性指数。

除松弛之外，也可能要考虑其他参数，比如线网大小、通过给定线网的关键路径数目等。不过，较高权重值的数目过多的话，将导致总线长增加、可布线性降低，而且可能出现新的关键路径。换句话说，过度的线网权重将产生更糟糕的时序结果。为此，可以根据敏感度来计算线网权重。敏感性是指线网影响 TNS 的程度。例如，参考文献 [22] 的作者使用以下方法计算线网权重。令

1）$w_o(\text{net})$ 为线网的初始权重。

2）$\text{slack}(\text{net})$ 为线网松弛值。

3）$\text{slack}_{\text{target}}$ 为目标松弛值。

4）$s_w^{\text{SLACK}}(\text{net})$ 为线网权重的松弛敏感度。

5）$s_w^{\text{TNS}}(\text{net})$ 为线网权重的 TNS 权重。

6）α 和 β 为权重变化的常数上下限，用来控制 WNS 和 TNS 之间的折衷。

若 $\text{slack}(\text{net}) \leqslant 0$，则有

$$w(\text{net}) = w_o(\text{net}) + \alpha \cdot (k_{\text{target}} - \text{slack}(\text{net})) \cdot s_w^{\text{SLACK}}(\text{net}) + \beta \cdot s_w^{\text{TNS}}(\text{net})$$

否则，若 $\text{slack}(\text{net}) > 0$，则 $w(\text{net})$ 保持不变，即 $w(\text{net}) = w_o(\text{net})$。

动态线网权重是在布局迭代中进行计算的，每次迭代修正的松弛值都要保存在数据结构中，以便下次迭代使用。动态线网权重比静态线网权重更高效，因为静态线网权重是在布局之

前计算的，而线网长度一变，静态计算的线网权重就可能会过时。参考文献 [5] 中给出了一个基于线网松弛增量的高效计算方法，对松弛值进行修正的例子。在某次迭代 k 中，令

1）$\text{slack}_{k-1}(\text{net})$ 为第 $k-1$ 次迭代的松弛值。

2）$s_L^{\text{DELAY}}(\text{net})$ 为线网 net 相对于线长的时延敏感度。

3）$\Delta L(\text{net})$ 为第 $k-1$ 次迭代和第 k 次迭代之间的线网长度之差。

那么，第 k 次迭代中线网 net 的松弛估计值为

$$\text{slack}_k(\text{net}) = \text{slack}_{k-1}(\text{net}) - s_L^{\text{DELAY}}(\text{net}) \cdot \Delta L(\text{net})$$

时序信息更新后，应相应修改线网权重。一般地，这种增权重修正方法是基于上次迭代的。例如，对各线网 net，参考文献 [11] 在每次迭代 k 中先用下式计算线网关键度 υ：

$$\upsilon_k(\text{net}) = \begin{cases} \dfrac{1}{2}(\upsilon_{k-1}(\text{net})+1) & \text{线网在关键线网的3\%范围内} \\ \dfrac{1}{2}\upsilon_{k-1}(\text{net}) & \text{其他} \end{cases}$$

随后，再用下式更新线网权重：

$$w_k(\text{net}) = w_{k-1}(\text{net}) \cdot (1 + \upsilon_k(\text{net}))$$

算法中主要的改进是使用了前 j 次的迭代，以及不同的线网权重和关键度之间的关系。

如果采用更准确的线网权重分配方法，动态线网权重方法可以比静态线网权重方法的效率更高一些。静态线网权重方法涉及所有的布局工具，而动态线网权重方法则不同，具体应用到各个布局工具中时，需要做相应的修改，而它的具体计算融合在布局算法之中。为增强动态线网权重的可扩展性，需要提高每次迭代中的时序信息和线网权重的计算效率。

2. 时延预算

若不采用线网权重方法，可以使用线网约束来限制各线网的时延值或者总线长。这种方法克服了线网权重的若干不足。首先，很难精确预测线网对时序以及总线长的影响。例如，增加多条线网的权重可能得到相同（或者说极相似）的布局。其次，高的权重值不能保证线网的时序和总线长的减少。而线网约束方法可以更好且更明显地控制线网的长度和松弛。不过，为提高线网约束算法的适应性，生成的线网约束不能使解空间过约束，或者说严重限制了可行解的数量，从而影响解的质量。

实际上，可以在布局之前静态生成线网约束，或者在每次布局迭代中加入或修改线网约束时动态生成。计算线网时延的常用方法是先前在 8.2.2 节中讨论的零松弛算法（ZSA）。参考文献 [12] 中讨论了其他先进方法。

一定要认真设计各种布局工具所支持的约束以免牺牲运行时间和解的质量。例如，最小割布局工具必须在满足线长约束的情况下将各个元件放到各划分中。为满足约束，某些元件必须分配到某个特定划分之中。引力导向的布局工具可以调整某些超长线网的引力，但必须保证该线网与其他线网引力之间的平衡。更多有关最小割布局工具和引力导向布局工具的 TDP 算法分

别见参考文献 [13] 和 [21]。

8.3.2 在线性规划的布局中使用 STA

基于线网的方法是将时序要求转化为线网权重或线网约束，而基于路径时序驱动布局算法则是直接时序。不过，随着所关注的路径数（关键路径）的急剧增加，基于路径的优化速度将远低于基于线网的算法。

为了改善其适应性，可以在诸如线性规划的算法中采用一套约束和优化目标函数来实施时序分析。在时序驱动布局的过程中，线性规划（LP）在两大类约束情况下求取松弛函数 TNS 的最小值。两大类约束为：1）物理约束，指明了元件的位置；2）时序约束，规定了松弛要求。当然，也可以将其他电气约束考虑进来。

1. 物理约束

物理约束可用以下方式定义。给定元件集 V 和线网集 E，令：

1）x_v 和 y_v 为元件 $v \in V$ 的中心坐标。

2）V_e 为与线网 $e \in E$ 相连的元件的集合。

3）left(e)、right(e)、bottom(e) 和 top(e) 分别为 e 的包围盒的左边、右边、下边和上边。

4）$\delta_x(v,e)$ 和 $\delta_y(v,e)$ 为元件 v 连接到 e 的相对于 x_v 和 y_v 的引脚偏移。

从而，对于所有 $v \in V_e$，有

$$\text{left}(e) \leqslant x_v + \delta_x(v,e)$$
$$\text{right}(e) \geqslant x_v + \delta_x(v,e)$$
$$\text{bottom}(e) \leqslant y_v + \delta_y(v,e)$$
$$\text{top}(e) \geqslant y_v + \delta_y(v,e)$$

也就是说，给定线网 e 的所有引脚必须包含在 e 的包围盒里。这样，e 的半周长（HPWL）（见 4.2 节）可以定义为

$$L(e) = \text{right}(e) - \text{left}(e) + \text{top}(e) - \text{bottom}(e)$$

2. 时序约束

时序约束可用以下方式定义。令：

1）$t_{\text{GATE}}(v_i, v_o)$ 为元件 v 从输入引脚 v_i 到输出引脚 v_o 的时延。

2）$t_{\text{NET}}(e, u_o, v_i)$ 为从元件 u 的输出引脚 u_o 到元件 v 的输入引脚 v_i 的线网 e 的时延。

3）$\text{AAT}(v_j)$ 为元件 v 的引脚 j 的到达时间。

则可以定义两种类型的时间约束，即对输入引脚的约束和对输出引脚的约束。

对于元件 v 的各个输入引脚 v_i，其到达时间分别为上级电路的元件 u 的输出引脚 u_o 的到达时间与线网时延之和：

$$\text{AAT}(v_i) = \text{AAT}(u_o) + t_{\text{NET}}(e, u_o, v_i)$$

对于元件 v 的各个输出引脚 v_o，其到达时间必须大于或等于各个输入引脚 v_i 的到达时间与门时延之和，即对于元件 v 的各个输入引脚 v_i，有

$$\text{AAT}(v_o) \geqslant \text{AAT}(v_i) + t_{\text{GATE}}(v_i, v_o)$$

对于时序元件 τ 的各个引脚 τ_p，其松弛值通过求解要求到达时间 $\text{RAT}(\tau_p)$ 与实际到达时间 $\text{AAT}(\tau_p)$ 之差来计算：

$$\text{slack}(\tau_p) \leqslant \text{RAT}(\tau_p) - \text{AAT}(\tau_p)$$

触发器的各个输入端和所有主输出端都给定了要求到达时间 $\text{RAT}(\tau_p)$，而在触发器的输出端和主输入端则给定了实际到达时间 $\text{AAT}(\tau_p)$。为确保算法过优化，即优化不超过时序约束所要求的标准，所有引脚的松弛都具有零值上限（或者一个较小的正值）：

$$\text{slack}(\tau_p) \leqslant 0$$

3. 目标函数

运用之前讨论的约束和定义，LP 可以优化负松弛总值（TNS）：

$$\max : \sum_{\tau_p \in \text{Pins}(\tau), \tau \in T} \text{slack}(\tau_p)$$

式中，$\text{Pins}(\tau)$ 为元件 τ 的所有引脚；T 仍然是时序元件或终端点的集合。LP 还可以优化最差负松弛值（WNS）：

$$\max : \text{WNS}$$

式中，所有引脚的 $\text{WNS} \leqslant \text{slack}(\tau_p)$。LP 还可以优化线长和松弛的组合：

$$\min : \sum_{e \in E} L(e) - \alpha \cdot \text{WNS}$$

式中，E 为所有线网的集合；α 为 WNS 和线长之间的折衷值，大小在 $0 \sim 1$ 之间；$L(e)$ 为线网 e 的半周长（HPWL）。

8.4 时序驱动布线

在现代集成电路中，互连线会产生相当大的信号时延。所以，在布线中要将互连时延考虑在内。时序驱动布线主要是极小化以下目标中的一个或两个：①最大汇时延，它是给定线网中从源到任意一个汇的最大互连时延；②总线长，它影响着驱动线网的门的负载相关时延。

给定一个信号线网 net，令 s_0 为源，$\text{sinks} = \{s_1, s_2, \cdots, s_n\}$ 为汇。令 $G = (V, E)$ 为对应的权重图，其中 $V = \{v_0, v_1, \cdots, v_n\}$ 表示 net 中的源节点和汇节点，而边 $e(v_i, v_j) \in E$ 的权重表示端点 v_i 和 v_j 之间的布线代价。对于 G 上任意一个生成树 T，令 $\text{radius}(T)$ 表示 T 中最长的源 - 汇路

径的长度，cost(T) 表示 T 的所有边的权重之和。

由于源 - 汇长度反映了源汇信号时延，即长度与时延成线性关系且与 Elmore 时延[10] 模型密切相关。因此，用布线树同时求取半径和代价的最小值是比较理想的选择。然而，对大多数信号线网来说，半径和代价不能同时达到最小。图 8.9 展示了半径与代价（"浅色"相对于"亮色"）的折衷，其上的标识表示边的代价。图 8.9a 中的树具有最小半径，即从源到各个汇的最短可能路径长度。因此，它是一个最短路径树，可以用 Dijkstra 算法构造（见 5.6.3 节）。图 8.9b 中的树最有最小代价，是一个最小生成树（MST），可以用 Prim 算法构造（见 5.6.1 节）。由于它们分别具有较大的代价和较大的半径，在实际中都不实用。图 8.9c 中的树则是同时具有光和影特性的折衷。

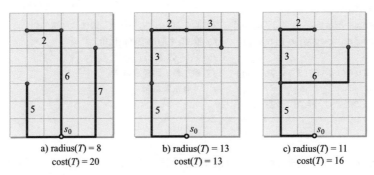

a) radius(T) = 8   b) radius(T) = 13   c) radius(T) = 11
cost(T) = 20   cost(T) = 13   cost(T) = 16

图 8.9 时延与代价，即"浅色"与"亮色"，在构成树时的折衷。a）最短路径树；b）最小代价树；c）半径（深度）和代价的折衷

8.4.1 有界半径有界代价算法

参考文献 [9] 提出的有界半径有界代价（BRBC）算法可以通过界定半径和代价来构造出浅色 - 亮色生成树。其中各参数都在其优化值与一个常数系数之积的范围之内。该算法首先由图 $G(V,E)$ 构造一个包含所有节点 $v \in V$ 的子图 G'，它具有最小的代价和最小的半径。从而，子图 G' 中的最短路径树 T_{BRBC} 也具有最小的半径和最小的代价，因为它是 G' 的子图。T_{BRBC} 用参数 $\varepsilon \geq 0$ 来确定，该参数表示了半径与代价之间的折衷。当 $\varepsilon = 0$ 时，T_{BRBC} 具有最小的半径；而当 $\varepsilon = \infty$ 时，T_{BRBC} 具有最小的代价。

准确地说，T_{BRBC} 同时满足下面两个方程：

$$\text{radius}(T_{BRBC}) \leq (1+\varepsilon) \cdot \text{radius}(T_S)$$

式中，T_S 为 G 的最短路径树，且

$$\text{cost}(T_{BRBC}) \leq \left(1 + \frac{2}{\varepsilon}\right) \cdot \text{cost}(T_M)$$

式中，T_M 为 G 的最小生成树。

BRBC 算法

输入：图 $G(V, E)$，参数 $\varepsilon \geqslant 0$

输出：生成树 T_{BRBC}

```
1  T_S = SHORTEST_PATH_TREE(G)
2  T_M = MINIMUM_COST_TREE(G)
3  G' = T_M
4  U = DEPTH_FIRST_TOUR(T_M)
5  sum = 0
6  for (i = 1 to |U| - 1)
7      u_prev = U[i]
8      u_curr = U[i + 1]
9      sum = sum + cost_TM[u_prev][u_curr]   // 在 T_M 中 u_prev ~ u_curr 的代价之和
10     if (sum > ε · cost_TS[v_0][u_curr])    // 在 T_S 中的最短路径代价
                                              // 从源 v_0 到 u_curr
11         G' = ADD(G', PATH(T_S, v_0, u_curr))  // 添加最短路径边到 G'
12         sum = 0                            // 并且重置总和
13     T_BRBC = SHORTEST_PATH_TREE(G')
```

执行 BRBC 算法时，会先计算 G 的最短路径树 T_S、最小生成树 T_M（行 1~2）。将 G' 初始化为 T_M（行 3）。令 U 为与 T_M 的深度优先遍历的边的序列（行 4）。深度优先遍历将访问每个 T_M 的边两次（见图 8.10），所以 $\text{cost}(U) = 2 \cdot \text{cost}(T_M)$。遍历 U 并保持所遍历的边代价总和 sum 的界限（行 6~9）。在遍历访问每个节点 u_{curr} 时，会测试 sum 是否大于 T_S 中 v_0 和 u_{curr} 之间的代价（距离）。若大于，将 $s_0 \sim u_{\text{curr}}$ 的路径合并到 G' 并且将 sum 设置为 0（行 11~12）。继续遍历 U，并重复以上步骤（行 6~12）。最终将得到一个 G' 上的最短路径树 T_{BRBC}（行 13）。

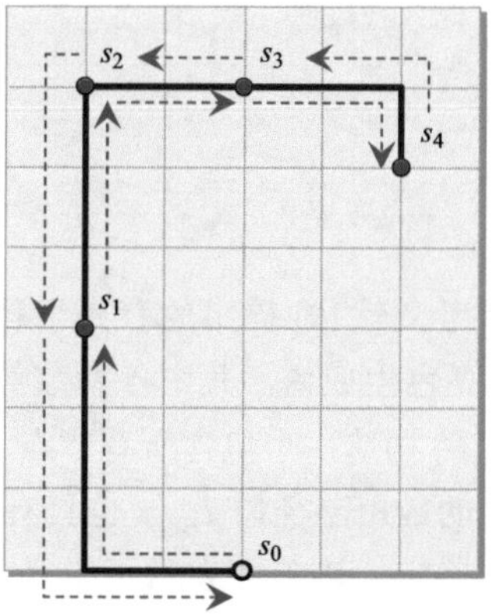

图 8.10　对图 8.9b 的最小生成树进行深度优先遍历所得遍历序列：
$s_0 \rightarrow s_1 \rightarrow s_2 \rightarrow s_3 \rightarrow s_4 \rightarrow s_3 \rightarrow s_2 \rightarrow s_1 \rightarrow s_0$

8.4.2　Prim-Dijkstra 算法的折衷

另一个产生布线树的半径和代价的折衷方法是采用显式的、量化的标准。一般地，最小代价和最小半径可以分别用 Prim 最小生成树算法（见 5.6.1 节）和 Dijkstra 最短路径树算法（见 5.6.3 节）实现。虽然这两个算法的优化目标不同，但是它们在给定节点集上构造生成树的方法很相似。从一个汇集合 S，两个算法都是从仅包含节点 s_0 的树 T 开始的，随后重复填加汇 s_j 和连接 T 中 s_i 到 s_j 的边。这两个算法的区别只是代价函数不同，代价函数用来决定下一个汇和边。

在 Prim 算法中，选择汇 s_j 和边 $e(s_i, s_j)$ 来最小化 s_i 和 s_j 之间的边的代价：

$$\text{cost}(s_i, s_j)$$

其中，$s_i \in T$，$s_j \in S-T$。

而在 Dijkstra 算法中，选择汇 s_j 和边 $e(s_i, s_j)$ 来最小化源 s_0 和汇 s_j 之间的路径的代价：

$$\text{cost}(s_i) + \text{cost}(s_i, s_j)$$

其中，$s_i \in T$，$s_j \in S-T$，而 $\text{cost}(s_i)$ 为 s_0 到 s_i 的最短路径上的总代价。

要将两个优化目录结合起来，参考文献 [1] 提出了 PD 折衷方法，在 Prim 算法和 Dijkstra 算法之间进行折衷。该算法重复将汇 s_j 和边 $e(s_i, s_j)$ 加入 T 并求解

$$\gamma \cdot \text{cost}(s_i) + \text{cost}(s_i, s_j)$$

的最小值。其中 $s_i \in T$，$s_j \in S-T$，γ 为预置常数且 $0 \le \gamma \le 1$。

当 $\gamma = 0$ 时，PD 折衷算法相当于 Prim 算法，此时 T 为最小生成树 T_M。当 γ 增加时，PD 折衷算法将构造逐渐增高的代价和逐渐减小的半径的生成树。当 $\gamma = 1$ 时，PD 折衷算法相当于 Dijkstra 算法，此时 T 为最短路径树 T_S。

图 8.11 显示了 PD 折衷算法在 γ 取不同值时的行为特征。图 8.11a 中的树为 γ 取较小值时的结果，它比图 8.11b 的代价要小，但是半径要长。

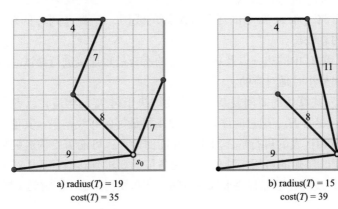

a) radius(T) = 19   b) radius(T) = 15
cost(T) = 35   cost(T) = 39

图 8.11 PD 折衷算法的结果。令任意两节点之间的代价为曼哈顿距离。a）$\gamma = 1/4$ 时的生成树；b）$\gamma = 3/4$ 时的生成树，其代价较高而半径较小

8.4.3 源 - 汇时延的最小化

前面几小节讨论的是半径与代价折衷的算法。由于生成树的半径反映了线网时延，这些算法间接最小化了汇的时延。不过，线长 - 时延的抽象、BRBC 算法中的 ε、PD 折衷中的 γ，都

不利于时延的直接控制。相反，给定一个汇集合 S，Elmore 布线树（ERT）算法[4]重复填加汇 s_j 和边 $e(s_i, s_j)$ 到生成树 T 中，并使源 s_0 到汇 s_j 的时延最小化。其中，$s_i \in T$，$s_j \in S - T$。

由于 ERT 算法未将任何一个汇特殊对待，所以它属于线网无关的布线方法。不过，在实际设计的时序优化中，会将各种时序约束和松弛引入多引脚线网的各个汇中。

具有最小时序松弛的汇称为线网的关键汇。如果在构造布线树时，未将关键汇信息考虑在内，将产生本可避免的负松弛，并将降低设计的总体时序性能。为解决关键汇布线问题，业界开发了若干布线树生成方法，亦即路径无关的方法。

1. 关键汇布线树（CSRT）问题

给定一个信号线网 net，s_0 为源，$S = \{s_1, s_2, \cdots, s_n\}$ 为汇集合，对于每个汇 $s_i \in S$，其关键性 $\alpha(i) \geqslant 0$，构造一个布线树 T 使得

$$\sum_{i=1}^{n} \alpha(i) \cdot t(s_0, s_i)$$

最小化，其中 $t(s_0, s_i)$ 为源 s_0 到汇 s_i 的信号时延。汇的关键性 $\alpha(i)$ 反映了相应汇 s_i 的时序关键性。如果一个汇处于一个关键路径上，那么它的时序关键性的值将比其他汇要高。

对于 CSRT 问题，关键汇的 Steiner 树启发算法[14]首先在 S 的所有端点上构造一个启发式最小代价 Steiner 树 T_0，其中不包含有着最高关键性值的关键汇 s_c。随后，为减小 $t(s_0, s_c)$，通过启发式变量将 s_c 填加到 T_0。下面给出一些例子：

1）H_0：引入一条从 s_c 到 s_0 的线网。

2）H_1：引入可以将 s_c 加入 T_0 中的尽可能最短的线网，只要 s_0 到 s_c 的路径为单调路径，或者说具有尽可能短的总线长。

3）H_{Best}：对从 s_c 到 T_0 中的边，以及从 s_c 到 s_0 的所有最短连接进行尝试。对其中所有的树进行时序分析，并返回最小时延对应的 s_c。

关键汇 Steiner 启发式算法的时间复杂度，主要取决于树 T_0 的构造，或者取决于启发式变量 H_{Best} 中的时序分析。尽管 H_{Best} 通过时序松弛可以求得最好的布线结果，其他两种变量也能取得运行效率与解的质量相折衷的可行解。对于高性能的设计，可能需要构造更复杂的时序驱动布线树。沿每个源 - 汇时序弧的可用松弛值可以用各汇的要求到达时间（RAT）来表示。在以下的 RAT 树的公式中，线网各汇都有要求到达时间，在布线树中源 - 汇时延不能超出这些值。

2. RAT 树问题

给定信号线网，其源为 s_0，汇集合为 S，求最小代价布线树 T 使得

$$\min_{s \in S}(RAT(s) - t(s_0, s)) \geqslant 0$$

式中，$RAT(s)$ 为汇 s 的要求到达时间；$t(s_0, s)$ 为 T 中从源 s_0 到汇 s 的信号时延。求解 RAT 布线树问题的方法见参考文献 [15]。

8.5 物理综合

回想 8.2 节讨论过的，考虑到建立约束，一个芯片的正确操作要求所有节点上都有 AAT ≤ RAT。如果哪个节点不满足这个条件，即出现了负的松弛值，那么就需要进行物理综合直到所有松弛值都为非负[⊖]。

物理综合包含了很多时序优化方法，主要有两方面的优化，即时序预算和时序校正。在布局布线阶段（见 8.2.2 节和 8.3.1 节）以及时序校正阶段（见 8.5.1 ~ 8.5.3 节）进行时序预算时，为达到时序收敛，时延的目标值将分配到时序路径的各时序弧上。时序校正时，常采用逻辑门大小、插入缓冲、重构网表等方法来修改线网，以满足时序约束。实际上，两个时序元件之间包含最小松弛节点的关键路径是相同的，无需电路的逻辑功能就可以进行时序优化以改善线网松弛。

8.5.1 改变门大小

标准单元中，一般都有各种大小的逻辑门，例如 NAND 和 NOR，可以根据不同的驱动强度来选择。驱动强度为状态改变时，逻辑门能提供的电流量。

图 8.12 显示了负载电容与时延的对应关系。其中门的大小（驱动强度）分别为 A、B 和 C，且

$$\text{size}(v_A) < \text{size}(v_B) < \text{size}(v_C)$$

较大的逻辑门具有较小的输出阻抗，能驱动较大的负载电容且具有较小的负载相关时延。不过，由于逻辑门存在寄生输出电容，大的逻辑门同样存在较大的内部时延。这样，当负载电容较大时，负载相关时延占主导：

$$t(v_C) < t(v_B) < t(v_A)$$

而当负载电容较小时，逻辑门内部时延占主导：

$$t(v_A) < t(v_B) < t(v_C)$$

增加 $\text{size}(v)$ 同时也会增加门 v 的电容，进而增加了从扇入驱动端看的负载电容。下面将讨论门电容对扇入门时延的影响，而其具体公式本书不作详细讨论。

改变门的大小可获得较低的时延（见图 8.13）。令 $C(p)$ 表示引脚 p 的负载电容。在图 8.13（顶部），门 v 驱动的负载电容总值为：$C(d) + C(e) + C(f) = 3\text{fF}$。当门的大小为 A 时（见图 8.13 左下），根据图 8.12 的负载与时延的关系，门时延为 $t(v_A) = 40\text{ps}$。而门的大小为 C 时（见图 8.13 右下），门时延为 $t(v_C) = 28\text{ps}$。这样，对于负载电容为 3fF 的逻辑而言，如使用 v_C，门时延将改善 12ps。不过，如果回想一下前面讨论过的内容就可以知道，由于 v_C 在引脚 a 和 b 存在较大的输入电容，扇入逻辑门的时延就会增加。

⊖ 尽管逻辑合成将 RTL 描述映射到一组门以实现相同的功能，但物理合成将该门级网表转换为可以在硅上实现（刻蚀）的布局。后者包括局部和全局优化，例如时序，这些优化考虑了物理特性，是 8.5 节重点介绍的内容。

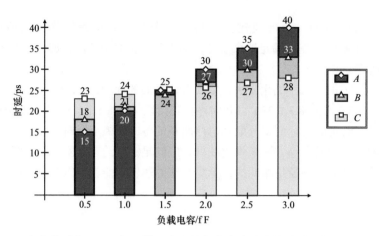

图 8.12　大小分别为 *A*、*B* 和 *C* 的三个门的负载电容（容值递增）与门时延的关系

改变逻辑门大小的详细内容见参考文献 [29]。更多有关改变逻辑门大小的讨论见参考文献 [28]。

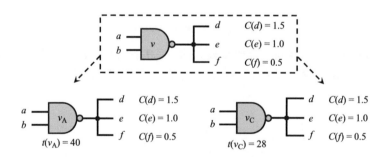

图 8.13　将逻辑门 *v* 的大小从 *A* 改变到 *C*（见图 8.12）可以得到较低的门时延

8.5.2　缓冲插入

缓冲也是逻辑门，通常由两个串联的反相器构成，使用它可以再生信号而不改变其特性。缓冲能够改善时序时延，要么是加速电路，要么是作为时延元件；也能够改变信号跃迁时间以改善信号完整性以及耦合时延扰动。

在图 8.14 左图中，门 v_B 在扇出引脚 *d* ~ *h* 上的（实际）到达时间 $t(v_B) = 45\mathrm{ps}$。假设引脚 *d* 和 *e* 处于关键路径且其要求到达时间小于 35ps，另外缓冲 *y* 的输入电容为 1fF，那么，在插入缓冲 *y* 之后，v_B 的负载电容从 5 降到 3，从而将 *d* 和 *e* 的到达时间减小到 $t(v_B) = 33\mathrm{ps}$。可见，插入缓冲 *y* 将使 v_B 与原先的某些负载电容隔离开，从而改善了门 v_B 的时延。在图 8.14 右图中，插入缓冲 *y* 之后，*f*、*g* 和 *h* 的到达时间变为 $t(v_B) + t(y) = 33 + 33 = 66\mathrm{ps}$。

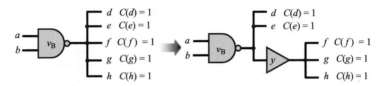

图 8.14　通过插入缓冲 y 将使 v_B 与原先的某些负载电容隔离开来改善 $t(v_B)$

缓冲插入技术的主要缺点是增加了芯片面积和功耗。尽管缓冲插入技术需要慎用，然而在现代集成电路设计中，由于工艺规模的不断提升，缓冲的数量正在持续不断地增长。此时，与逻辑门相比，反而是互连线变得越来越慢。在现代高性能电路设计中，缓冲包括 10% ~ 20% 的标准单元，有的甚至达到 44%[26]。

8.5.3　网表重构

通常，可以修改网表来改善时序特性。当然，网表的修改不能影响电路的功能。网表修改一般是插入逻辑门，或修改（再连线）已有逻辑门间的互连关系以改善驱动强度和信号完整性。本节将讨论常见的网表修改方法。更多相关知识见参考文献 [20]。

1. 克隆（复制）

在两种情形下复制逻辑门可以改善时延：①由于扇出电容，多扇出的逻辑门将变慢；②逻辑门输出扇出到两个不同方向，使其布局困难。克隆（复制）实际上是将驱动电容均分到两个逻辑门上，其代价则是增加了上游逻辑门的扇出。

如图 8.15 左图所示，若采用图 8.12 所示的负载与时延的关系，则门 v_B 的时延 $t(v_B) = 45ps$。在采用克隆技术后，如图 8.15 右图所示，$t(v_A) = 30ps$，$t(v_B) = 33ps$。从产生信号 a 和 b 的扇入逻辑门看，克隆技术也增加了输入引脚的电容。一般地，克隆技术可使局部布局更具灵活性，例如，v_A 可以放置在靠近汇 d 和 e 的地方，而 v_B 可以放在靠近汇 f、g 和 h 的地方，代价就是增加了阻塞和提高了布线难度。

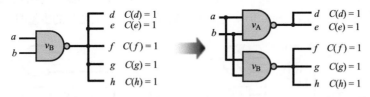

图 8.15　局部扇出较多时，通过克隆或复制逻辑门技术降低时延

若下游电容较大，相比克隆技术来说，缓冲插入不失为一种较好的方法，因为缓冲插入不会引起上游逻辑门的扇出电容。不过，缓冲插入不能取代布局驱动的克隆技术。本章的习题之一将深入讨论这个概念。

克隆技术的第二个应用，允许设计者复制逻辑门，并将它们放置在靠近下游逻辑的地方。在图 8.16 中，v 驱动着 5 个信号 $d \sim h$，其中 d、e 和 f 距离靠近，而 g 和 h 则在较远的地方。为减轻大量扇出的问题以及较远的信号传输带来的互连时延，可以对 v 进行克隆。原先的门 v 只

驱动信号 d、e 和 f，而 v 的副本 v' 则放置在距离 g 和 h 较近的地方。

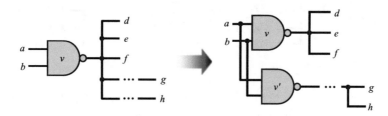

图 8.16 克隆变换：复制驱动门以解决远距离扇出

2. 重设计扇入树

逻辑设计阶段一般要求取最少逻辑级别数目的电路。最小化时序元件之间路径上的逻辑门的最大值，将得到一个从输入到输出的时延近似相同的均衡电路。不过，输入信号可能在不同的时刻到达，所以最少级别电路可能并非时序最优。在图 8.17 中，不论输入信号连接到门的哪个输入引脚，引脚 f 的到达时间 $\text{AAT}(f)$ 都为 6。然而，若为非均衡网络，则存在最短的从输入到输出的路径，这条路径可用于较迟的到达信号，比如 $\text{AAT}(f) = 5$。

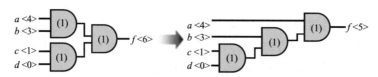

图 8.17 重设计扇入树以得到较小的输入到输出的时延。到达时间用尖括号表示，时延用圆括号表示

3. 重设计扇出树

沿用图 8.17 的思路，重均衡扇出树中的输出负载电容可以降低最长路径的时延，从而改善其时序特性。在图 8.18 中，需要缓冲 y_1，因为关键路径 path_1 上的负载电容比较大。不过，通过重设计扇出树就可以降低 path_1 的负载电容，此时不再需要缓冲 y_1。当然，对路径 path_2 来说，即使缓冲 y_2 增加了负载电容，路径 path_2 仍未变成关键路径，那么其上增加的少量时延也是可以的。

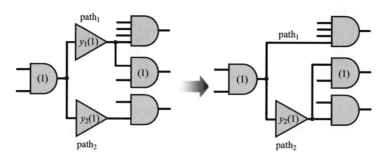

图 8.18 重设计扇出树以减小路径 path_1 的负载电容

4. 互换可交换引脚

尽管逻辑门的输入引脚逻辑上是等价的，比如 NAND 的引脚，但是在实际晶体管网络中，

这些输入引脚到输出引脚的时延可能是不相同的。在 STA 采用引脚节点惯例时（见 8.2.1 节），内部输入到输出的时序弧的时延是不同的。所以，改变输入引脚的连接方式可以改变路径时延。引脚连接的经验方法是将较迟（较早）的到达信号连接到较短（较长）的输入 - 输出时延对应的输入引脚上。

在图 8.19 中，内部时序弧上用圆括号标示着对应的时延值，而引脚 a、b、c 和 f 上用尖括号标示着相应的到达时间。在左侧电路中，交换引脚 a 和 c，f 的到达时间可以从 5 降到 3。

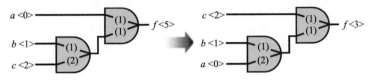

图 8.19 互换可交换引脚以减小 f 的到达时间

更多有关引脚分配和交换的先进技术见参考文献 [7]。

5. 逻辑门分解

在 CMOS 设计中，具有多输入的逻辑门通常有着较大的尺寸和电容，同时晶体管级的拓扑结构也很复杂，导致诸如逻辑努力等速度特性方面效率低下[27]。将多输入的逻辑门分解成较小的、效率更高的逻辑门能够减少时延和电容，而逻辑功能不受影响。图 8.20 展示了将一个多输入的逻辑门拆分成若干二输入或三输入的逻辑门的例子。

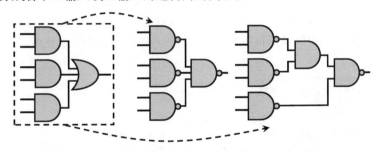

图 8.20 复杂网络的逻辑门分解成另外一个网络

6. 布尔重组

在数字电路设计中，布尔逻辑可以用多种方法来实现。在图 8.21 所示的例子中，当两个函数具有重叠逻辑或共有逻辑节点时，可以利用 $f(a, b, c) = (a + b)(a + c) \equiv a + bc$（分配律）来改善时序性能。图中显示了两个函数 $x = a + bc$ 和 $y = ab + c$，到达时间为 $AAT(a) = 4$，$AAT(b) = 1$，$AAT(c) = 2$。若用共同节点 $a + c$ 实现时，x 和 y 的到达时间分别为 $AAT(x) = AAT(y) = 6$。不过，单独实现 x 和 y 所得的 $AAT(x) = 5$，$AAT(y) = 6$。

7. 反变换

缓冲插入、改变门大小、克隆等时序优化方法都将增加原设计的面积。最坏时可能导致设计失效，因为新增加的元件可能会互相重叠。为保证电路的合法性，可以用以下两种方法解决：1）实施相应的反向操作，去除缓冲、还原门大小以及合并逻辑网络；2）时序正确之后实施布局合法化操作。

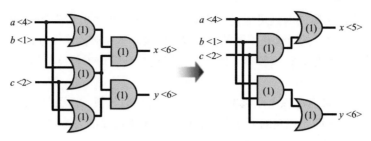

图 8.21　根据分配律等逻辑特性重组电路以改善时序特性

8.6　性能驱动设计流程

前面几节介绍了改善数字电路设计时序特性的若干算法和技术。本节将这些优化方法结合运用到性能驱动的物理设计流程中，力图满足时序约束，即"时序收敛"。鉴于优化过程的本质，这些优化技术的次序很关键，而它们在传统的布局技术中迭代运行时要受到一系列微妙限制的约束。尤其是 STA 分析等评估过程，将会被多次调用。而某些优化方法，比如缓冲插入等，必定会多次重做以获得更为准确的评估结果。

1. 标准物理设计流程

回想一下前文所述，一个典型的设计流程从芯片规划（见第 3 章）开始，包括了 I/O 布局、布图规划（见图 8.22）、电源规划。试验综合能生成规划，并给出模块所需总面积。除逻辑面积之外，必须留些额外的空白区域以供缓冲、可布线性和改变门大小等来使用。

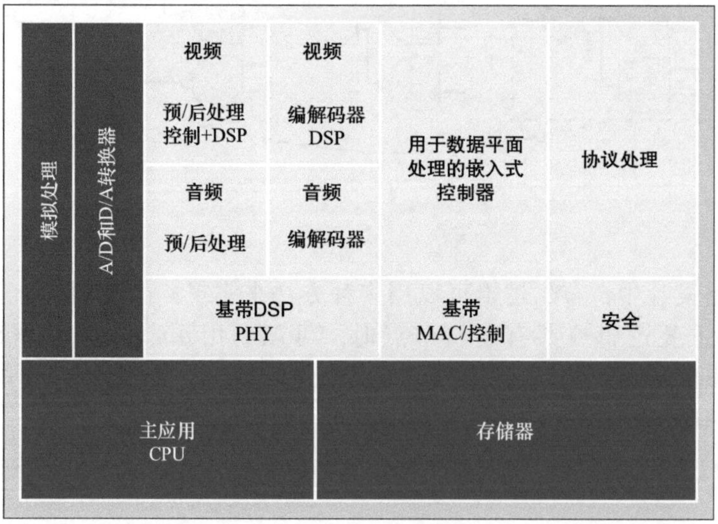

模拟处理	A/D和D/A转换器	视频 预/后处理 控制+DSP	视频 编解码器 DSP	用于数据平面 处理的嵌入式 控制器	协议处理
		音频 预/后处理	音频 编解码器		
		基带DSP PHY		基带 MAC/控制	安全
		主应用 CPU		存储器	

图 8.22　片上系统（SoC）设计的布图规划。根据占用面积估值，各主要模块尺寸已确定。声频和视频器件相邻，假定它们到其他元件的互连线以及它们的性能约束是相似的

随后，根据更高级别的规格说明以及给定的工艺库，逻辑综合和工艺映射将得到门级（元

件级）网表。之后，全局布局将给每个可移动的模块确定位置（见第 4 章）。如图 8.23 所示，大多数元件都聚簇在较密集的区域（黑色所示）。随着迭代的进行，元件将逐渐在芯片上展开，不再互相重叠（亮灰色所示）。

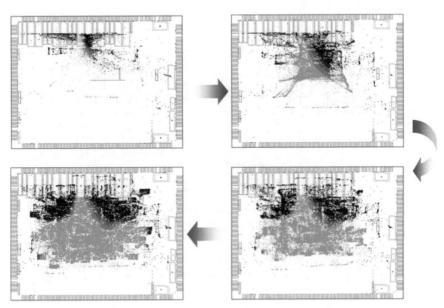

图 8.23　全局布局中元件展开的过程。全局布局的目标将给定数目的宏模块放置在一个平而大（未进行布图规划）的 ASIC 设计中。灰色阴影表示大量元件的重叠，而亮色阴影表示较少元件的重叠

　　布局结果中模块的位置不必成排或成列对齐，可以允许少量元件重叠。为得到较少数量的重叠，一般步骤为：①建立一致网格；②计算每个网格中模块的总面积；③用网格中可用面积作为模块总面积的上限。

　　全局布局之后，时序元件位置将确定。一旦时序元件的位置确定，则可生成时钟网（见第 7 章）。ASIC 芯片、SoC 芯片和低功耗（可移动的）CPU 等一般采用时钟树（见图 8.24），而高性能微处理器使用的是结构化的、手动优化的时钟分布网，它结合了树和网状结构[25-26]。

　　全局布局后，首先将元件位置舍入相应的均匀网格中，随后在全局布线（见第 5 章）和层分配中将这些舍入位置相连。层分配是将待布线路分配到某一金属层中。图 8.25 中的曲线表示线路拥塞区域。可以用此信息指导拥塞驱动的详细布局以及组合元件的合理性处理（见第 4 章）。

　　传统上，详细布局是在全局布线之前进行的。不过相反的次序，即先进行全局布线，将会减少全局拥塞度和线长[23]。请注意 EDA 流程要求全局布线之前有一个合理的布局。此时，合理性处理将紧随在全局布局之后。随后，在详细布线时，信号线网的全局线路将分配到物理走线轨迹上（见第 6 章）。

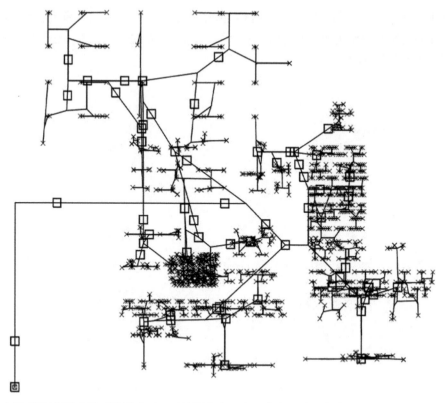

图 8.24　小型 CPU 设计中的时钟缓冲树。时钟源在左下角。十字叉（×）表示汇，方框（□）表示缓冲。斜线段表示了水平线加上垂直线（L 形），可根据布线拥塞度来决定

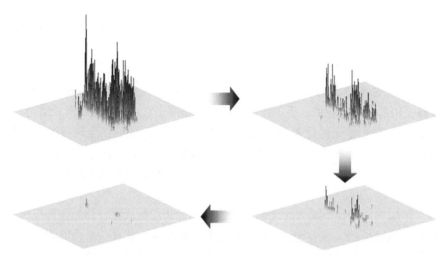

图 8.25　随全局布线迭代变化的拥塞度进程图。亮色区域为无拥塞区域；暗色峰值表示拥塞区域。初始时，若干线路密集区内会产生远超区域容量的边。经过若干次的拆线再布线循环，布线拓扑将发生变化，去除大多数的拥塞区域。当然，结果可能是更多的区域变得拥塞，不过最大拥塞度会降低

在布局和布线阶段生成的布局要经过可靠性、可制造性和电气验证。子序列布局后处理步骤中插入对芯片布局的修改和添加，并且可能应用分辨率增强技术（RET）[34]。然后，每个标准单元和每个路径由矩形集合表示，矩形集合的格式适合于生成用于芯片制造的光学光刻掩膜。由此，物理布局被转换为用于掩膜生产的数据。

图 8.26 用框图描述了标准 PD 流程。现代工业设计流程将标准设计流程进行了扩展，包含了时序分析，力图经最少修改就能达到时序收敛。某些流程甚至在芯片规划阶段就开始实施时序驱动优化，其他流程一直到详细布局以确定时序结果的准确性。本节将讨论图 8.26 中灰色方框所包含的时序驱动流程。物理综合的其他高级技术见参考文献 [3]。

2. 芯片规划和逻辑设计

一般从高级设计阶段开始，性能驱动芯片规划将生成引脚 I/O 布局、考虑了模块级时序的各电路模块的矩形框以及电源网络等。随后，根据时延预算，逻辑综合和工艺映射将生成网表。

1）性能驱动的芯片规划。一旦模块的位置和形状确定，则可用各全局线网进行全局布线，并可能插入缓冲以取得较好的时序性能 [2]。因为芯片规划是在全局布局或全局布线之前进行的，逻辑元件在模块中的位置以及它们的互连信息都处于未知状态。所以，缓冲插入得到乐观假设。

缓冲插入之后，用 STA 分析设计中的时序错误。若时序违反太多，那么逻辑模块必须重布局。事实上，对现有布局进行少量修改以达到时序要求，一般是由经验丰富的设计师手动完成的。若设计全部或绝大部分满足了时序要求，就可以放置 I/O 引脚，而并进电源（VDD）和地（GND）线网的布线，它们可以布线在规划模块的周围。

2）时序预算。在性能驱动布图规划之后，时延预算将设置各模块建立时间（长路径）的上限。这些约束将指导逻辑综合和工艺映射，并且根据给定的标准单元库，得到一个性能优化的门级网表。

3. 模块级或顶级全局布局

从全局布局开始，时序驱动的优化方法可以用于模块级或顶级。在模块级中，各个模块单独优化；而在顶级，进行的是全局变换，即交叉的模块边界和所有可移动的对象都要进行优化[⊖]。模块级方法主要用于宏模块或 IP 模块较多的设计中，这些模块本身已完成优化且具有确定的形状和大小。顶级方法主要用于更自由或不重用以前设计的逻辑的情形；而分层设计方法可以提高并行度，常被大型设计团队所采用。

1）缓冲插入。为了更好地计算和发送时序性能，缓冲插入以折断超长线网或拆分高扇出线网（见 8.5.2 节）。缓冲插入可以是物理方法，即直接加入布局中，也可以是虚拟方法，其影响包含在时延模型中，但网表没有改动。

2）物理缓冲插入。物理缓冲插入 [1] 完成缓冲的真正插入：①给各线网建立障碍避让的全局线网拓扑；②估计布线需要使用的层；③插入缓冲（见图 8.27）。

⊖ 在分层设计流程中，不同设计者并发进行顶级布局和模块级布局。

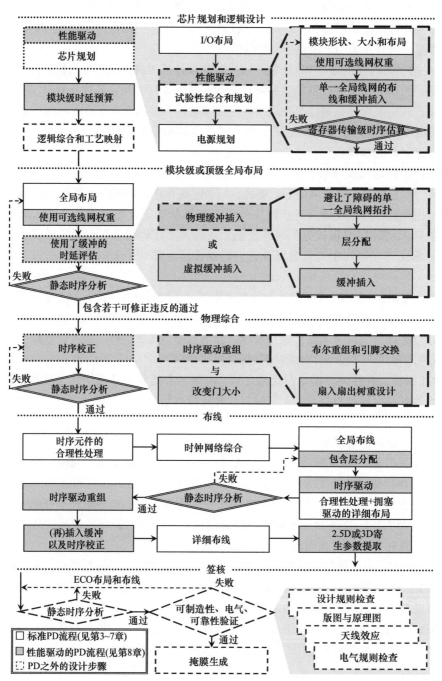

图 8.26　涵盖了第 3 ～ 8 章所述优化方法的性能驱动的物理设计流程。某些业界的工具将若干优化步骤合并成一步，流程图将因此而变，设计工具的用户界面也将随之改变。该流程的其他备选方法将在本节讨论

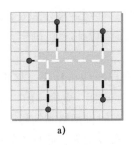 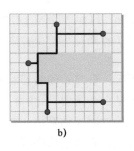 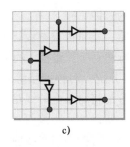

a)　　　　　　　　　　b)　　　　　　　　　　c)

图 8.27　时序估算的物理缓冲插入。a）用最小 Steiner 树拓扑布线五引脚线网，没有进行障碍（图中灰色部分）避让；b）用避让了障碍的 Steiner 树拓扑的线网布线；c）插入了缓冲的拓扑能给出相对准确的时延估算

3）虚拟缓冲插入 [19] 是另外一种方法。它先将引脚到引脚互连用优化了的缓冲线路进行建模，其具有线性时延：

$$t_{LD}(net) = L(net) \cdot (R(B) \cdot C(w) + R(w) \cdot C(B) + \sqrt{2 \cdot R(B) \cdot C(B) \cdot R(w) \cdot C(w)})$$

式中，net 为线网；$L(net)$ 为线网 net 的总长；$R(B)$ 和 $C(B)$ 分别为内阻和缓冲的电容；$R(w)$ 和 $C(w)$ 分别为线网的单位电阻和单位电容。随后用此模型来计算时延。虽然没有实际插入缓冲到线网中，为进行时序分析，可以假想它们插入线网。当时序信息更准确时，后续的缓冲再插入通常要先拆除设计草图中任何既有缓冲，然后再插入缓冲。基于此，虚拟缓冲插入节省了时间，且能保持准确的时序分析结果。物理缓冲插入可以避免不必要的驱动门尺寸增加且比虚拟缓冲插入效率高，不过运行时间较长。

在缓冲完成之后，运行静态时序分析对设计进行时序违反检查（见 8.2.1 节）。若未达到时序要求，则设计流程将返回到缓冲插入、全局布局，或者有时返回到物理综合。若满足了大部分时序约束，设计流程将进入时序校正阶段，包括了改变门大小（见 8.5.1 节）和时序驱动的网表重构（见 8.5.3 节）。随后，再用 STA 进行时序检查。

4. 物理综合

在缓冲插入阶段之后，物理综合阶段可以采用若干时序校正技术（见 8.5 节），比如改变引脚的次序、门级网表修改等，来改善关键路径时延。

时序校正。 时序校正包括用改变门大小的方法增大（缩小）物理门来加速（减慢）电路的技术。其他方法包括扇入和扇出树的再设计、克隆、引脚交换等通过平衡既存逻辑来减小时序关键线网的负载电容的方法降低时序时延。转换方法包括门分解和布尔重组，通过合并或分拆逻辑节点等方法修改局部逻辑以改善时序性能。物理综合之后，需要再进行时序检查。如果检查未通过，将返回重做时序校正并修正时序违反直到通过时序检查。

5. 布线

物理综合完成之后，设计中的所有组合元件和时序元件分别在全局布线和时钟布线时实现了互连。首先，设计中的时序元件，例如触发器、锁存器，进行合理性处理（见 4.4 节）。然后，时钟网络综合生成时钟树或时钟网并将所有的时序元件连接到时钟源上。现代时钟网络要求大量的较大的时钟缓冲⊖；在详细布局之前进行时钟网络设计能保证这些缓冲被合理安置。一旦时钟网络确定，就可以检查设计的保持（短路径）约束，因为此时时钟偏移也已确定，而在此之前只能进行建立（长路径）约束。

1）层分配。时钟网络综合完成后，全局布线阶段将根据全局布线拓扑来连接组合元件。随后，层分配将每条全局线路分配到某个金属层。此时每条线网的电阻 - 电容（RC）寄生参数较为准确，所以这一步能得到较为准确的时延估算值。要注意，若时钟网络和信号网络同处某一金属层时，时钟网络布线应在信号网络布线之前完成，即时钟布线优先，而且不能围着信号网络轮廓布线。

2）时序驱动的详细布局。根据全局布线和层分配的结果，可以得到线路拥塞度的准度估计，并可将它用于拥塞度驱动的详细布局中 [8, 30]。此时，元件将以下列步骤进行处理：①在电路上分散开来以去除元件重叠且降低布线拥塞度；②锁定到标准单元行中并将位置确定下来；③随后，通过交换、平移和其他局部变动方法进行优化。进行时序优化时，要么在时序驱动的详细布局之后执行非时序驱动的合理化方法；要么在非时序驱动的详细布局之前执行时序驱动的合理化方法。详细布局之后，需要再进行时序检查。如果失败，要再进行全局布线，严重时甚至要再进行全局布局。

给予时钟网络更高的布线优先级，可以使时序元件尽早合理化，随后可以进行全局和详细布线。以此方法，信号网络必须围绕着时钟网络布线。这是大型设计的优势，因为时钟树始终是设计性能的瓶颈。其他一些不同的设计流程，比如参考文献 [23] 中描述的业界流程，首先确定所有元件的位置，然后进行详细布局来计算线长。

另一种设计流程是在时钟网络综合之前进行详细布局，然后确定元件位置以及进行其他各步骤的优化⊜。时钟网络综合之后，检查建立约束是否满足。保持约束也可以在这一步处理，或者选择在布线和初始 STA 分析之后进行。

3）时序驱动布线。在详细布局、时钟网络综合以及后时钟网络综合优化之后，进入时序驱动的布线阶段，旨在修正余下的时序违反。此时，主要采用 8.4 节所述的算法，包括生成关键线网的最小代价、最小半径树（见 8.4.1 ~ 8.4.2 节），以及最小化关键汇的源 - 汇时延等（见 8.4.3 节）。

如果仍然存在显著的时序违反，将作进一步的优化，比如缓冲再插入以及稍后的时序校正等。另一个可行方案是让设计者手动调整和修正设计方案，具体方法是放宽某些设计约束，或者使用另外的逻辑库，或者利用一些未被自动设计工具采用的设计结构等。在完成这一耗时步骤之后，需要再进行时序检查。如果时序满足，则设计进入详细布线，将信号线网安放到某一布线轨迹上。一般而言，在详细布局之后，会运用增量 STA 驱动的工程变更指令单（Engineering Change Order, ECO）来修正时序违反；随后则是 ECO 布局和布线。然后，进行 2.5D 或 3D 寄生参数提取，从而可以计算布线形状、长度和其他工艺相关参数对时序的电磁影响。

⊖ 缓冲在加入时钟树之后要立即确定其位置。

⊜ 这些包括了后时钟网络综合优化、后全局布线优化和后详细布线优化。

6. 签核

设计流程的最后几步是确认版图和时序，也要修正一些明显错误。若时序检查失败，对布局和布线进行微小的 ECO 修改，以修正时序违反且不会产生新的错误。由于 ECO 修改是在局部很小范围内进行的，所以，ECO 布局算法和 ECO 布线算法与第 4 ~ 7 章所讨论的传统的布局和布线技术不太相同。

在完成时序收敛之后，需要进行可制造性、可靠性和电气等验证，以确保设计能成功生成并且在各种环境下都能正常工作。其中包括四种重要的检查内容，它们可以并行执行以节省运行时间。

1）设计规则检查（DRC）确保布局布线后的版图满足所有的工艺设计规则，例如，最小线间距和最小线宽。

2）版图与原理图（LVS）检查确保布局布线后的版图与原先的网表一致。

3）天线效应检查力图检测不需要的天线效应。若天线效应突出，在制造过程中的等离子蚀刻时，天线效应将在连接到 PN 结节点的金属线路上收集多余的电荷，从而损害晶体管[34]。当一个布线包括多个金属层，而在制造时电荷被引入某金属层时就会发生这种情况。

4）电气规则检查（ERC）力图发现潜伏的危险电气连接，比如浮动输入和短路输出等。

在上述验证任务之后，将执行进一步的布局后处理步骤[34]。这里，实现对芯片布局数据的修改和添加，例如测试图案和对准标记[34]。此外，分辨率增强技术（RET）可以应用于对抗由极小特征尺寸引起的制造和光学效应。

最后，生成用于制造的光学光刻掩膜。

8.7　结论

本章讨论了如何将时序优化方法组合进一个综合物理设计流程中。实际上，8.6 节所述的流程（见图 8.26）可以根据以下因素进行修改：

（1）设计类型

1）ASIC、微处理器、IP、模拟、混合模式。

2）偏重数据通道的设计要求可能需要特定的工具进行结构化的布局或手动布局。数据通道一般都包含短的线路，在高性能版图需要很少的缓冲。

（2）设计目标

1）高性能、低功能或低成本。

2）某些高性能优化，比如缓冲插入和改变门大小等，增加了电路面积，从而也增加了电路功耗和芯片成本。

（3）额外的优化

1）再时序优化将组合逻辑门中的寄存器进行位置平移以获得时延均衡。

2）有用时钟偏移调度来调整时序，因为时钟信号到达某些触发器时比较早，到达另一些触发器较晚。

3）自适应衬底偏置能够改善晶体管的漏电流情形。

（4）额外分析

1）多隅角和多模态静态时序分析，比如 ASIC 和微处理器等，通常都经过优化以适合在各种温度和供电情况下工作。

2）高性能 CPU 需要进行热分析。

（5）工艺节点（一般称为最小特征尺寸）$^{\ominus}$

1）节点 < 130nm 时，需要进行时序分析以及信号完整性分析，即互连耦合电容，以及在邻接线网与当前受害线网同时不同向（同向）信号变换时，由耦合电容引起的时延增长（减少）。

2）节点 ≤ 90nm 时，需要额外进行分辨率增强技术（Resolution Enhancement Techniques，RET）。

3）节点 ≤ 65nm 时，需要电源完整性分析（例如 IR 下降感知时序、电迁移可靠性分析）。

4）节点 ≤ 45nm 时，需要在晶体管级别进行额外的统计功率性能权衡。

5）节点 ≤ 32nm 和 ≤ 22nm 时，对详细布线施加了重大限制，称为限制性设计规则（Restricted Design Rules，RDR），以确保可制造性。植入层出现最小面积限制，这强烈地影响了时序和功率闭合的详细放置和尺寸优化之间的相互作用。

6）节点 ≤ 14nm 和 ≤ 10nm 时，需要 FinFET（鳍式场效应晶体管）技术和进一步复杂的分辨率增强技术，加上"通过构造校正"布线流，并增加产量减损和产量增强模式。出现局部布局效应（LLE），即标准单元实例的电气模型取决于该实例周围的位置。

7）节点 ≤ 7nm 和 ≤ 5nm 时，需要间距分裂、自对准图案化和 EUV 光刻。由于金属和通孔层中出现随机缺陷，还需要通过自动检查和修复来减轻工艺缺陷。

（6）可用工具

内部软件，商用 EDA 工具[29]。

（7）设计尺寸及扩展设计重用

1）大型设计通常包括更多的全局互连，这可能成为性能的瓶颈，普遍需要插入缓冲。

2）布图规划时，IP 模块一般用硬模块代替。

（8）设计团队大小、要求上市时间、可用计算资源

1）为缩短上市时间，通过将设计分割成模块并分配给各设计团队的方式来构建一个大型设计团队。

2）布图规划之后，各模块可以并行设计；不过，平面优化（未进行分割）通常能产生较好的结果。

诸如 FPGA 等可重构结构不太需要采用缓冲插入技术，因为其中已配置了有缓冲的可编程互连。FPGA 也不考虑线网拥塞，因为它已提供了足够多的互连资源。不过，与其他电路类型相比，FPGA 的详细布局要满足大量的约束，而全局布线需要从大量可行互连中进行选择。FPGA 也不需要电气特性和可制造性检查，不过其工艺映射难度较大，因为极大地影响了芯片面积和时序，不过它可以更多地利用物理信息。所以，现代 FPGA 物理综合流程中的全局布局，通常采用试验模式，介于逻辑综合和工艺映射之间。

$\ominus$ 为了简单起见，我们参考了通用的铸造厂命名，从而忽略了营销标签和光学收缩特性。

展望未来，很明显，物理设计流程将需要面对额外的复杂性以支持半导体芯片中晶体管密度的增加。更小的技术节点——5nm、3nm 和 2nm 的出现涉及新的电气和制造相关现象，同时增加了器件参数的不确定性[17-18]。晶体管数量的进一步增加需要将多个芯片集成到三维集成电路（3D IC）中，从而改变基本物理设计优化的几何结构[31-33]。尽管如此，本章中描述的核心优化在芯片设计中仍然至关重要。

第 8 章练习

练习 1：静态时序分析

给定以下逻辑电路，绘出其时序图，并确定各节点的 AAT、RAT 和松弛。图中输入节点的 AAT 值是用尖括号表示的，时延用圆括号表示，而输出 RAT 用方括号表示。

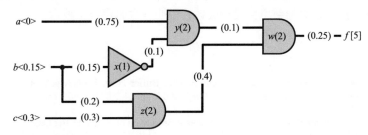

练习 2：时序驱动布线

给定信号网络的节点位置，假定所有距离都是曼哈顿距离，且不用 Steiner 点布线。构建生成树 T，并针对以下情形计算 radius(T) 和 cost(T) 的值。

（a）Prim-Dijkstra 折衷，$\gamma = 0$（Prim MST 算法）。

（b）Prim-Dijkstra 折衷，$\gamma = 1$（Dijkstra 算法）。

（c）Prim-Dijkstra 折衷，$\gamma = 0.5$。

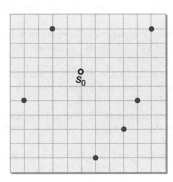

练习 3：改善时序的缓冲插入

对下面所给的逻辑电路和负载电容，采用图 8.12 所示的门大小与时序性能。假设门时延始终与负载电容成线性增长关系。设门大小为 A、B 和 C 时，缓冲 y 的输入电容分别为 0.5 fF、1 fF 以及 2 fF。确定汇 c 的 AAT 最小时缓冲 y 的大小。

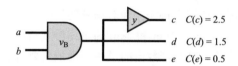

练习 4：时序优化

列举至少两种本章所述（本章之前未提及的）的时序优化方法。根据自己的理解描述这些优化方法，并讨论以下情形：1）它们可用；2）它们有害。

练习 5：克隆与缓冲插入

列举并说明克隆技术的结果优于缓冲插入，或者反过来缓冲插入优于克隆技术的情形。说明为何两种方法都是时序驱动物理综合中所必须的。

练习 6：物理综合

根据时序校正技术，比如缓冲插入、改变门大小以及克隆等，什么时候要使用它们的反变换？什么情况下时序校正会导致电路设计失效？说明各种时序校正技术。

参 考 文 献

1. C. J. Alpert, M. Hrkić, J. Hu and S. T. Quay, Fast and Flexible Buffer Trees that Navigate the Physical Layout Environment, *Proc. Design Autom. Conf.*, 2004, pp. 24-29. https://doi.org/10.1145/996566.996575

2. C. J. Alpert, J. Hu, S. S. Sapatnekar and C. N. Sze, "Accurate Estimation of Global Buffer Delay Within a Floorplan", *IEEE Trans. on CAD* 25(6) (2006), pp. 1140-1146. https://doi.org/10.1109/TCAD.2005.855889

3. C. J. Alpert, S. K. Karandikar, Z. Li, G.-J. Nam, S. T. Quay, H. Ren, C. N. Sze, P. G. Villarrubia and M. C. Yildiz, "Techniques for Fast Physical Synthesis", *Proc. IEEE* 95(3) (2007), pp. 573-599. https://doi.org/10.1109/JPROC.2006.890096

4. C. J. Alpert, D. P. Mehta and S. S. Sapatnekar, eds., *Handbook of Algorithms for Physical Design Automation*, Auerbach Publ., 2008, 2019. ISBN 978-0367403478.

5. M. Burstein and M. N. Youssef, Timing Influenced Layout Design, *Proc. Design Autom. Conf.*, 1985, pp. 124-130. https://doi.org/10.1109/DAC.1985.1585923

6. T. F. Chan, J. Cong and E. Radke, A Rigorous Framework for Convergent Net Weighting Schemes in Timing-Driven Placement, *Proc. Intl Conf. CAD*, 2009, pp. 288-294. https://doi.org/10.1145/1687399.1687454

7. K.-H. Chang, I. L. Markov and V. Bertacco, "Postplacement Rewiring by Exhaustive Search for Functional Symmetries", *ACM Trans. on Design Autom. of Electronic Sys.* 12(3) (2007), pp. 1-21. https://doi.org/10.1145/1255456.1255469

8. A. Chowdhary, K. Rajagopal, S. Venkatesan, T. Cao, V. Tiourin, Y. Parasuram and B. Halpin, How Accurately Can We Model Timing in a Placement Engine?, *Proc. Design Autom. Conf.*, 2005, pp. 801-806. https://doi.org/10.1145/1065579.1065792

9. J. Cong, A. B. Kahng, G. Robins, M. Sarrafzadeh and C. K. Wong, Provably Good Algorithms for Performance-Driven Global Routing, *Proc. Int. Symp. Circuits Syst.*, 1992, pp. 2240-2243. https://doi.org/10.1109/ISCAS.1992.230514

10. W. C. Elmore, "The Transient Response of Damped Linear Networks with Particular Regard to Wideband Amplifiers", *J. Applied Physics* 19(1) (1948), pp. 55-63. https://doi.org/10.1063/1.1697872

11. H. Eisenmann and F. M. Johannes, Generic Global Placement and Floorplanning, *Proc. Design Autom. Conf.*, 1998, pp. 269-274. https://doi.org/10.1145/277044.277119

12. S. Ghiasi, E. Bozorgzadeh, P.-K. Huang, R. Jafari and M. Sarrafzadeh, "A Unified Theory of Timing Budget Management", *IEEE Trans. on CAD* 25(11) (2006), pp. 2364-2375. https://doi.org/10.1109/ICCAD.2004.1382657

13. B. Halpin, C. Y. R. Chen and N. Sehgal, Timing Driven Placement Using Physical Net

Constraints, *Proc. Design Autom. Conf.*, 2001, pp. 780-783. https://doi.org/10.1145/378239. 379065

14. T. I. Kirkpatrick and N. R. Clark, "PERT as an Aid to Logic Design", *IBM J. Research and Development* 10(2) (1966), pp. 135-141. https://doi.org/10.1147/RD.102.0135

15. J. Lillis, C.-K. Cheng, T.-T. Y. Lin and C.-Y. Ho, New Performance Driven Routing Techniques with Explicit Area/Delay Tradeoff and Simultaneous Wire Sizing, *Proc. Design Autom. Conf.*, 1996, pp. 395-400. https://doi.org/10.1109/DAC.1996.545608

16. M. Orshansky and K. Keutzer, A General Probabilistic Framework for Worst Case Timing Analysis, *Proc. Design Autom. Conf.*, 2002, pp. 556-561. https://doi.org/10.1109/DAC.2002. 1012687

17. M. Orshansky, S. Nassif and D. Boning, *Design for Manufacturability and Statistical Design: A Constructive Approach*, Springer, 2008. https://doi.org/10.1007/978-0-387-69011-7

18. L. Capodieci, Evolving Physical Design Paradigms in the Transition from 20/14 to 10nm Process Technology Nodes, *Proc. Intl Conf. on CAD*, 2014, p. 573. https://doi.org/10.1109/ ICCAD.2014.7001407

19. D. A. Papa, T. Luo, M. D. Moffitt, C. N. Sze, Z. Li, G.-J. Nam, C. J. Alpert and I. L. Markov, "RUMBLE: An Incremental, Timing-Driven, Physical-Synthesis Optimization Algorithm", *IEEE Trans. on CAD* 27(12) (2008), pp. 2156-2168. https://doi.org/10.1109/TCAD.2008. 2006155

20. S. M. Plaza, I. L. Markov and V. Bertacco, "Optimizing Nonmonotonic Interconnect Using Functional Simulation and Logic Restructuring", *IEEE Trans. on CAD* 27(12) (2008), pp. 2107-2119. https://doi.org/10.1109/TCAD.2008.2006156

21. K. Rajagopal, T. Shaked, Y. Parasuram, T. Cao, A. Chowdhary and B. Halpin, Timing Driven Force Directed Placement with Physical Net Constraints, *Proc. Int. Symp. Phys. Design*, 2003, pp. 60-66. https://doi.org/10.1145/640000.640016

22. H. Ren, D. Z. Pan and D. S. Kung, "Sensitivity Guided Net Weighting for Placement Driven Synthesis", *IEEE Trans. on CAD* 24(5) (2005), pp. 711-721. https://doi.org/10.1109/TCAD. 2005.846367

23. J. A. Roy, N. Viswanathan, G.-J. Nam, C. J. Alpert and I. L. Markov, CRISP: Congestion Reduction by Iterated Spreading During Placement, *Proc. Int. Conf. on CAD*, 2009, pp. 357-362. https://doi.org/10.1145/1687399.1687467

24. M. Sarrafzadeh, M. Wang and X. Yang, *Modern Placement Techniques*, Springer, 2012. ISBN 978-1475737820. https://doi.org/10.1007/978-1-4757-3781-3.

25. R. S. Shelar, "Routing with Constraints for Post-Grid Clock Distribution in Microprocessors", *IEEE Trans. on CAD* 29(2) (2010), pp. 245-249. https://doi.org/10.1109/TCAD.2009.2040012

26. R. S. Shelar and M. Patyra, "Impact of Local Interconnects on Timing and Power in a High Performance Microprocessor", *IEEE Trans. on CAD* 32(10) (2013), pp. 1623-1627. https://doi. org/10.1109/TCAD.2013.2266404

27. I. Sutherland, R. F. Sproull and D. Harris, Logical Effort: Designing Fast CMOS Circuits, Morgan Kaufmann, 1999. ISBN 978-155860-557-2.

28. H. Tennakoon and C. Sechen, "Nonconvex Gate Delay Modeling and Delay Optimization", *IEEE Trans. on CAD* 27(9) (2008), pp. 1583-1594. https://doi.org/10.1109/TCAD.2008. 927758

29. M. Vujkovic, D. Wadkins, B. Swartz and C. Sechen, Efficient Timing Closure Without Timing Driven Placement and Routing, *Proc. Design Autom. Conf.*, 2004, pp. 268-273. https://doi.org/ 10.1145/996566.996646

30. J. Westra and P. Groeneveld, Is Probabilistic Congestion Estimation Worthwhile?, *Proc. Sys. Level Interconnect Prediction*, 2005, pp. 99-106. https://doi.org/10.1145/1053355.1053377

31. R. Fischbach, J. Lienig, T. Meister, From 3D Circuit Technologies and Data Structures to Interconnect Prediction, *Proc. Sys. Level Interconnect Prediction*, 2009, pp. 77-84. https://doi. org/10.1145/1572471.1572485

32. Y. Xie, J. Cong and S. Sapatnekar, eds., *Three-Dimensional Integrated Circuit Design: EDA, Design and Microarchitectures*, Springer, 2010. https://doi.org/10.1007/978-1-4419-0784-4

33. J. Knechtel, J. Lienig, Physical Design Automation for 3D Chip Stacks – Challenges and Solutions, *Proc. Int. Symp. on Phys. Design*, 2016, pp. 3-10. https://doi.org/10.1145/2872334. 2872335

34. J. Lienig, J. Scheible, *Fundamentals of Layout Design for Electronic Circuits*. Springer, ISBN 978-3-030-39283-3, 2020. https://doi.org/10.1007/978-3-030-39284-0

第 9 章

附　　录

9.1　在物理设计中的机器学习

9.1.1　介绍

在当今的后 CMOS 时代，集成电路（IC）物理设计面临三个相互交织的挑战：成本、质量和可预测性。成本对应于工程工作量、计算工作量和进度。质量对应于功率、性能和面积（PPA）这类竞争指标，以及诸如可靠性和产量等其他标准，这些标准也决定了成本。可预测性与设计进度的可靠性相对应，例如，是否会有不可预见的平面布线图迭代，再比如详细的路线或定时关闭流程阶段是否会比预期的运行时间更大。结果质量（QoR）也必须是可预测的。这三个挑战中的每一个都提供了相应的扩展杠杆。换句话说，设计成本的降低、设计质量的提高和设计进度表的缩减都是基于设计的等效缩放 [7] 形式，这将扩大前沿技术对设计师及其 IC 产品的可用性。目前，IC 行业希望机器学习（ML）在 EDA 工具、流程和设计方法中提供这样的好处。

在 9.2 节中，将首先回顾机器学习在 IC 物理设计中的前景和挑战，然后说明机器学习对进度和 QoR 带来的好处，如最近的出版物所示。在物理设计的规范机器学习应用中，通过基于学习的相关机制消除了不必要的设计和建模余量。另一个例子是通过预测下游流量结果实现更快的设计收敛。除了将机器学习应用于单个物理设计任务之外，还可以调整物理设计方法以从机器学习技术中获益并使这些技术成功。我们调研总结了现有的在物理设计中应用机器学习的案例，并回顾了前几章所述任务场景下的基于机器学习的方法。我们还试图推断最近的进展，并预测未来可能出现的改进。

9.1.2　机器学习：在物理设计中的前景与挑战

为了阐述机器学习在物理设计中的具体应用的动机，首先回顾了应用机器学习技术的根本原因，并描述了它们在物理设计环境中的常见局限性。性能优异的机器学习技术的完善需要依靠大量的数据支持，例如，发现信号之间的相关性，解决近似分类任务以及高精度计算数值预测等。值得一提的是，深度学习擅长以结构化方式（特征识别）组合大量数据以进行预测。此外，生成式机器学习技术也有同样的效果，但在组合优化方面一直存在困难。与之相对的是，过去的物理设计研发专注于优化问题，并努力扩展到大型数据集，但如何提高预测优化后的质量指标一直是一个挑战。这种优势互补性对于理解机器学习方法在物理设计中的最新应用至关重要。

要开发机器学习在物理设计中的用途，通常需要遵循以下原则：

1）选择具有影响力的物理设计任务以发挥机器学习技术的优势，并帮助扩大现有的物理设计工具。

2）确保有适宜且足够的数据可用于培训和评估机器学习模型。

3）阐明优化目标和以机器学习为中心的损失函数，以及特定任务中的错误容忍度。

4）定义与所涉及的机器学习技术兼容的研发管理机制。

在下文中，我们将说明这些原则是如何应用的。

9.1.3 标准机器学习应用

在过去十年中，物理设计中的几种机器学习用法已经成为规范。

1. 改进分析相关性

当多个工具对同一输入数据返回同一分析任务（寄生提取、静态时序分析（STA）等）具有不同的结果时分析错误相关性便会产生。如图 9.1 所示，更好的精度通常需要更多的计算，使得快速估计和准确估计之间可能存在误相关。例如，在紧密的优化循环中使用"签核"时序分析过于昂贵。

错误相关性会导致设计流程中出现保护频带和／或悲观情绪。例如，如果地点和路线工具的计时报告确定某个端点具有正的最坏设置松弛，而"大受欢迎"的签核 STA 工具确定同一个端点具有负的最坏松弛，则需要进行迭代（ECO 修复步骤）。此外，如果地点和路线工具将悲观情绪应用于其与签核工具间错误相关性的保护带，这将会导致以芯片面积、功率效率和设计进度为代价的不必要的尺寸调整、屏蔽或 VT 交换操作。

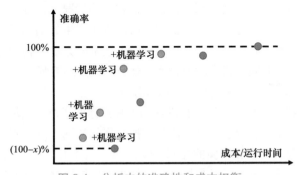

图 9.1 分析中的准确性和成本权衡

2. 工具和结果的建模和预测

收敛、高质量的设计需要对下游流动步骤和结果进行精确建模和预测。预测模型（例如线路长度、拥塞、时间）用作优化的目标或指南。它们还可以帮助防止"注定失败的运行"，从而节省宝贵的设计资源。如果没有预测模型，IC 物理设计过程只能"通过执行来预测"，这类似于通过观察树木生长 20 年来预测其高度。最终，机器学习可以通过模型的"堆栈"使物理设计更快、更高效，该模型可用于芯片设计的架构和高级设计层。

几个机器学习方向补充了建模和预测工作。特征识别可识别设计问题的结构属性，如大小、扇出、利用率或时钟频率，这些属性决定了流程结果。电路网表的聚类通常在嵌入向量空间之后，有助于识别可以在布局解决方案中保留的"自然结构"，同时也降低了分区、布局规划和布局问题的复杂性。从物理设计优化的角度来看，现实中的开发合成设计可以提高机器学习模型的鲁棒性。更广泛地说，工具和流量预测将越来越多地跨越多个设计步骤：进行类比的话，相当于我们必须预测当绳子摆动时，越来越长的绳子末端会发生什么。

3. 其他应用

机器学习方法也通过以下两种方式应用于物理设计算法、工具和流程中：

1）强化学习和模型引导优化的方式可以应用于小规模优化，例如调整定时关闭或增量位置和路线以修复 DRC 违规。

2）分布式或联合学习和优化以及自适应采样策略可以应用于工具和流程级别，尤其是在云计算资源可用的情况下。这包括进化方法和超参数优化（也可称之为自动调整）。

4. 借助机器学习的物理设计方法

物理设计方法可以通过使用更准确的预测来减少迭代并采用机器学习驱动的工具来利用机器学习，但它们也需要提供足够的数据、度量和成功标准来支持机器学习技术。特别是，可用于向任何一个开发人员培训机器学习模型的大型现代 IC 设计的数量是有限的，并且新设计有时在组件使用、样式和整体结构方面与旧设计不同。处理多边形布局的任务更适合于解决这一数据挑战，但一般方法是在具有或不具有受控数据扩充的情况下，在代表未来输入的设计和 / 或布局上训练机器学习模型。在使用这种方法时，必须小心避免数据泄露，即不要在与评估中使用的太相似的问题实例上训练机器学习模型。除了误导性的评估之外，这种失误可能会导致过度拟合，新输入的表现落后于以前看到的输入。为了确保更好的匹配，人们可以通过超参数的调整来利用正式机器学习目标中的可用灵活性，但在某些情况下，也可以从反馈中推断出更好的目标，例如通过强化学习。考虑到基于机器学习的方法产生的结果不太理想，必须清楚如何容忍这种结果以及如何利用好的结果。应用机器学习技术的方法面临的另一个挑战是确定所给的内容所需要的必要运行时间。机器学习技术在运行时间上会有所不同，但通常可以通过提前终止、数据采样或集群以及硬件加速来加快运行时间。

IC 物理设计的机器学习也可以通过标准化的工具指标格式及数据增强而变得更有效率。标准化的指标格式减少了建立设计、工具和流量数据收集的特别方法的不必要的努力。而且，它还有利于机器学习模型的共享和实验的复制 [13]。此外，由于开放的 IC 设计供应有限而导致的机器学习训练数据的缺乏，可以通过数据增强来解决。数据增强可以通过覆盖"未见过的"设计中的异常值来提高机器学习模型的通用性。

9.1.4 物理设计的机器学习现状

9.1 节的其余部分回顾了与本书的章节主题相匹配的有潜力的机器学习用途。此外，以下五项工作给予了机器学习在物理设计中更有远见的认识：

1）Yu 等人[3]调查了常见的机器学习和模式匹配技术，以及在物理设计和验证中的应用，如光刻热点检测、数据通路放置和时钟优化。

2）Kahng[1-2]回顾了在 IC 物理设计中应用机器学习的挑战和机遇，以及具体的可行性证明。

3）Huang 等人[4]按照 EDA 层次结构对现有的涉及机器学习的 EDA 研究做了全面的回顾；该综述包括在物理设计领域的许多工作。

4）Pandey[5]描述了机器学习技术如何使下一代 EDA 工具的开发在性能和易用性方面得到实质性的提升。

5）Rapp 等人[6]对如何将机器学习应用于 IC 设计中的设计时和运行时的优化及探索策略进行了全面的分类。

第 3 章：芯片规划

在芯片规划的主要阶段中，基于机器学习的平面布局规划、引脚分配和功率规划已被最积极地应用于布局规划中的宏块布局问题。平面布局规划通常是以重叠惩罚作为前提将电线长度和面积的组合最小化。几十年来，许多工作将模拟退火应用于切片树、序列对或 B* 树平面图表示。最近，提出了深度 Q 学习（DQN）来在模拟退火期间的每个步骤中选择候选邻居解。Mirhoseini 等人[18]将宏放置作为强化学习（RL）问题，并训练代理（即策略线网）将芯片网表的节点放置到芯片画布上。在每次训练迭代中，强化学习代理依次放置芯片块的所有宏，之后通过力导向方法放置标准单元。

对于电力规划，Chhabria 等人[11]基于预先设计的、可缝合的电网模板库，应用机器学习创建具有区域均匀间距的电力输送线网（PDN）。该方法适用于物理设计的平面布线图和部署阶段。在平面布局阶段，使用多层感知器分类器，基于电流和拥塞的早期估计合成优化的 PDN。在部署阶段，使用 CNN 基于更详细的拥塞和电流分布来改进现有 PDN。在这两个阶段，神经网络都会构建一个符合 IR 压降和电迁移（EM）鲁棒性要求的安全架构 PDN。

第 4 章：全局和详细布局

回想一下，在芯片规划之后，部署任务所寻求的是确定给定布局区域内的标准单元或其他逻辑元件的位置，同时实现优化目标，例如最小化总半周长线长度。因此，在部署方面，机器学习特别适用于全局布局。

在商业 EDA 环境中应用机器学习的工作包括 PL-GNN[17]，这是一种基于图形学习的框架，通过基于逻辑亲和性和手动定义的设计实例属性生成单元簇，为商业放置者提供放置指导。对于给定的网表，PL-GNN 首先基于为每个设计实例手动定义的初始特征，使用图神经网络（GNN）执行无监督节点表示学习，然后应用加权 K-means 聚类将实例分组到不同的集群中。Agnesina 等人[8]使用深度强化学习自动优化商业布局工具的运行时参数，使用手工拓扑特征以及使用无监督图神经网络生成的图形嵌入的混合。与最先进的、基于多臂老虎机式工具自动调谐器相比，强化学习框架能够考虑输入网表特征，并仅基于一次放置迭代就准确预测不可见网表的线长度。

随机梯度下降优化方法，结合机器学习的高性能硬件平台，使得部署任务得到了改善。值得注意的是，Lin 等人[15]开发了一种新的 GPU 加速布局框架 DREAMPlace，该框架将分析布局问题等效于训练神经网络。

第 5 章：全局布线

在全局布线的内容中，机器学习用于补充现有的基于位置信息预测溢出和 DRC 热点的方法。这样的预测必须准确和快速，以便全局布线解决方案为更耗时的详细布线提供可行的指导。已经为 FPGA 和 ASIC 工具提出了用于物理设计的全局布线阶段的各种机器学习方法。

由于 FPGA 物理布局资源的高度结构化和非均匀性，近年来，用于改进和加速 FPGA 物理设计的机器学习已经出现了强劲的活动。最近提出的 FPGA 布局拥塞估计方法包括使用多个替代分类器的替代机器学习模型和基于条件生成对抗网络（CGAN）的建模。

在 ASIC 环境中，拥塞和 DRC 预测使用了经典的回归和基于图像的机器学习方法。当输入变量和输出结果之间的相关性具有分段线性特征时，多变量自适应回归样条（MARS）是一种有效的回归技术。全局布线阶段的机器学习应用还包括基于 CNN 的 DRC 热点预测。例如，RouteNet[19] 通过使用 CNN 和全卷积网络（FCN）模型预测设计规则冲突的数量并检测 DRC 热点。

大多数布线拥塞预测器假设了布局信息的可用性，但在物理设计的早期具有预测的拥塞图可以帮助设计者运行可布线性部署并减少周转时间。准备阶段的方法包括基于图注意力网络（GAT）的布线热点预测，以及通过线性判别分析选择线长度的估计模型。

第 6 章：详细布线

详细布线是物理设计所有阶段中最耗时的。因此，即使是具有高成本输入数据（例如获得的后全局布线）的机器学习模型，如果它们能够实现精确的详细布线预测则也可以具有实用性。

监督学习训练所需的大量标记数据被认为是将机器学习应用于 EDA 的障碍。Gandhi 等人 [12] 提出了一种基于数据无关增强学习的布线模型（Alpha PD Router），用于布线电路并纠正短路违规。Alpha PD Router 使用协作最小最大游戏框架和标准布线算法。该框架考虑了两个游戏玩家，一个基于路径搜索算法的布线器和一个清洁器，它们分别发现和修复设计规则违规。玩家们依次找到并着眼于评价最优的线网来纠正违规行为，然后重新布线网的路线。

如上所述，基于机器学习的预测也可以实现优化。Chan 等人 [10] 提出了一种机器学习框架，以优化详细布线 DRC 违规。该框架包括后全局布线 DRC 违规预测器和详细布线优化器，该优化器通过预测器引导的小区扩展来减少详细布线 DRC。该框架因其预测（如热点和结果质量）和基于预测数据执行实际优化而闻名。

第 7 章：特殊布线

由于技术节点的扩展，芯片上时钟分配解决方案对于实现 IC 功率、面积和设计质量目标越来越重要。在改进经典算法的同时，研究人员使用机器学习从现有工具中获得更好的结果，并设计新的算法。

为了对现有工具进行建模，可以使用人工神经网络（ANN）来估计时钟缓冲器的数量，并且可以应用于理想的时钟网络中每个时钟门以及时钟源 [14]。然后使用这种估计的时钟缓冲器来构建时钟结构。通过二进制搜索可以找到最小数量的缓冲区，使用训练的 ANN 在每一步中查找目标数量缓冲区的时钟参数。

基于机器学习的新型时钟树合成（CTS）算法包括 GAN-CTS[16]，其使用条件生成对抗网络和强化学习来预测和优化时钟树合成结果。

第 8 章：时序收敛

IC 物理设计不仅必须满足几何要求，例如不重叠的单元放置或设计规则正确的布线，还必须满足时序和其他电气约束。定时关闭，即满足这些约束条件的优化过程，是基于签核准确的定时分析，这通常是缓慢和昂贵的。因此，许多机器学习方法旨在减少高精度静态时序分析（STA）的运行时间负担，并转移图 9.1 的精度成本权衡。

所有这些工作可分为两类：①基于不准确但快速的工具或模型的结果，预测运行时昂贵但准确的工具或模块的时序报告；②在 IC 设计流程的早期阶段估计时序信息。第一类中的示例包括校正两个任意定时工具之间关于触发器设置时间、单元电弧时延、导线时延、级时延和定时端点处的路径松弛的偏差；将工具内部增量 STA 引擎的结果映射到签核 STA 工具的结果；基于来自非 SI 模式的定时报告来预测信号完整性（串扰感知）模式中的定时报告；从相对便宜的基于图的分析（GBA）结果预测昂贵的基于路径的分析（PBA）结果；以及根据观察到的角处的分析结果预测未观察到的角处的时序分析结果。第二类工作主要集中于在布局或布线之前估计布局或布线后的定时信息。例如，Barboza 等人[9]提出了一种基于机器学习的预布线定时预测方法。

9.1.5　未来发展

最近和正在进行的工作已经用机器学习技术改进了物理设计方法，特别是在分析相关性以及指导和调整传统优化方法方面。未来的胜利可以从最近的研究出版物中获得，并可能在以下几个方面得到支持：

1）提高数据效率，例如更好的功能选择、结构数据扩充和数据高效的机器学习模型。

2）学习如何学习，特别是学习适当的优化目标，并根据特殊情况调整可用的优化器。

3）更明智地使用"更重"的机器学习技术，这些技术以前需要大量的计算资源，包括空间数据转换器、图神经网络和强化学习。

4）解决组合优化问题的新兴机器学习技术。

5）多阶段机器学习技术，在追求更高层次目标的体系结构中，采用轻量级方法实现更容易的任务，采用更重的方法实现更难的任务。

9.2　章节练习的答案

9.2.1　第 2 章：网表和系统划分

练习 1：KL 算法

每次迭代 i 的最大增益和具有正增益的节点交换：

$i = 1$：$\Delta g_1 = D(a) + D(f) - 2c(a,f) = 2 + 1 - 0 = 3 \rightarrow$ 交换节点 a 和 f，$G_1 = 3$。

$i = 2$：$\Delta g_2 = D(c) + D(e) - 2c(c,e) = -2 + 0 - 0 = -2 \rightarrow$ 交换节点 c 和 e，$G_2 = 1$。

$i = 3$：$\Delta g_3 = D(b) + D(d) - 2c(b,d) = -1 + 0 - 0 = -1 \rightarrow$ 交换节点 b 和 d，$G_3 = 0$。

当 $m=1$ 时，最大增益为 $G_m=3$。

因此，交换节点 a 和 f。

阶段 1 后的图形如右图所示。

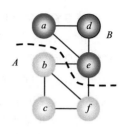

练习 2：FM 算法中的关键线网和增益

（a）表格记录了单元移动、移动前的关键线网、移动后的关键线网和所有需要更新增益的单元。

单元移动	移动前的关键线网	移动后的关键线网	所有需要更新增益的单元
a	—	N_1	b
b	—	N_1	a
c	—	N_1	d
d	N_3	N_1, N_3	c, h, i
e	N_2	N_2	f, g
f	N_2	N_2	e, g
g	N_2	N_2	e, f
h	N_3	N_3	d, i
i	N_3	N_3	d, h

（b）每个单元的增益：

$\Delta g_1(a) = 0$ $\Delta g_1(b) = 0$ $\Delta g_1(c) = 0$

$\Delta g_1(d) = 0$ $\Delta g_1(e) = -1$ $\Delta g_1(f) = -1$

$\Delta g_1(g) = -1$ $\Delta g_1(h) = 1$ $\Delta g_1(i) = 0$

练习 3：FM 算法

阶段 2，迭代 $i=1$。

增益值：$\Delta g_1(a) = -1$，$\Delta g_1(b) = -1$，$\Delta g_1(c) = 0$，$\Delta g_1(d) = 0$，$\Delta g_1(e) = -1$。

单元 c 和 d 具有最大增益值 $\Delta g_1 = 0$。

移动单元 c 后的平衡标准：$\mathrm{area}(A) = 4$。

移动单元 d 后的平衡标准：$\mathrm{area}(A) = 1$。

单元 c 更符合平衡标准。

移动单元 c，更新分区：$A_1 = \{d\}$，$B_1 = \{a,b,c,e\}$，带有固定单元 $\{c\}$。

阶段 2，迭代 $i=2$。

增益值：$\Delta g_2(a) = -2$，$\Delta g_2(b) = -2$，$\Delta g_2(d) = 2$，$\Delta g_2(e) = -1$。

单元 d 具有最大增益 $\Delta g_2 = 2$，$\mathrm{area}(A) = 0$，违反了平衡标准。

单元 e 具有下一个最大增益 $\Delta g_2 = -1$，area$(A) = 9$，满足平衡标准。

移动单元 e，更新分区：$A_2 = \{d,e\}$，$B_2 = \{a,b,c\}$，带有固定单元 $\{c,e\}$。

阶段 2，迭代 $i = 3$。

增益值：$\Delta g_3(a) = 0$，$\Delta g_3(b) = -2$，$\Delta g_3(d) = 2$。

单元 d 具有最大增益 $\Delta g_3 = 2$，area$(A) = 5$，满足平衡标准。

移动单元 d，更新分区：$A_3 = \{e\}$，$B_3 = \{a,b,c,d\}$，带有固定单元 $\{c,d,e\}$。

阶段 2，迭代 $i = 4$。

增益值：$\Delta g_4(a) = -2$，$\Delta g_4(b) = -2$。

单元 a 和 b 具有最大增益值 $\Delta g_4 = -2$。

移动单元 a 后的平衡标准：area$(A) = 7$。

移动单元 b 后的平衡标准：area$(A) = 9$。

单元 a 更符合平衡标准。

移动单元 a，更新分区：$A_4 = \{a,e\}$，$B_4 = \{b,c,d\}$，带有固定单元 $\{a,c,d,e\}$。

阶段 2，迭代 $i = 5$。

增益值：$\Delta g_5(b) = 1$。

移动单元 b 后的平衡标准：area$(A) = 11$。

移动单元 b，更新分区：$A_5 = \{a,b,e\}$，$B_5 = \{c,d\}$，带有固定单元 $\{a,b,c,d,e\}$

发现最优的移动序列 $<c_1 \cdots c_m>$：

$G_1 = \Delta g_1 = 0$；$G_2 = \Delta g_1 + \Delta g_2 = -1$；$G_3 = \Delta g_1 + \Delta g_2 + \Delta g_3 = 1$；

$G_4 = \Delta g_1 + \Delta g_2 + \Delta g_3 + \Delta g_4 = -1$；$G_5 = \Delta g_1 + \Delta g_2 + \Delta g_3 + \Delta g_4 + \Delta g_5 = 0$。

当 $m = 3$ 时会得到最大正增益 $G_3 = 1$。

单元 c,e,d 被移动。

阶段 2 执行完后的结果如右图所示。

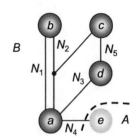

练习 4：多级 FM 划分

一个主要的优点是可扩展性。传统的 FM 划分可扩展到约 200 个节点，而多级 FM 可以有效地处理大规模的现代设计。粗粒化阶段将节点聚集在一起，从而减少 FM 交互的节点数量。FM 为少于 200 个节点的网表生成近乎最优的解决方案，但对于较大的网表，解决方案的质量会下降。相比之下，多级 FM 划分在不牺牲大量运行时间的情况下获得了出色的解决方案。

练习 5：结群

具有到多个其他节点的单个连接或到单个节点的多个连接的节点是结群的候选节点。如果一个线网包含在一个单独的分区中，那么线网不会减少分区的成本，可以简单地添加到结群中。如果线网跨越多个分区，那么一个选项是将线网的结群放置在该线网净重最大的分区中。另一种选择是限制结群的大小，以便在每个分区内结群线网的各个节点。

9.2.2 第 3 章：芯片规划

练习 1：可二划分树与约束图

可二划分树

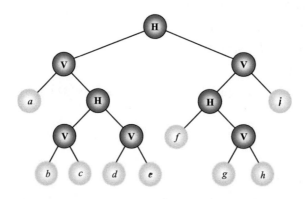

垂直约束图（VCG）

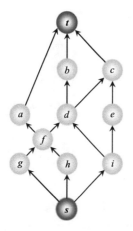

水平约束图（HCG）

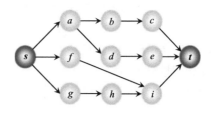

练习 2：布图尺寸变化算法

（a）块 a（左图）、b（中图）和 c（右图）的形状函数：

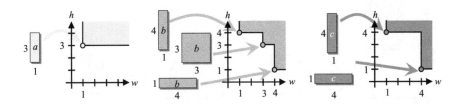

（b）布图的形状函数。

水平组合：确定 a 区和 b 区的 $h_{(a,b)}(w)$。

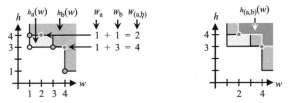

　　垂直组合：确定 $h_{((a,b),c)}(w)$ 和最小面积角点。$((a,b),c)$ 的最小面积为 16，尺寸为 $h_{((a,b),c)} = 8$ 和 $w_{((a,b),c)} = 2$，或 $h_{((a,b),c)} = w_{((a,b),c)} = 4$。

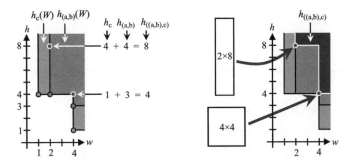

　　通过回溯 $h_c(w)$、$h_{(a,b)}(w)$、$h_a(w)$ 和 $h_b(w)$ 的形状函数来确定每个块的尺寸，从而实现平面布图。下面显示了从 $h_{((a,b),c)}(w)$ 回溯角点 (8,2) 的流程。

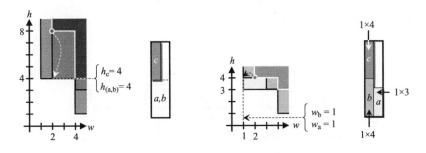

下面展示了从 $h_{((a,b),c)}(w)$ 回溯角点 $(4,4)$ 的流程。

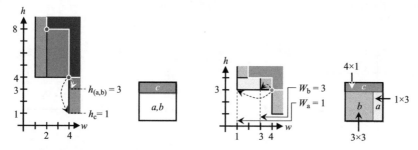

练习 3：线性排序算法

迭代 #	块	新线网	终端线网	增益	连续线网
0	*a*	N_1, N_2, N_3, N_4	—	-4	—
1	*b*	N_5, N_6	N_2	-1	—
	c	N_5	—	-1	N_3
	d	N_5, N_6	N_4	-1	N_3
	_e_	—	N_1	+1	—
2	*b*	N_5, N_6	N_2	-1	—
	c	N_5	—	-1	N_3
	_d_	N_5, N_6	N_4	-1	N_3
3	**_b_**	—	N_2, N_6	+2	N_5
	c	—	N_3	+1	N_5
4	*c*	—	N_3, N_5	+2	—

对于每个迭代，粗体表示具有最大增益的块。

迭代 0：将块 *a* 设置为排序中的第一个块。

迭代 1：块 *e* 具有最大增益。设置为排序中的第二个块。

迭代 2：块 *b*，*c* 和 *d* 的最大增益均为 -1。块 *b*，*d* 各有一个终端线网。块 *d* 具有更高数量的连续线网。将块 *d* 设置为排序中的第三个块。

迭代 3：块 *b* 具有最大增益。设置为排序中的第四个块。

迭代 4：将块 *c* 设置为排序中的第五个（最后一个）块。

启发式最小化总净成本的线性排序是 *<a e d b c>*。

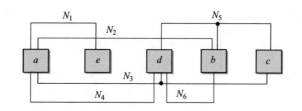

练习 4：不可二划分布图

使用四个区块 $a \sim d$ 有许多可能的不可二划分布布线图。以下是其中一种解决方案。

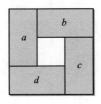

9.2.3 第 4 章：全局和详细布局

练习 1：总线长估计

（a）五引脚线网的树表示。

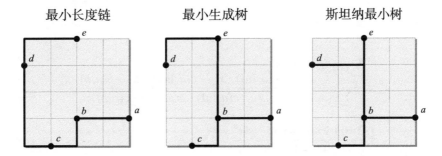

最小长度链　　　　　最小生成树　　　　　斯坦纳最小树

（b）

$$L(\text{net}) = \sum\nolimits_{e \in \text{net}} w(e) \cdot d_\text{M}(e)$$

$L_\text{Chain}(\text{net}) = w(d,e) \cdot d_\text{M}(d,e) + w(d,c) \cdot d_\text{M}(d,c) + w(c,b) \cdot d_\text{M}(c,b) + w(b,a) \cdot d_\text{M}(b,a)$
　　　　$= 2 \times 3 + 2 \times 4 + 2 \times 2 + 2 \times 2 = 22$

$L_\text{MST}(\text{net}) = w(d,e) \cdot d_\text{M}(d,e) + w(e,b) \cdot d_\text{M}(e,b) + w(c,b) \cdot d_\text{M}(c,b) + w(b,a) \cdot d_\text{M}(b,a)$
　　　　$= 2 \times 3 + 2 \times 3 + 2 \times 2 + 2 \times 2 = 20$

$L_\text{SMT}(\text{net}) = w(d,e,b) \cdot d_\text{M}(d,e,b) + w(c,b) \cdot d_\text{M}(c,b) + w(b,a) \cdot d_\text{M}(b,a)$
　　　　$= 2 \times 5 + 2 \times 2 + 2 \times 2 = 18$

练习 2：最小割布局

经过初始划分（垂直切割 cut_1）后：

cut_1 左侧的单元：$L = \{c,d,f,g\}$，cut_1 右侧的单元：$R = \{a,b,e\}$。切割代价：$L - R = 1$。

经过第二次划分后可能的方案（两个水平割线 cut_{2L} 和 cut_{2R}）：

左上角：$TL = \{c,g\}$，左下角：$BL = \{d,f\}$。切割代价：$TL - BL = 2$。

右上角：$TR = \{a\}$，右下角：$BR = \{b,e\}$。切割代价：$TR - BR = 1$。

经过第三次划分（四个垂直割线 cut_{3TL}、cut_{3BL}、cut_{3TR} 和 cut_{3BR}）之后可能的结果如下：

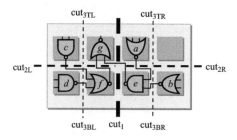

穿过边的最大线网数 $\eta_P(e) = 2$，边容量 $\sigma(e) = 2$。因此，由于 $\Phi(P) = 1$，该设计方案被评估为可完全布线方案。

练习 3：力矢量布局

求解 x_a^0，x_b^0：

$$x_a^0 = \frac{\sum_j c(a, j) \cdot x_j^0}{\sum_j c(a, j)} = \frac{c(a, \text{In1}) \cdot x_{\text{In1}} + c(a, \text{In2}) \cdot x_{\text{In2}} + c(a, b) \cdot x_b^0}{c(a, \text{In1}) + c(a, \text{In2}) + c(a, b)}$$

$$= \frac{2 \times 0 + 2 \times 0 + 4 \times x_b^0}{2 + 2 + 4} = \frac{4x_b^0}{8} = 0.5x_b^0$$

$$x_b^0 = \frac{\sum_j c(b, j) \cdot x_j^0}{\sum_j c(b, j)} = \frac{c(b, a) \cdot x_a^0 + c(b, \text{In2}) \cdot x_{\text{In2}} + c(b, \text{Out}) \cdot x_{\text{Out}}}{c(b, a) + c(b, \text{In2}) + c(b, \text{Out})}$$

$$= \frac{4 \times x_a^0 + 2 \times 0 + 2 \times 2}{4 + 2 + 2} = 0.5 + 0.5x_a^0$$

$$\left. \begin{array}{l} x_a^0 = 0.5x_b^0 \\ x_b^0 = 0.5 + 0.5x_a^0 \end{array} \right\} x_b^0 = 0.5 + 0.5(0.5x_b^0) = \frac{2}{3}$$

$$x_a^0 = 0.5x_b^0 = 0.5\left(\frac{2}{3}\right) = \frac{1}{3}$$

取整，$x_a^0 \approx 0$，$x_b^0 \approx 1$。

求解 y_a^0, y_b^0：

$$y_a^0 = \frac{\sum_j c(a,j) \cdot y_j^0}{\sum_j c(a,j)} = \frac{c(a,\text{In1}) \cdot y_{\text{In1}} + c(a,\text{In2}) \cdot y_{\text{In2}} + c(a,b) \cdot y_b^0}{c(a,\text{In1}) + c(a,\text{In2}) + c(a,b)}$$

$$= \frac{2 \times 2 + 2 \times 0 + 4 \times y_b^0}{2+2+4} = 0.5 + 0.5 y_b^0$$

$$y_b^0 = \frac{\sum_j c(b,j) \cdot y_j^0}{\sum_j c(b,j)} = \frac{c(b,a) \cdot y_a^0 + c(b,\text{In2}) \cdot y_{\text{In2}} + c(b,\text{Out}) \cdot y_{\text{Out}}}{c(b,a) + c(b,\text{In2}) + c(b,\text{Out})}$$

$$= \frac{4 \times y_a^0 + 2 \times 0 + 2 \times 1}{4+2+2} = 0.25 + 0.5 y_a^0$$

$$\left.\begin{array}{l} y_a^0 = 0.5 + 0.5 y_b^0 \\ y_b^0 = 0.25 + 0.5 y_a^0 \end{array}\right\} y_b^0 = 0.25 + 0.5(0.5 + 0.5 y_b^0) = \frac{2}{3}$$

$$y_a^0 = 0.5 + 0.5 y_b^0 = 0.5 + 0.5\left(\frac{2}{3}\right) = \frac{5}{6}$$

取整，$y_a^0 \approx 1$，$y_b^0 \approx 1$。

门 a 和 b 的 ZFT 位置分别为（0，1）和（1，1）。

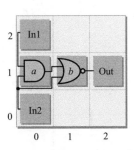

练习 4：全局布局和详细布局

全局布局需确认未与有效网格的行和列对齐的单元或可移动块的位置，忽略其特定形状、大小和重叠。相反，详细布局会在本地移动单元，使单元不会相互重叠（合法化）。通常，布局分为两个步骤以确保可扩展性。合法化需要大量的运行时间，并且不能在每次全局布局迭代后应用。一种更快的方法是计算所有块的粗略重叠位置，然后进行合法化。此外，由于可以将布局划分为可以独立处理的网格单元，因此可以容易地并行执行详细布局。通常，布局过程分为这两部分以确保可扩展性。

9.2.4 第 5 章：全局布线

练习 1：Steiner 树布线

（a）六引脚线网的所有 Hanan 点和最小边界框：

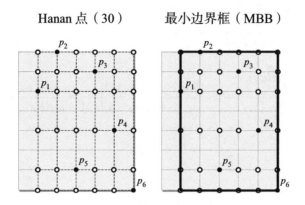

Hanan 点（30）   最小边界框（MBB）

（b）顺序 Steiner 树启发式：

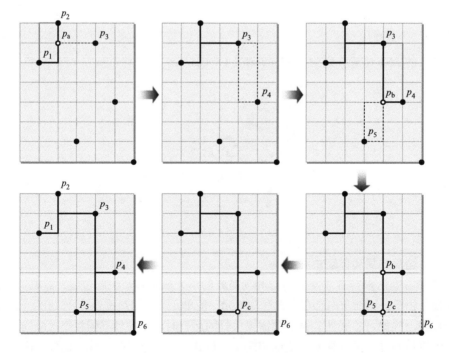

（c）三个度为 3 的 Steiner 点。

（d）三引脚线网最多可以有一个 Steiner 点。

练习 2：在一个连接图中的全局布线

布线线网 *A* 后：

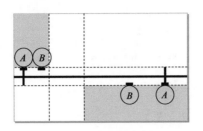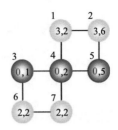

布线线网 *B* 后：

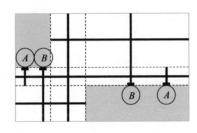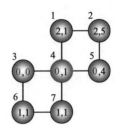

给定的位置是可布线的。

练习 3：Dijkstra 算法

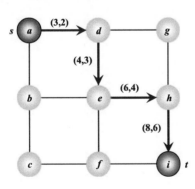

Group 2		Group 3
<a> [b] (2,2)		[a]
<a> [d] (3,2)		
<b> [e] (8,7)		<a> [b] (2,2)
<b> [e] (7,5)		
<d> [e] (4,3)		<a> [d] (3,2)
<d> [g] (8,5)		
<e> [f] (5,6)		<d> [e] (4,3)
<e> [h] (6,4)		
<h> [g] (9,5)		<e> [h] (6,4)
<h> [i] (8,6)		
<f> [c] (6,7)		<e> [f] (5,6)
<f> [i] (9,8)		
		<f> [c] (6,7)
		<d> [g] (8,5)
		<h> [i] (8,6)

练习 4：基于 ILP 的全局布线

对于线网 A，可能的路径是两个 L 形（A_1，A_2）。

线网约束：$x_{A1} + x_{A2} \leq 1$

变量约束：$0 \leq x_{A1} \leq 1$，$0 \leq x_{A2} \leq 1$

对于线网 B，可能的路径是两个 L 形（B_1，B_2）。

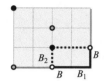

线网约束：$x_{B1} + x_{B2} \leq 1$

变量约束：$0 \leq x_{B1} \leq 1$，$0 \leq x_{B2} \leq 1$

对于线网 C，可能的路径是两个 L 形（C_1，C_2）。

线网约束：$x_{C1} + x_{C2} \leq 1$

变量约束：$0 \leq x_{C1} \leq 1$，$0 \leq x_{C2} \leq 1$

水平边容量限制：

$G(0,0) \sim G(1,0) : x_{C1} \leq \sigma(G(0,0) \sim G(1,0)) = 1$

$G(1,0) \sim G(2,0) : x_{C1} \leq \sigma(G(1,0) \sim G(2,0)) = 1$

$G(2,0) \sim G(3,0) : x_{B1} \leq \sigma(G(2,0) \sim G(3,0)) = 1$

$G(3,0) \sim G(4,0) : x_{B1} \leq \sigma(G(3,0) \sim G(4,0)) = 1$

$G(0,1) \sim G(1,1) : x_{A2} \leq \sigma(G(0,1) \sim G(1,1)) = 1$

$G(1,1) \sim G(2,1) : x_{A2} \leq \sigma(G(1,1) \sim G(2,1)) = 1$

$G(2,1) \sim G(3,1) : x_{B2} \leq \sigma(G(2,1) \sim G(3,1)) = 1$

$G(3,1) \sim G(4,1) : x_{B2} \leq \sigma(G(3,1) \sim G(4,1)) = 1$

$G(0,2) \sim G(1,2) : x_{C2} \leq \sigma(G(0,2) \sim G(1,2)) = 1$

$G(1,2) \sim G(2,2) : x_{C2} \leq \sigma(G(1,2) \sim G(2,2)) = 1$

$G(0,3) \sim G(1,3) : x_{A1} \leq \sigma(G(0,3) \sim G(1,3)) = 1$

$G(1,3) \sim G(2,3) : x_{A1} \leq \sigma(G(1,3) \sim G(2,3)) = 1$

垂直边容量限制：

$G(0,0) \sim G(0,1) : x_{C2} \qquad \leq \sigma(G(0,0) \sim G(0,1)) = 1$

$G(2,0) \sim G(2,1) : x_{B2} + x_{C1} \leq \sigma(G(2,0) \sim G(2,1)) = 1$

$G(4,0) \sim G(4,1) : x_{B1} \qquad \leq \sigma(G(4,0) \sim G(4,1)) = 1$

$G(0,1) \sim G(0,2) : x_{A2} + x_{C2} \leqslant \sigma(G(0,1) \sim G(0,2)) = 1$

$G(2,1) \sim G(2,2) : x_{A1} + x_{C1} \leqslant \sigma(G(2,1) \sim G(2,2)) = 1$

$G(0,2) \sim G(0,3) : x_{A2} \qquad \leqslant \sigma(G(0,2) \sim G(0,3)) = 1$

$G(2,2) \sim G(2,3) : x_{A1} \qquad \leqslant \sigma(G(2,2) \sim G(2,3)) = 1$

目标函数：最大化 $x_{A1} + x_{A2} + x_{B1} + x_{B2} + x_{C1} + x_{C2}$

可布线方案为对 A_2、B_1、C_1 进行布线（如下图所示）。

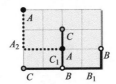

练习 5：利用 A* 搜索的最短路径

移除右上方的障碍物会产生以下 A* 搜索进度。如果多个节点具有相同的成本和到目标的距离之和，则扩展索引最小的节点。

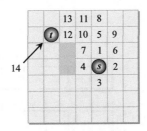

练习 6：拆线重布

估计内存使用量为 $O(m^2 \cdot n)$。每个线网段的数量为 $O(m^2)$。由于线网的数量是 n，所以内存使用的严格上限是 $O(m^2 \cdot n)$。

9.2.5 第 6 章：详细布线

练习 1：左边算法

（a）集合 $S(\text{col})$：　　　　最大 $S(\text{col})$：

$S(a) = \{A,B\}$

$S(b) = \{A,B,C\}$　　　　$S(b) = \{A,B,C\}$

$S(c) = \{A,C,D\}$　　　　$S(c) = \{A,C,D\}$ 或 $S(d) = \{A,C,D\}$

$S(d) = \{A,C,D\}$

$S(e) = \{C,D,E\}$　　　　$S(e) = \{C,D,E\}$

$S(f) = \{D,E,F\}$　　　　$S(f) = \{D,E,F\}$

$S(g) = \{E,F\}$

$S(h) = \{F\}$

所需路径的最小数量为 $|S(b)| = |S(c)| = |S(d)| = |S(e)| = |S(f)| = 3$。

（b）水平约束图（HCG）和垂直约束图（VCG）：

水平约束图（HCG）

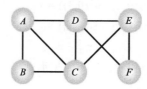

垂直约束图（VCG）

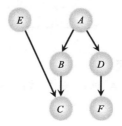

（c）布线通道：

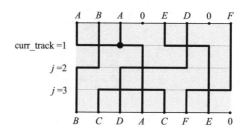

练习 2：Dogleg 左边算法

（a）无净分割的垂直约束图（VCG）：

（b）拆分线网 A、C、D 后：$\{A_1, A_2, A_3, B, C_1, C_2, D_1, D_2, E\}$。

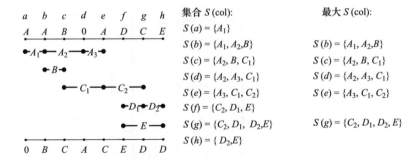

集合 S(col)：

$S(a) = \{A_1\}$

$S(b) = \{A_1, A_2, B\}$

$S(c) = \{A_2, B, C_1\}$

$S(d) = \{A_2, A_3, C_1\}$

$S(e) = \{A_3, C_1, C_2\}$

$S(f) = \{C_2, D_1, E\}$

$S(g) = \{C_2, D_1, D_2, E\}$

$S(h) = \{D_2, E\}$

最大 S(col)：

$S(b) = \{A_1, A_2, B\}$

$S(c) = \{A_2, B, C_1\}$

$S(d) = \{A_2, A_3, C_1\}$

$S(e) = \{A_3, C_1, C_2\}$

$S(g) = \{C_2, D_1, D_2, E\}$

（c）线网拆分后的垂直约束图（VCG）：

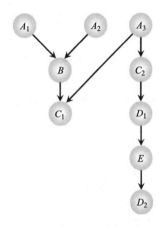

（d）如果没有线网拆分，由于（a）中 VCG 中的周期为 $D-E-D$，实例不可布线。通过线网拆分，实例是可布线的。所需路径的最小数量为 $|S(c)| = |S(g)| = 3$。

（e）路径分配：

curr_track = 1

考虑线网 A_1、A_2、A_3。首先分配 A_1，因为它是区域表示中最左边的线网。线网 A_2 和 A_3 不会导致冲突。因此，将 A_2 和 A_3 分配给 curr_track。从 VCG 上拆下线网 A_1、A_2 和 A_3。

curr_track = 2

考虑线网 B、C_2。首先分配 B，因为它是区域表示中最左边的线网。线网 C_2 不会导致冲突。因此，将 C_2 分配给 curr_track。从 VCG 上拆下线网 B、C_2。

curr_track = 3

考虑线网 C_1、D_1。首先分配 C_1，因为它是区域表示中最左边的线网。线网 D_1 不会导致冲突。因此，将 D_1 分配给 curr_track。从 VCG 上拆下线网 C_1、D_1。

curr_track = 4 及 curr_track = 5

将线网 E 和 D_2 分别分配给 curr_track = 4 和 curr_track = 5。

具有布线线网的通道如下所示：

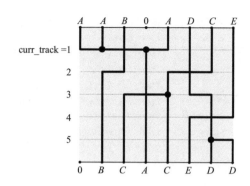

练习 3：开关盒布线

开关盒从左到右有六列，即 a ~ f，从下到上有六条路径，即 1 ~ 6。以下是每列执行的步骤。

a 列：将线网 F 分配给路径 1。将线网 B 分配给路径 6。扩展线网 F（路径 1）、G（路径 2）、A（路径 3）和 B（路径 6）。

b 列：将顶部引脚 A 和底部引脚 A 连接到路径 3 上的线网 A。扩展线网 F（路径 1）、G（路径 2）和 B（路径 6）。

c 列：将底部引脚 F 连接到路径 1 上的线网 F。将顶部引脚 C 连接到路径 3。扩展线网 G（路径 2）、C（路径 3）和 B（路径 6）。

d 列：将底部引脚 G 连接到路径 2 上的线网 G。将顶部引脚 E 连接到路径 4。扩展线网 G（路径 2）、C（路径 3）、E（路径 4）和 B（路径 6）。

e 列：将底部引脚 D 与路径 1 连接。将顶部引脚 B 与路径 6 上的线网 B 连接。将线网 G 分配给路径 5。扩展线网 D（路径 1）、C（路径 3）、E（路径 4）和 G（路径 5）。

f 列：将顶部引脚 D 连接到路径 1 上的线网 D。将路径 2、3、4 和 5 上的线网扩展到相应的引脚。

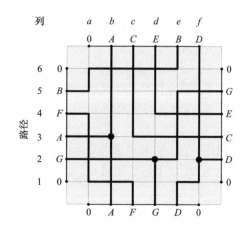

练习 4：制造缺陷

在拥塞的区域，连接可能产生迂回从而增加了通孔的使用，因此，更可能出现通孔。同样，由于电线的包裹更紧密，在拥塞区域更容易发生短路。此外，因为迂回连接更长，断路的可能性也更大。由于较少的连接使用低金属层上的长直线段，因此在拥塞区域产生天线效应的可能性较低。然而，布线拥塞使得修复天线违规变得更加困难。

练习 5：详细布线中的现代挑战

参见第 6 章参考文献 [20]。另见：https://doi.org/10.1109/ASPDAC.2005.1466544。

练习 6：非树布线

非树布线的一个优点是冗余导线可以减轻开路的影响。然而，冗余布线会增加设计的总导线长度。电线过长，特别是在拥塞区域，会使电线彼此靠近，从而增加短路的发生率。有关非树布线的更多信息，请参见第 6 章参考文献 [27]，也可访问：https://doi.org/10.1109/IC-CAD.2002.1167544。

9.2.6 第 7 章：特殊布线

练习 1：线网顺序

如果没有历史成本，则无法显示给定边缘或路径随着时间的推移有多少需求。相比之下，拥塞仅显示最近（例如上一次或当前迭代）使用路径的频率。也就是说，在没有任何关于断开和重新布线迭代的知识的情况下，布线者对频繁使用哪些路径的知识非常有限。因此，线网顺序是缓解拥塞的主要方法。

练习 2：八向迷宫搜索

八向迷宫搜索与 BFS 和 Dijkstra 算法相似，因为它可以找到两点之间的最短路径。然而，八向迷宫搜索和 BFS 只在具有相等边权重的图上运行，例如网格，而 Dijkstra 算法可以在具有非负权重的图中运行。在网格上，八向迷宫搜索向八个方向扩展，而 BFS 向四个方向扩展。Dijkstra 算法在输出边缘的所有方向上扩展。通常，在网格上，Dijkstra 算法在四个基本方向上展开。

算法	输入	输出	运行时间
八向迷宫搜索	等权重图	基于八向距离的最短路径	$O(|V| + |E|)$
BFS	等权重图	基于 Manhattan 距离的最短路径	$O(|V| + |E|)$
Dijkstra 算法	非负权重图	基于边权重的最短路径	$O(|V| \log |E|)$

练习 3：平均值与中位值方法（MMM）

（a）基于 MMM 构建的时钟树：

$$x_c(s_1-s_8)=\frac{2+4+2+4+8+8+14+14}{8}=\frac{56}{8}=7$$

$$y_c(s_1-s_8)=\frac{2+2+12+12+8+6+8+6}{8}=\frac{56}{8}=7$$

对 s_0 和 $u_1(7,7)$ 进行布线。以该路径为中线对平面进行分割，可以发现 s_1-s_4 在一侧，s_5-s_8 在另一侧：

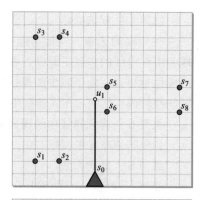

$$x_c(s_1-s_4)=\frac{2+4+2+4}{4}=\frac{12}{4}=3$$

$$y_c(s_1-s_4)=\frac{2+2+12+12}{4}=\frac{28}{4}=7$$

对 u_1 和 $u_2(3,7)$ 布线。以该水平路径进行平面分割后，可以发现 s_1 和 s_2 在一侧，s_3 和 s_4 在另一个侧：

$$x_c(s_5-s_8)=\frac{8+8+14+14}{4}=\frac{44}{4}=11$$

$$y_c(s_5-s_8)=\frac{8+6+8+6}{4}=\frac{28}{4}=7$$

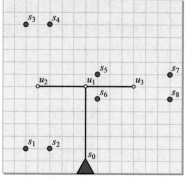

对 u_1 和 $u_3(11,7)$ 布线。以该水平路径进行平面分割后，可以发现 s_5 和 s_7 在一侧，s_6 和 s_8 在另一侧：

$$x_c(s_1-s_2)=\frac{2+4}{2}=\frac{6}{2}=3$$

$$y_c(s_1-s_2)=\frac{2+2}{2}=\frac{4}{2}=2$$

$$x_c(s_3-s_4)=\frac{2+4}{2}=\frac{6}{2}=3$$

$$y_c(s_3-s_4)=\frac{12+12}{2}=\frac{24}{2}=12$$

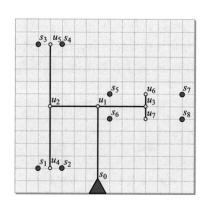

路线 $u_4(3,2)$ 和 $u_5(3,12)$ 到 u_2：

$$x_c(s_5,s_7)=\frac{8+14}{2}=\frac{22}{2}=11$$

$$y_c(s_5,s_7)=\frac{8+8}{2}=\frac{16}{2}=8$$

$$x_c(s_6,s_8)=\frac{8+14}{2}=\frac{22}{2}=11$$

$$y_c(s_6,s_8)=\frac{6+6}{2}=\frac{12}{2}=6$$

路线 $u_6(11,8)$ 和 $u_7(11,6)$ 到 u_3：

布线使 s_1 和 s_2 在 u_4 交汇。
布线使 s_3 和 s_4 在 u_5 交汇。
布线使 s_5 和 s_7 在 u_6 交汇。
布线使 s_6 和 s_8 在 u_7 交汇。

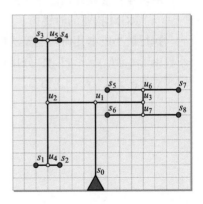

（b）MMM 生成的时钟树拓扑：

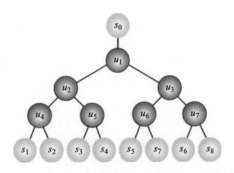

（c）MMM 生成的时钟树 T 的总线长和偏斜：

$L(T)$ = 网格边总数 = 42

$t_{LD}(s_0, s_1) = t_{LD}(s_0, s_2) = t_{LD}(s_0, s_3) = t_{LD}(s_0, s_4) = t_{LD}(s_0, s_1 - s_4) = 16$

$t_{LD}(s_0, s_5) = t_{LD}(s_0, s_6) = t_{LD}(s_0, s_7) = t_{LD}(s_0, s_8) = t_{LD}(s_0, s_5 - s_8) = 14$

$\text{skew}(T) = \left| t_{LD}(s_0, s_1 - s_4) - t_{LD}(s_0, s_5 - s_8) \right| = \left| 16 - 14 \right| = 2$。

练习 4：递归几何匹配（RGM）算法

（a）RGM 构建的时钟树：

执行最小成本几何匹配算法使 $s_1 \sim s_8$ 交汇。

由于 $t_{LD}(T_{s1}) = t_{LD}(T_{s2})$，分接点 u_1 是线段 $(s_1 \sim s_2)$ 的中点。

对 $(s_3 \sim s_4)$、$(s_5 \sim s_6)$ 和 $(s_7 \sim s_8)$ 进行类似的处理。

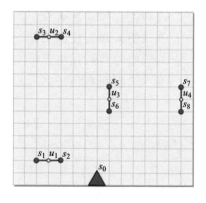

在内部节点 $u_1 \sim u_4$ 上执行最小成本几何匹配。

由于 $t_{LD}(T_{u1}) = t_{LD}(T_{u2})$，分接点 u_5 是线段 $(u_1 \sim u_2)$ 的中点。

对 $u_3 \sim u_4$ 进行类似的处理。

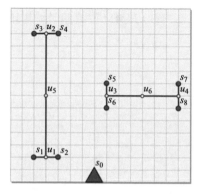

在内部节点 u_5 和 u_6 上执行最小成本几何匹配。对于 $(u_5 \sim u_6)$ 上的分接点 u_7：

$$t_{LD}(T_{u5}) + t_{LD}(u_5,u_7) = t_{LD}(T_{u6}) + t_{LD}(u_7,u_6)$$

$t_{LD}(u_5,u_7) = L(u_5,u_7)$ 和 $t_{LD}(u_7,u_6) = L(u_7,u_6)$。

由于 $L(u_5,u_7) + L(u_7,u_6) = L(u_5,u_6) = 8$, 故 $t_{LD}(u_7,u_6) = L(u_5,u_6) - L(u_5,u_7)$。

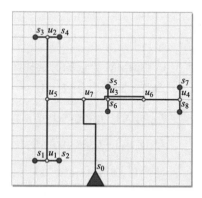

$$t_{LD}(T_{u5}) = L(u_5, s_1) + t(s_1) = L(u_5, s_2) + t(s_2) = L(u_5, s_3) + t(s_3) = L(u_5, s_4) + t(s_4) = 6$$

$$t_{LD}(T_{u6}) = L(u_6, s_5) + t(s_5) = L(u_6, s_6) + t(s_6) = L(u_6, s_7) + t(s_7) = L(u_6, s_8) + t(s_8) = 4$$

结合以上所有方程，$L(u_5,u_7) = 3$ 和 $L(u_7,u_6) = 5$。路线 $s_0 \sim s_7$。

（b）RGM 生成的时钟树拓扑：

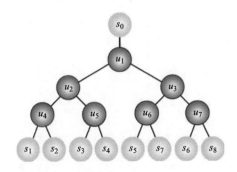

（c）MMM 生成的时钟树 T 的总线长和偏斜：

$L(T) =$ 网格边总数 $=39$

$t_{LD}(s_0,s_1) = t_{LD}(s_0,s_2) = t_{LD}(s_0,s_3) = t_{LD}(s_0,s_4) = t_{LD}(s_0,s_5) = t_{LD}(s_0,s_6) = t_{LD}(s_0,s_7) = t_{LD}(s_0,s_8) = 16$。

由于从 s_0 到所有交汇的时延相同，因此偏斜 $skew(T) = 0$。

练习 5：延后合并嵌入（DME）算法

（a）合并段：

从 s_1 和 s_3 的交汇处查找 $ms(u_2)$，从 s_2 和 s_4 的交汇处查找 $ms(u_3)$。

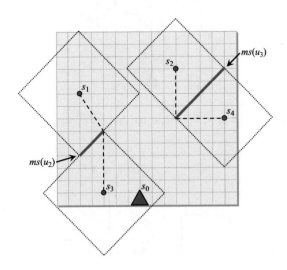

从合并段 $ms(u_2)$ 和 $ms(u_3)$ 中查找 $ms(u_1)$。

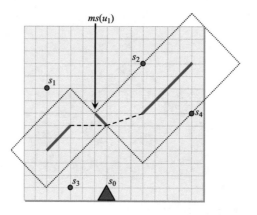

（b）嵌入式时钟树：

将 s_0 连接到 u_1。基于 $trr(u_1)$，将 $ms(u_2)$ 和 $ms(u_3)$ 连接到 u_1。

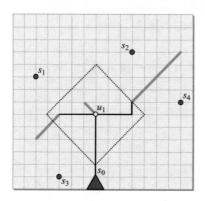

基于 $trr(u_2)$，布线 u_2 使 s_1 和 s_3 交汇。基于 $trr(u_3)$，布线 u_3 使 s_2 和 s_4 交汇。

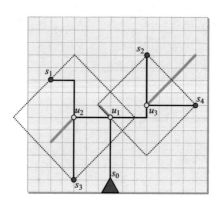

练习 6：精确零偏斜

（a）内部节点 u_1、u_2 和 u_3 的位置：

在 s_1 和 s_3 之间的线段上查找 u_2 的 x 和 y 坐标：

$t_{ED}(s_1) = 0$，$t_{ED}(s_3) = 0$，$C(s_1) = 0.1$，$C(s_3) = 0.3$，$\alpha = 0.1$，$\beta = 0.01$

$L(s_1, s_3) = |x_{s1} - x_{s3}| + |y_{s1} - y_{s3}| = |2 - 4| + |9 - 1| = 10$

$$z_{s_1 \sim u_2} = \frac{(t_{ED}(s_3) - t_{ED}(s_1)) + \alpha \cdot L(s_1, s_3) \cdot \left(C(s_3) + \dfrac{\beta \cdot L(s_1, s_3)}{2} \right)}{\alpha \cdot L(s_1, s_3) \cdot (\beta \cdot L(s_1, s_3) + C(s_1) + C(s_3))}$$

$$= \frac{(0 - 0) + 0.1 \times 10 \times \left(0.3 + \dfrac{0.01 \times 10}{2} \right)}{0.1 \times 10 \times (0.01 \times 10 + 0.1 + 0.3)} = \frac{0.35}{0.5} = 0.7$$

$z_{s1 \sim u2} \cdot L(s_1, s_3) = 0.7 \times 10 = 7$，$u_2$ 的 x、y 坐标为 (4,4)。

求出电容 $C(T_{u2})$：

$C(s_1) = 0.1$，$C(s_3) = 0.3$，$\beta = 0.01$，$L(s_1, s_3) = 10$

$C(T_{u2}) = C(s_1) + C(s_3) + \beta \cdot L(s_1, s_3) = 0.1 + 0.3 + 0.01 \times 10 = 0.5$

求出时延 $t_{ED}(T_{u2})$：

$t_{ED}(s_1) = 0$，$t_{ED}(s_3) = 0$，$z_{s1 \sim u2} = 0.7$，$z_{u2 \sim s3} = 1 - z_{s1 \sim u2} = 1 - 0.7 = 0.3$

$R(s_1 \sim u_2) = \alpha \cdot z_{s1 \sim u2} \cdot L(s_1, s_3) = 0.1 \times 0.7 \times 10 = 0.7$

$C(s_1 \sim u_2) = \beta \cdot z_{s1 \sim u2} \cdot L(s_1, s_3) = 0.01 \times 0.7 \times 10 = 0.07$

$R(u_2 \sim s_3) = \alpha \cdot z_{u2 \sim s3} \cdot L(s_1, s_3) = 0.1 \times 0.3 \times 10 = 0.3$

$C(u_2 \sim s_3) = \beta \cdot z_{u2 \sim s3} \cdot L(s_1, s_3) = 0.01 \times 0.3 \times 10 = 0.03$

$$t_{ED}(T_{u2}) = R(s_1 \sim u_2) \cdot \left(\frac{C(s_1 \sim u_2)}{2} + C(s_1) \right) + t_{ED}(s_1) = 0.7 \times \left(\frac{0.07}{2} + 0.1 \right) + 0$$

$$= R(u_2 \sim s_3) \cdot \left(\frac{C(u_2 \sim s_3)}{2} + C(s_3) \right) + t_{ED}(s_3) = 0.3 \times \left(\frac{0.03}{2} + 0.3 \right) + 0$$

$$= 0.0945$$

在 s_2 和 s_4 之间的线段上找到 u_3 的 x 和 y 坐标：

$t_{ED}(s_2) = 0$，$t_{ED}(s_4) = 0$，$C(s_2) = 0.2$，$C(s_4) = 0.2$，$\alpha = 0.1$，$\beta = 0.01$，$L(s_2, s_4) = 8$

$$z_{s2 \sim u3} = \frac{(t_{ED}(s_4) - t_{ED}(s_2)) + \alpha \cdot L(s_2, s_4) \cdot \left(C(s_4) + \dfrac{\beta \cdot L(s_2, s_4)}{2} \right)}{\alpha \cdot L(s_2, s_4) \cdot (\beta \cdot L(s_2, s_4) + C(s_2) + C(s_4))}$$

$$= \frac{(0 - 0) + 0.1 \times 8 \times \left(0.2 + \dfrac{0.01 \times 8}{2} \right)}{0.1 \times 8 \times (0.01 \times 8 + 0.2 + 0.2)} = \frac{0.192}{0.384} = 0.5$$

$z_{s2\sim u3} \cdot L(s_2, s_4) = 0.5 \times 8 = 4$，$u_3$ 的 x、y 坐标为 $(10,7)$。

求出电容 $C(T_{u3})$：

$C(s_2) = 0.2$，$C(s_4) = 0.2$，$\beta = 0.01$，$L(s_2, s_4) = 8$

$C(T_{u3}) = C(s_2) + C(s_4) + \beta \cdot L(s_2, s_4) = 0.2 + 0.2 + 0.01 \times 8 = 0.48$

求出时延 $t_{ED}(T_{u3})$：

$t_{ED}(s_2) = 0$，$t_{ED}(s_4) = 0$，$z_{s2\sim u3} = 0.5$，$z_{u3\sim s4} = 1 - z_{s2\sim u3} = 1 - 0.5 = 0.5$

$R(s_2 \sim u_3) = \alpha \cdot z_{s2\sim u3} \cdot L(s_2, s_4) = 0.1 \times 0.5 \times 8 = 0.4$

$C(s_2 \sim u_3) = \beta \cdot z_{s2\sim u3} \cdot L(s_2, s_4) = 0.01 \times 0.5 \times 8 = 0.04$

$R(u_3 \sim s_4) = \alpha \cdot z_{u3\sim s4} \cdot L(s_2, s_4) = 0.1 \times 0.5 \times 8 = 0.4$

$C(u_3 \sim s_4) = \beta \cdot z_{u3\sim s4} \cdot L(s_2, s_4) = 0.01 \times 0.5 \times 8 = 0.04$

$$
\begin{aligned}
t_{ED}(T_{u3}) &= R(s_2 \sim u_3) \cdot \left(\frac{C(s_2 \sim u_3)}{2} + C(s_2) \right) + t_{ED}(s_2) = 0.4 \times \left(\frac{0.04}{2} + 0.2 \right) + 0 \\
&= R(u_3 \sim s_4) \cdot \left(\frac{C(u_3 \sim s_4)}{2} + C(s_4) \right) + t_{ED}(s_4) = 0.4 \times \left(\frac{0.04}{2} + 0.2 \right) + 0 \\
&= 0.088
\end{aligned}
$$

在 u_2 和 u_3 之间的线段上找到 u_1 的 x 和 y 坐标：

$t_{ED}(T_{u2}) = 0.0945$，$t_{ED}(T_{u3}) = 0.088$，$C(T_{u2}) = 0.5$，$C(T_{u3}) = 0.48$，$\alpha = 0.1$，$\beta = 0.01$

$L(u_2, u_3) = |x_{u2} - x_{u3}| + |y_{u2} - y_{u3}| = |4 - 10| + |4 - 7| = 9$

$$
\begin{aligned}
z_{u_2\sim u_1} &= \frac{(t_{ED}(T_{u3}) - t_{ED}(T_{u2})) + \alpha \cdot L(u_2, u_3) \cdot \left(C(T_{u3}) + \dfrac{\beta \cdot L(u_2, u_3)}{2} \right)}{\alpha \cdot L(u_2, u_3) \cdot (\beta \cdot L(u_2, u_3) + C(T_{u2}) + C(T_{u3}))} \\
&= \frac{(0.088 - 0.0945) + 0.1 \times 9 \times \left(0.48 + \dfrac{0.01 \times 9}{2} \right)}{0.1 \times 9 \times (0.01 \times 9 + 0.5 + 0.48)} = \frac{0.466}{0.963} = 0.484
\end{aligned}
$$

$z_{u2\sim u1} \cdot L(u_2, u_3) = 0.484 \times 9 \approx 4.36$，$u_1$ 的 x、y 坐标为 $(8.36, 4)$。

（b）从 u_1 到每个交汇点 $s_1 \sim s_4$ 的 Elmore 时延：

$t_{ED}(T_{u2}) = 0.0945$，$t_{ED}(T_{u3}) = 0.088$，$C(T_{u2}) = 0.5$，$C(T_{u3}) = 0.48$，

$z_{u2\sim u1} = z_{u1\sim u2} \approx 0.484$，$z_{u1\sim u3} = 1 - z_{u2\sim u1} \approx 0.516$

$R(u_1 \sim u_2) = \alpha \cdot z_{u1\sim u2} \cdot L(u_2, u_3) = 0.1 \times 0.484 \times 9 = 0.4356$

$C(u_1 \sim u_2) = \beta \cdot z_{u1\sim u2} \cdot L(u_2, u_3) = 0.01 \times 0.484 \times 9 = 0.04356$

$R(u_1 \sim u_3) = \alpha \cdot z_{u1\sim u3} \cdot L(u_2, u_3) = 0.1 \times 0.516 \times 9 = 0.4644$

$C(u_1 \sim u_3) = \beta \cdot z_{u1\sim u3} \cdot L(u_2, u_3) = 0.01 \times 0.516 \times 9 = 0.04644$

$$t_{ED}(u_1, s_1 - s_4) = t_{ED}(u_1, s_1) = t_{ED}(u_1, s_3)$$

$$= R(u_1 \sim u_2) \cdot \left(\frac{C(u_1 \sim u_2)}{2} + C(T_{u2}) \right) + t_{ED}(T_{u2})$$

$$= 0.4356 \times \left(\frac{0.04356}{2} + 0.5 \right) + 0.0945 = t_{ED}(u_1, s_2) = t_{ED}(u_1, s_4)$$

$$= R(u_1 \sim u_3) \cdot \left(\frac{C(u_1 \sim u_3)}{2} + C(T_{u3}) \right) + t_{ED}(T_{u3})$$

$$= 0.4644 \times \left(\frac{0.04644}{2} + 0.48 \right) + 0.088 \approx 0.322$$

练习 7：有界偏斜 DME

可行区域如下所示：

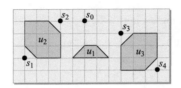

9.2.7　第 8 章：时序收敛

练习 1：静态时序分析

（a）时序图：

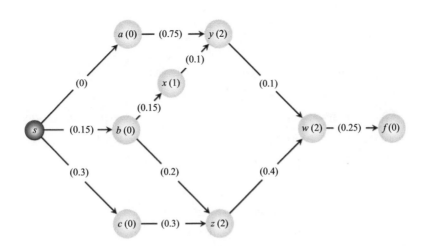

（b）实际到达时间：

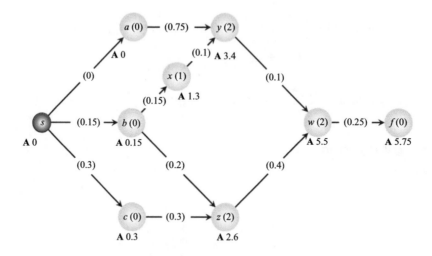

（c）要求到达时间：

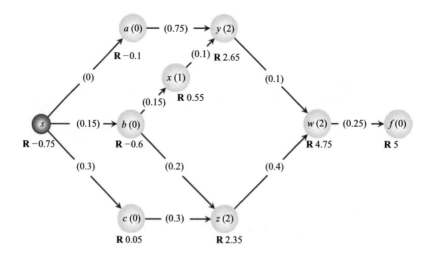

（d）松弛时间：

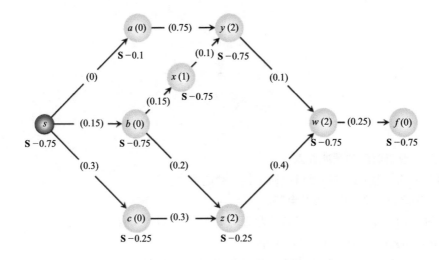

练习 2：时序驱动布线

（a）radius(T) = 13、cost(T) = 30 的最小生成树：

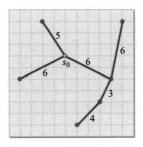

（b）radius(T) = 8、cost(T)=39 的最短路径树：

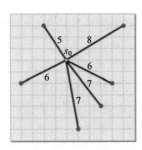

（c）PD 权衡生成树 ($\gamma = 0.5$)，radius(T) = 9，cost(T) = 35：

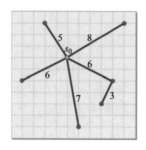

练习 3：改善时序的缓冲插入

利用图 8.12，每个门的时延可以通过其负载电容来计算。

缓冲 y 始终具有 2.5fF 的负载电容。

尺寸为 A 的缓冲 y：v_B 的负载电容为 2.5fF，使得 $t(v_B)$ = 30ps

AAT(c) = $t(v_B)$ + $t(y_A)$ = 30 + 35 = 65ps。

尺寸为 B 的缓冲 y：v_B 的负载电容为 3fF，使得 $t(v_B)$ = 33ps

AAT(c) = $t(v_B)$ + $t(y_B)$ = 33 + 30 = 63ps。

尺寸为 C 的缓冲 y：v_B 的负载电容为 4fF，使得 $t(v_B)$ = 39ps

AAT(c) = $t(v_B)$ + $t(y_C)$ = 39 + 27 = 66ps。

因此，缓冲 y 的最优尺寸为 B。

练习 4：时序优化

1）时延预算：为线网分配时间或长度上限。这些上限限制了信号沿关键线网传播的最大时间。然而，如果太多的线网受到限制，这可能会导致线路长度下降或高度拥塞的区域。

2）物理综合，如门大小调整和克隆：调整门大小可以以增加面积和功率为代价改善特定路径上的时延。克隆可以通过在更接近期望的位置复制门或信号来减轻长互连时延。

练习 5：克隆与缓冲插入

当在距离相对较远的多个位置需要相同的定时关键信号时，克隆比缓冲插入更有效。信号只能在本地再现，从而可以节省面积和路由资源。在电路时延和功率方面缓冲插入比克隆更有利，因为缓冲插入不会增加栅极的上游电容。

练习 6：物理综合

缓冲移除（相对于缓冲插入）：如果缓冲区线网的位置或路由发生变化，一些缓冲区可能不再需要满足时间限制。

或者，如果线网不再具有时间关键性或具有正松弛，则可以删除缓冲区。闸门缩小（与闸门放大相比）：如果通过闸门的路径可以减速而不违反松弛，那么闸门可以缩小。合并（与克隆）：如果设计的网表、布局或路由发生更改，则可能会由于冗余而删除一些节点。对于所有三种变换，增加面积会导致布局中的非法（重叠）。因此，反向变换对于满足区域约束或放宽非关键路径的定时是必要的。

9.3　CMOS 单元布局示例

逆变器

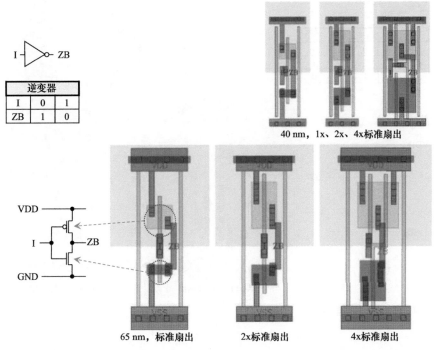

逆变器		
I	0	1
ZB	1	0

40 nm，1x、2x、4x标准扇出

65 nm，标准扇出　　2x标准扇出　　4x标准扇出

缓冲器

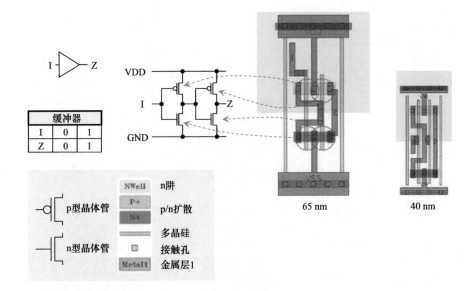

缓冲器		
I	0	1
Z	0	1

65 nm　　　　40 nm

p型晶体管	NWell　n阱
	P+　p/n扩散
	N+
n型晶体管	多晶硅
	接触孔
	Metal1　金属层1

与非（NAND）门（两输入）

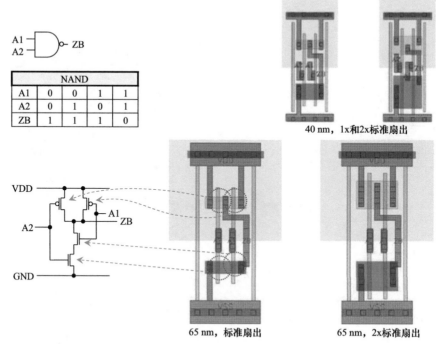

NAND				
A1	0	0	1	1
A2	0	1	0	1
ZB	1	1	1	0

40 nm，1x和2x标准扇出

65 nm，标准扇出　　　65 nm，2x标准扇出

或非（NOR）门（两输入）

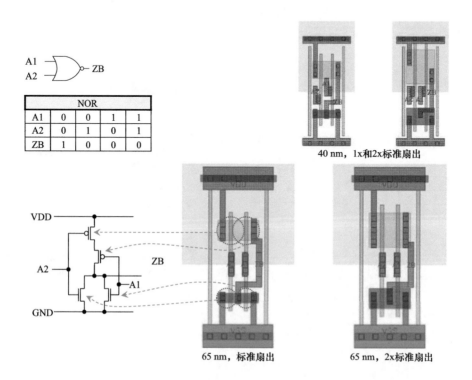

NOR				
A1	0	0	1	1
A2	0	1	0	1
ZB	1	0	0	0

40 nm，1x和2x标准扇出

65 nm，标准扇出　　　65 nm，2x标准扇出

与或非（AOI）门（2-1）

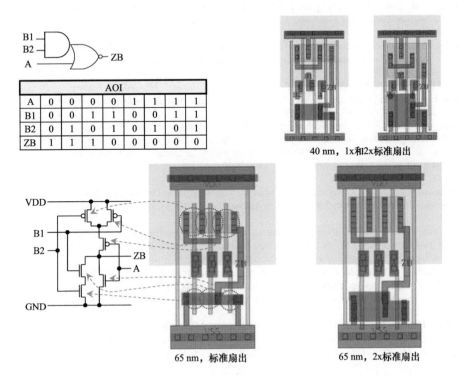

AOI								
A	0	0	0	0	1	1	1	1
B1	0	0	1	1	0	0	1	1
B2	0	1	0	1	0	1	0	1
ZB	1	1	1	0	0	0	0	0

40 nm，1x和2x标准扇出

65 nm，标准扇出

65 nm，2x标准扇出

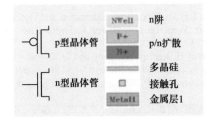

p型晶体管	NWell — n阱
	P+ — p/n扩散
	N+
n型晶体管	— 多晶硅
	□ 接触孔
	Metal1 — 金属层1

参 考 文 献

1. A. B. Kahng, "Machine Learning Applications in Physical Design: Recent Results and Directions", *Proc. Int. Symp. on Physical Design*, 2018, pp.68-73. https://doi.org/10.1145/3177540.3177554

2. A. B. Kahng, "New directions for Learning-Based IC Design Tools and Methodologies", *Proc. Asia and South Pacific Design Automation Conf.*, 2018, pp. 405-410. https://doi.org/10.1109/ASPDAC.2018.8297357

3. B. Yu, D. Z. Pan, T. Matsunawa and X. Zeng, "Machine Learning and Pattern Matching in Physical Design", *Proc. Asia and South Pacific Design Automation Conf.*, 2015, pp. 286-293. https://doi.org/10.1109/ASPDAC.2015.7059020

4. G. Huang, et al., "Machine Learning for Electronic Design Automation: A Survey", *ACM Trans. on Design Automation of Electronic Systems* 26(5) (2021), pp. 40:1-40:46. https://doi.org/10.1145/3451179

5. M. Pandey, "Machine Learning and Systems for Building the Next Generation of EDA Tools", *Proc. Asia and South Pacific Design Automation Conf.*, 2018, pp. 411-415. https://doi.org/10.1109/ASPDAC.2018.8297358

6. M. Rapp, H. Amrouch, Y. Lin, B. Yu, D. Z. Pan, M. Wolf and J. Henkel, "MLCAD: A Survey of Research in Machine Learning for CAD", *IEEE Trans. on -CAD of Integrated Circuits and Systems*, 2021. https://doi.org/10.1109/TCAD.2021.3124762

7. A. B. Kahng, "The ITRS Design Technology and System Drivers Roadmap: Process and Status" *Proc. Design Autom. Conf.*, 2013, pp. 34-39. https://doi.org/10.1145/2463209.2488776

8. A. Agnesina, K. Chang and S. K. Lim, "VLSI Placement Parameter Optimization using Deep Reinforcement Learning", *Proc. Int. Conf. on CAD*, 2020, pp. 1-9. https://doi.org/10.1145/3400302.3415690

9. E. C. Barboza, N. Shukla, Y. Chen and J. Hu, "Machine Learning-Based Pre-Routing Timing Prediction with Reduced Pessimism", *Proc. Design Autom. Conf.*, 2019, pp. 1-6. https://doi.org/10.1145/3316781.3317857

10. W.-T. J. Chan, P. H. Ho, A. B. Kahng and P. Saxena, "Routability Optimization for Industrial Designs at Sub-14nm Process Nodes using Machine Learning", *Proc. Int. Symp. on Physical Design*, 2017, pp. 15-21. https://doi.org/10.1145/3036669.3036681

11. V. A. Chhabria, A. B. Kahng, M. Kim, U. Mallappa, S. S. Sapatnekar, B. Xu, "Template-based PDN Synthesis in Floorplan and Placement Using Classifier and CNN Techniques", *Proc. Asia and South Pacific Design Automation Conf.*, 2020, pp. 44-49. https://doi.org/10.1109/ASPDAC47756.2020.9045303

12. U. Gandhi, I. Bustany, W. Swartz and L. Behjat, "A Reinforcement Learning-Based Framework for Solving Physical Design Routing Problem in the Absence of Large Test Sets", *Proc. Workshop on Machine Learning for CAD*, 2019, pp. 1-6. https://doi.org/10.1109/MLCAD48534.2019.9142109

13. J. Jung, A. B. Kahng, S. Kim and R. Varadarajan, "METRICS2.1 and Flow Tuning in the IEEE CEDA Robust Design Flow and OpenROAD", *Proc. Int. Conf. on CAD*, 2021. https://doi.org/10.1109/ICCAD51958.2021.9643541

14. S. Koh, Y. Kwon and Y. Shin, "Pre-Layout Clock Tree Estimation and Optimization Using Artificial Neural Network", *Proc. Int. Symp. on Low Power Electronics and Design*, 2020, pp. 193-198. https://doi.org/10.1145/3370748.3406584

15. Y. Lin, Z. Jiang, J. Gu, W. Li, S. Dhar, H. Ren, B. Khailany and D. Z. Pan, "DREAMPlace: Deep Learning Toolkit-Enabled GPU Acceleration for Modern VLSI Placement", *IEEE Trans. on CAD of Integrated Circuits and Systems* 40(4) (2021), pp. 748-761. https://doi.org/10.1109/TCAD.2020.3003843

16. Y.-C. Lu, J. Lee, A. Agnesina, K. Samadi and S. K. Lim, "GAN-CTS: A Generative Adversarial Framework for Clock Tree Prediction and Optimization", *Proc. Int. Conf. on CAD*, 2019, pp. 1-8. https://doi.org/10.1109/ICCAD45719.2019.8942063

17. Y.-C. Lu, S. Pentapati and S. K. Lim, "The Law of Attraction: Affinity-Aware Placement Optimization using Graph Neural Networks", *Proc. Int. Symp. on Physical Design*, 2021, pp. 7-14. https://doi.org/10.1145/3439706.3447045

18. A. Mirhoseini, et al., "A Graph Placement Methodology for Fast Chip Design", *Nature*, 594 (2021), pp. 207-212. https://doi.org/10.1038/s41586-021-03544-w

19. Z. Xie, Y.-H. Huang, G.-Q. Fang, H. Ren, S.-Y. Fang, Y. Chen and J. Hu, "RouteNet: Routability Prediction for Mixed-Size Designs Using Convolutional Neural Network", *Proc. Int. Conf. on CAD*, 2018, pp. 1-8. https://doi.org/10.1145/3240765.3240843